声音信号处理与项目实践

应　娜　唐向宏　简志华　主编
邹雨鉴　副主编

電子工業出版社
Publishing House of Electronics Industry
北京 · BEIJING

内 容 简 介

本书系统介绍了声音信号处理的背景知识、发展历史以及研究现状与趋势，并详细阐述了基础原理、处理方法、实践应用、新成果与新技术。

全书共 9 章。第 1 章绪论，第 2 章声音信号简介，第 3 章短时时域处理技术，第 4 章短时傅里叶变换，第 5 章声音信号的线性预测，第 6 章语音编码，第 7 章声音合成与转换，第 8 章语音识别，第 9 章基于深度学习模型的声音技术应用。

本书体系完整，结构严谨，系统性强，原理阐述透彻，联系实际应用，凸显理论与实践结合，包含丰富的实践案例。本书可作为高等院校信号与信息处理、通信与电子工程、模式识别与人工智能等专业高年级本科生及研究生教材，也可供该领域的科研及工程技术人员参考。

图书在版编目（CIP）数据

声音信号处理与项目实践 / 应娜，唐向宏，简志华主编. -- 北京 : 电子工业出版社，2024. 6. -- ISBN 978-7-121-48752-1

Ⅰ. TN912.3

中国国家版本馆 CIP 数据核字第 2024GM2210 号

责任编辑：孟　宇
印　　刷：天津嘉恒印务有限公司
装　　订：天津嘉恒印务有限公司
出版发行：电子工业出版社
　　　　　北京市海淀区万寿路 173 信箱　　邮编：100036
开　　本：787×1092　1/16　印张：15.5　字数：387 千字
版　　次：2024 年 6 月第 1 版
印　　次：2024 年 6 月第 1 次印刷
定　　价：69.80 元

凡所购买电子工业出版社图书有缺损问题，请向购买书店调换。若书店售缺，请与本社发行部联系，联系及邮购电话：(010)88254888，88258888。

质量投诉请发邮件至 zlts@phei.com.cn，盗版侵权举报请发邮件至 dbqq@phei.com.cn。

本书咨询联系方式：mengyu@phei.com.cn。

前　言

党的二十大报告明确提出："加快发展数字经济，促进数字经济和实体经济深度融合，打造具有国际竞争力的数字产业集群。"在这一背景下，高层次人才培养需要以习近平新时代中国特色社会主义思想为指导，结合国家"十四五"规划和科技发展规划的要求，积极对接国家的战略部署，致力于为创新建设储备人才和贡献力量。

在这个飞速发展的信息时代，声音信号处理技术如同一颗璀璨的明珠，在信息科学领域中的价值和应用前景正不断被挖掘与扩展。从我们日常生活中司空见惯的电话通话，到复杂的自动语音识别系统、问答系统，从基础的音频编辑软件到高端的语音合成技术——声音信号处理技术正悄然改变着我们的交流方式，推动着人工智能技术的边界不断拓展。

本书旨在为广大读者提供一本全面、深入且易于理解的声音信号处理技术指南。我们力求通过简明扼要的语言，深入浅出地介绍声音信号处理的基础理论、关键技术及其广泛的应用实践，以帮助读者系统地掌握该领域的核心知识与技术。此外，本书还特别提供了相应的程序和代码示例，旨在帮助读者更加实际和高效地理解和运用声音信号处理技术，从而更快地步入这一令人兴奋的技术领域。

本书通过精心编排的章节内容，将引领读者逐步深入探索声音信号处理的奥秘。

在第 1 章"绪论"中，我们首先介绍声音信号处理的研究内容，包括但不限于语音编码、语音识别、语音去噪、增强算法以及基于多模态信息的融合方法等；接着，我们还梳理了声音信号处理技术的发展脉络，让读者能够对该领域的历史演进有一个全面的了解。同时，还探讨声音效果的评价方法，为后续章节中技术的应用和优化提供评价标准。

从第 2 章到第 9 章，本书逐渐深入地讨论声音信号处理的各个方面。

随着内容讲解的深入，从第 2 章到第 5 章，本书逐步对声音信号处理各个方面展开深度探讨。第 2 章"声音信号简介"从最基本的人类语音信号的产生讲起，一步步引导读者理解声音的特征提取和人类的听觉感知，为后续的学习奠定坚实的基础。紧接着，从第 3 章到第 5 章，我们逐一详述声音信号处理的核心技术，包括短时时域处理技术、短时傅里叶变换、线性预测等，这些技术是声音信号处理领域的基石，对于深入理解声音信号的处理机理至关重要。

在第 6 章到第 9 章中，本书重点介绍了语音编码、声音合成与转换、语音识别和基于深度学习模型的声音技术应用。其中，这些内容既包括了传统的处理技术，也引入了技术前沿的内容，尤其是随着深度学习技术的快速发展，声音信号处理领域也迎来了前所未有的机遇和挑战。第 9 章的内容包含了多模态信号在深度学习领域的应用。通过这几章的学习，读者将能够洞察声音信号处理技术的最新发展趋势和挑战，以及它们在实际应用中的表现和潜力。

总而言之，本书的目标是为读者搭建一个全方位、系统化的声音信号处理学习和研究平台。我们希望，无论读者的背景是学生、教师还是科研工作者，都能在本书中找到有价值的知识和灵感。在这个信息技术日新月异的时代，让我们共同踏上探索声音信号处理无限可能的旅程，开启一段充满发现和创造的奇妙之旅。

本书力求反映作者多年从事声音处理教学和研究的经验和体会，可以作为高等院校信号与信息处理、通信与电子工程、模式识别与人工智能等专业高年级本科生及研究生的教材，也可以供该领域的科研及工程技术人员参考。

我国信息科学学术带头人隆克平教授审阅了本书，提出了宝贵意见，在此向隆克平先生表示忠心的敬意与感谢！同时，感谢邹雨鉴、蒋银河、王金华、王旭贞、朱宸都、章子旭、金宏辉、闫铎文、杨曼、谈林涛等人所提供的帮助。

由于声音信号处理的研究范围非常广泛，发展十分迅速，又涉及多个学科和前沿领域，受作者学术水平等多方面因素限制，本书还难免会存在问题和不足，敬请批评指正。

编　者

2024 年 3 月

目　　录

第 1 章

绪论 ‹‹‹

1.1 声音信号处理的研究内容

2023 年年底，中央经济工作会议召开，习近平总书记发表重要讲话再次强调：“要以科技创新推动产业创新，特别是以颠覆性技术和前沿技术催生新产业、新模式、新动能，发展新质生产力。”人工智能是引领未来的战略性技术，是新一轮科技革命和产业变革的核心驱动力，被认为是发展新质生产力的重要阵地。

语音，作为人工智能的重要组成部分和人类最自然的沟通方式之一，是日常生活交流活动中不可或缺的媒介。而随着互联网的快速发展和智能终端产品的快速普及，语音也成为最方便的人机交互方式之一，广泛应用于各种人工智能场景。语音合成，作为人机语音交互的核心技术之一，它能够使各种智能设备具有像人一样说话表达的能力，极大提升了人机交互体验，被广泛应用于各个场景，如语音对话系统、智能语音助手、导航和电子图书等辅助应用、智能语声应答系统等，而对不同的应用场景对语音合成的效果有不同的指标要求。作为一门交叉学科，语音合成统筹了自然语言处理、信号处理、语音学、模式识别等学科的理论与技术，一直是人工智能、自然语言和语音处理的重要研究课题。

声音信号处理是信息科技领域中不可或缺的一环，它通过提取、分析和修改声音信号来改善人类生活的各个方面。从基本的通信需求到复杂的数据分析，声音信号处理在现代社会扮演了极其重要的角色。例如，语音识别技术已经成为智能手机、智能家居助手及车载系统中的标准功能，声音信号处理在医疗诊断、军事系统、环境监测及紧急响应系统中也有着广泛的应用。通过改善信号的质量和提高信息的可用性，声音信号处理不仅增强了机器与人的交互，还为人类的交流和互动提供了新的途径。

声音信号处理技术遍及许多领域，包括但不限于以下内容。

（1）通信系统：提高电话和视频会议的声音质量，提高语音信号在嘈杂环境中的清晰度。

（2）健康医疗：在听力辅助设备和语音疗法中对信号进行处理，以及通过分析呼吸声音和咳嗽来诊断疾病；通过检测病人情绪变化，为医生做出正确的诊断和决策提供支持。

（3）安全和监控：声纹识别用于身份验证，以及使用声音分析来检测异常活动或危险情况。

（4）娱乐产业：音乐制作中的声音效果和声音设计，以及电影和游戏中的环境声音模拟。

（5）虚拟现实和增强现实：创建沉浸式环境中的空间音频效果，为用户提供更真实的体验。

（6）智能驾驶：通过语音对驾驶员的情感状态或精神状态进行检测分析，在驾驶员疲劳或精神状态不佳时进行智能提醒或自动驾驶，减少车辆在行驶过程中因驾驶员状态不佳而引发的交通事故。

（7）远程服务及教育：通过智能语音情感识别系统在交谈过程中对用户的情绪进行检测和分析，有助于客服及时调整服务状态，提升服务质量；通过检测远程教育中用户的情感状态，有助于教师掌握课堂中学生的学习状态，便于及时调整授课进度和授课内容，提升教学质量。

声音信号处理领域的研究目标主要集中在提高算法的性能和效率，提升系统的可用性和稳定性，以及拓展应用的范围。

为了达到这些目标，研究人员必须克服多项挑战，包括以下各个方面。

（1）算法的复杂性与计算成本：开发更加高效和准确的算法，同时需要考虑到实时处理的需求及计算资源的限制。

（2）环境噪声和回声的影响：在复杂的声学环境中，如何有效地分离有用的语音信号和背景噪声，仍然是一个挑战。

（3）多通道和多传感器数据处理：随着阵列麦克风和多传感器系统的应用越来越广泛，如何整合和处理多通道数据成为研究的焦点。

（4）深度学习和人工智能的整合：虽然深度学习为声音信号处理带来了新的机会，但如何优化和解释深度学习模型，使之满足声音信号处理的特定需求，依然是研究的重点。

（5）用户隐私和数据安全：随着技术的发展，如何确保用户数据的隐私和安全，尤其是在语音识别和声纹认证等领域，变得越来越重要。

随着技术的不断进步和新兴应用的出现，声音信号处理仍会是一个充满活力和挑战的研究领域。未来的研究将不断推动这一领域的发展，为人类社会带来更多的便利和创新。

1.2　声音信号处理的发展历史

早在 20 世纪初，声音信号处理处在其起步阶段，技术手段主要局限于模拟电路，如利用电子管和晶体管来实现信号的放大和简单调整。随着贝尔实验室在 1937 年发明了电子计算机上的脉冲编码调制（Pulse Coding Modulation，PCM）技术，声音信号处理迎来了其第一个重大突破，这为后来的数字音频技术奠定了基础。

20 世纪 50 年代至 70 年代，随着半导体技术和集成电路的发展，数字信号处理器诞生并逐渐成熟，这极大地推动了声音信号处理的革新，使得复杂的算法得以实现，并被广泛应用于通信、音乐制作、广播和消费电子产品中。在此时期，傅里叶变换等数学工具被引入声音信号分析，为频域处理提供了理论基础，成为声音信号处理不可或缺的一部分。

进入 21 世纪，随着计算能力的不断增强和算法的进一步优化，我们见证了声音信号处理领域的多个重大进展，包括但不限于多通道编码、音频技术、声音识别和降噪技术等。这些技术的发展不仅提高了声音的质量，还扩展了声音信号处理的应用范围，如在虚拟现实、高级助听设备和智能家居中的应用。

如今，借助人工智能和机器学习的力量，声音信号处理领域正在迎来一个全新的时代。深度学习等技术正在用于自然语言处理、声纹识别、情感分析等领域，不断地突破传统处理方法的局限。这些进步不仅提升了交互体验的自然性和灵活性，而且还在医疗、安防、智能车载系统等领域中发挥着重要作用。

1.2.1 语音编码算法的发展历史

语音编码理论的发展历史可以追溯到 20 世纪 50 年代，当时的研究主要集中在语音信号的数字压缩上。随着数字信号处理技术的发展，语音编码算法不断得到改进和完善。语音编码方法主要分为以下几类。

（1）脉冲编码调制（Pulse Code Modulation，PCM）

PCM 是最早的数字语音编码方法之一，它先通过将语音信号采样为离散的样值，然后对这些样值进行量化，最终实现语音的数字化。PCM 技术最初在 20 世纪 50 年代被提出，并被广泛应用于电话通信中。随着技术的发展，PCM 的采样率和量化精度不断提高，目前已经可以实现高质量的语音传输。

（2）差分脉冲编码调制（Difference Pulse Coding Modulation，DPCM）

DPCM 是 PCM 的一种改进，它通过预测下一个样值，并只传输与预测值之间的差值，从而减少传输的数据量。DPCM 算法在 20 世纪 70 年代被提出，并在音频压缩和语音编码中得到了广泛应用。

（3）增量调制（Delta Modulation，ΔM）

ΔM 是一种简单而有效的语音编码算法，它通过只传输样值之间的增量来减少数据量。ΔM 算法在 20 世纪 70 年代被提出，并被广泛应用于低比特率语音编码中。其中最具代表性的 ΔM 算法是 μ 率编码和 A 率编码，它们已经被广泛应用于电话通信和音频压缩领域。

（4）线性预测编码（Linear Predictive Coding，LPC）

LPC 是一种基于语音信号的线性预测模型的数字语音编码方法。LPC 算法在 20 世纪 70 年代被提出，并被广泛应用于语音信号的分析和合成中。LPC 可以有效地去除语音信号中的冗余信息，从而实现高效的语音压缩。

（5）码激励线性预测（Code Excited Linear Prediction，CELP）

CELP 是一种基于码本和线性预测模型的数字语音编码方法。CELP 算法在 20 世纪 80 年代被提出，并被广泛应用于低比特率语音编码中。CELP 通过在码本中搜索与输入信号最接近的样本来实现高效的语音压缩。

（6）矢量量化（Vector Quantization，VQ）

VQ 是一种将输入信号与一组已知的矢量进行比较，并选择最接近的矢量进行传输的数字语音编码方法。VQ 算法在 20 世纪 80 年代被提出，并被广泛应用于音频压缩和语音编码中。其中最具代表性的算法是多频带矢量量化（Multi-band VQ，MB-VQ）和格型矢量量化（Lattice VQ，LVQ）。

（7）子带编码（Subband Coding，SBC）

SBC 是一种将音频信号分解为若干子带的数字语音编码方法。SBC 算法在 20 世纪 80 年代被提出，并被广泛应用于音频压缩和语音编码中。SBC 通过在每个子带上应用不同的编码算法来提高音频压缩效率。

（8）变换编码（Transfer Coding，TC）

TC 是一种将音频信号从时域转换到频域的数字语音编码方法。TC 算法在 20 世纪 80 年代被提出，并被广泛应用于音频压缩和语音编码中。TC 通过去除信号中的冗余信息来提高音频压缩效率。其中最具代表性的算法是离散余弦变换（Discrete Cosine Transform , DCT）和快速傅里叶变换（Fast Fourier Transform，FFT）。

（9）VQ 和混合激励线性预测（Mixed Excitation Linear Prediction，MELP）的结合

后来，研究者将 VQ 和 MELP 结合在一起，形成了一种新的数字语音编码方法。这种结合方法可以在更低的比特率下实现更高的音频质量和更低的延迟。其中最具代表性的算法是因特网低比特率编码器（Internet Low Bitrate Coder，ILBC）和因特网声音音频编码器（Internet Speech Audio Codec，ISAC）。

这些算法的发展历史展示了语音编码理论不断进化和发展的历程。此外，研究者提出各种不同的语音编码算法，并对这些算法进行不断改进和完善，以应用在不断发展的移动通信、卫星通信和网络通信上。

1.2.2 语音识别算法的发展历史

1956 年，美国举办的达特茅斯会议开启了人工智能研究的大门，对语音识别的研究也随之开始。

1972 年，Williams 等人提出了说话人情绪状态的变化会导致语音的发音清晰度、平均功率谱和基音轮廓等方面存在差异。1986 年，Tolkmitt 等人在研究中注意到 F0 均值、F0 最低值、共振峰等语音统计特性与情感之间的联系。传统的语音情感识别算法最早出现在 20 世纪 90 年代，后有学者对算法进行改进，较为成熟的传统语音情感识别算法出现在 2003 年，Nwe 等人提出基于隐马尔可夫模型（Hidden Markov Model，HMM）的语音情感识别算法，以 HMM 算法为基础，为每个说话者的每类情感构建一个四状态全连接的 HMM，选取对数频率能量系数、梅尔频率倒谱系数（Mel-frequency Cepstral Coefficient，MFCC）和线性预测系数作为情感特征集来识别 6 类基本情感，测试的识别率为 75.5%。Li 等人提出利用振幅微扰、频率微扰，并结合梅尔倒谱系数特征作为语音情感识别特征，进一步提升了语音情感的识别性能。Breazeal 等人提出利用韵律特征对语音情感进行识别，以高斯混合模型（Gaussian Mixed Model， GMM）模型作为分类器，进行分类得到了 78.77%的识别率。面对复杂的问题，HMM 算法和 GMM 算法都存在一定的问题，HMM 的状态数会呈指数增长，当系统变得复杂时，识别性能不稳定；GMM 算法无法学习深层非线性特征变换，对抽象特征的提取存在一定的局限性。综上可以看出，语音情感识别技术整体而言还处于初级阶段，语音情感识别技术还缺乏被大众认可的研究结果出现。

随着机器学习被广泛应用到各个领域中，有学者也将该方法应用到语音情感识别技术研究中。梁泽等人提出基于脉冲耦合神经网络的语音情感识别方法，实现了深度学习下的语音情感识别。邓广慧等人提出基于训练径向基函数网络的语音情感识别方法，准确率为 83.7%，取得了不错的效果。张石清等人提出模糊最小二乘支持向量机的语音情感识别方法，结合了支持向量机（Support Vector Machine，SVM）和模糊逻辑，实现了四种语音情感的分类。余华等人提出基于连接性时序分类（Connectionist Temporal Classification，CTC）的循环神经网络（Recurrent Neural Network，RNN）语音情感识别方法，在多模态情绪数据集（Interactive Emotional Dyadic Motion Capture，IEMOCAP）上进行测试，准确率达到了 53%，它考虑到即使是情绪化的话语中也可能包含非情绪的部分，同时可以预测一段会话中的情感的序列顺序，提高了语音情感识别的性能。

1.2.3　语音去噪及增强算法的发展历史

数字语音去噪的研究开始于 20 世纪 60 年代。许多学者、专家投身于这个领域的研究中，随着人工智能的快速发展，以及现代的生活学习的需求对语音质量要求越来越高，且语音情感识别对语音质量的要求更为严格。传统的语言情感识别方法包括语音增强、去噪算法、有谱减法、自适应噪声抵消法、小波变换法等，而今引入深度学习模型。

1. *声音去噪算法的研究*

国际上，Hadhami 等人提出基于经验模式分解和改进阈值法的语音去噪算法，通过将嘈杂的语音自适应地分解为本征模式函数（Intrinsic Mode Function，IMF）的固有振荡成分，再基于连续均方误差最小化的能量标准查找原始信号中能量分布大于噪声的 IMF，接着借助对先前选择的 IMF 进行改进的阈值处理，最后用处理后的 IMF、剩余的 IMF 和残差重建增强的语音信号。但是该方法主要针对白噪声，对于现实中存在的马路噪声、餐厅噪声等实际噪声则难以较好地去除。

Zhou 等人提出利用基于字典学习的免疫 K-奇异值算法（Immune k-SVD Algorithm，K-SVD）去除噪声。由于传统的 K-SVD 算法是在给定字典的稀疏表示和更新字典原子以更好地拟合数据的过程之间交替的迭代方法，因此具有计算量大、近似速度低和准确性低的缺点。Zhou 等人通过引用具有局部快速收敛和全局最优的特点的免疫机制来修改追踪算法，从而优化 K-SVD 算法。这种经过免疫优化的 K-SVD 算法不仅可以加快其学习速度，还可以提高其逼近精度。该方法在维多利亚大学的语音数据库测试结果中显示出良好的信噪比。

在国内，很多研究者提出改进的谱减法和小波分析等方法来去除噪声。例如，林琴等人提出一种基于改进谱减法的语音去噪方法，基于谱减法的原理，通过语音的短时能量和过零率来判断是否存在噪声过高的现象，设定合理的参数降低噪声，一定程度上改善了语音质量。邓玉娟提出基于小波变换的语音阈值去噪算法，将小波变换应用到语音去噪领域，有效去除语音信号中的白噪声。李晶皎等人提出基于集合经验模态分解理论和独立分类分析的语音去噪方法，针对语音信号非平稳的特性，利用集合经验模态分解理论对含噪语音进行分解，再利用独立分类分析获取有效的语音信号再重构，达到去噪的目的。陆振宇等人提出关于多通道语音去噪的识别优化研究，研究多通道语音受噪声污染情况下的去噪算法，也沿用了经典的小波方法。为了解决小波方法在去噪的同时导致有用信息丢失的问题，多通道语言出噪将部分噪声作为自适应滤波的参考输入，使得自适应滤波输出信号和语音信号中的噪声部分具有更好的相关性。

与语音去噪算法相似，语音增强算法的实质也是为了改善语音的质量，体现在语音情感识别技术的研究中，即为提升低质量的情感语音的识别性能。相较于语音去噪，语音增强更偏向于对语音的清晰化处理，而不仅仅是针对含噪语音的去噪处理。

2. *声音增强算法的研究*

Nasir 等人提出基于凸失真测度的正则稀疏分解语音增强模型，不需要先验的噪声知识，转而采用伽马滤波器和凸失真测量的低秩稀疏矩阵分解，该方法具有更好的整体语音质量与清晰度，但是对于携带噪声的语音，噪声和语音在稀疏域存在混叠，难以分离。Ou 等人提出基于软判决的高斯−拉普拉斯组合模型的含噪语音增强，使用离散余弦变换（Discrete Cosine

Transform，DCT）域中的实际数据分析了干净语音的统计特性以及一些噪声信号，验证了干净语音 DCT 系数的统计数据倾向于落在高斯与拉普拉斯分布之间。根据统计数据特性，采用高斯和拉普拉斯分布的线性组合来建模清晰语音 DCT 系数的统计数据，并根据每个假设的概率自适应地调整组合模型中任一分布的相应权重，该方法在不同的测试环境下都取得不错的效果，但是识别性能还有提升的空间。

国内研究者张勇等人提出结合人耳听觉感知的两级语音增强算法，结合人耳听觉系统的掩蔽特性，设计感知增强滤波器，增强了语音的主观感知质量。周伟栋等人提出改进的正交匹配追踪语音增强算法，将压缩感知应用于语音增强，在保证语音增强效果不降低的情况下，节约了处理的时间。孟欣等人提出改进的参数自适应的维纳滤波语音增强算法，根据不同的噪声类型，设置不同的参数初始值，做不同的噪声功率谱评估，进一步提升了语音的清晰度，在卷积网络作为识别网络的情况下，取得了更准确的分类结果。

3. *声音异常检测算法的研究*

声音异常检测算法的核心是音频事件检测，它由音频事件定位和音频事件识别两部分组成。

音频事件定位是指在连续的音频信号流中，通过端点检测技术滤除静音段与噪声段，准确地定位出事件在音频信号流中的起始时刻和结束时刻，在一定程度上为后续的音频事件识别排除干扰并提高识别的准确率。目前常见的端点检测技术包括基于短时能量和短时平均过零率的双门限检测算法、基于倒谱特征的端点检测算法及基于深度学习的端点检测算法。

音频事件识别是指在安全监控中通过音频识别所发生的伴有异常声音的突发异常事件，及时有效地识别生活中的异常事件有助于维护社会安全。用于异常声音识别的特征主要为短时能量、短时过零率等时域特征，频谱质心、带宽等频域特征及 MFCC 等倒谱特征。一般而言，与许多语音相关的任务类似，音频事件识别也是将音频分帧后进行处理，以帧为识别的最小单位，提取每帧音频的特征并丢入分类器进行分类，最后结合每一帧的识别给出最终识别结果。这里的分类器包括基于隐藏变量的高斯混合模型（GMM）、隐马尔科夫模型（HMM）等生成模型以及支持向量机（SVM）、随机森林（Random Forest，RF）、逻辑回归（Logistics Regression，LR）等判别模型。

Clavel C 等人提取枪声和尖叫声的 MFCC，建立 GMM 进行分类。S. Lecomte 与 R. Lengelle 等人应用了单类支持向量机（One Class Support Vector Machine，OC-SVM）对异常声音进行识别。Kumar A 和 Saggese A 等人都建立了一种词袋模型，提取异常声音的短时能量、短时过零率、MFCC 等 11 种音频特征做统计平均之后组成音频的特征词典，使用 SVM 对该特征词典进行分类并在实际环境中得到了较为不错的识别效果。相对于提取每帧的短时特征的识别，也有基于长时特征的识别，从长短时特征考虑出发，提取异常音频每帧的短时特征，使用 K 均值聚类算法得到音频的长时特征输入至 SVM 进行分类，对枪声、玻璃碎裂声和尖叫声获得了 78.5%的识别率。为了对抗声音识别环境中的噪声干扰，陈志全等人提出了一种基于集合经验模态分解（Ensemble Empirical Mode Decomposition，EEMD）的异常声音特征提取算法，对声音的每帧都做 EEMD 分解，提取不同模态函数的短时能量，MFCC 等特征的特征组合，用 SVM 对 7 种异常声音进行了识别，在不同的信噪比条件下获得了比 MFCC 等特征更好的识别效果。

过去，深度学习作为机器学习的一个算法而存在，被称为人工神经网络（Artificial Neural Network，ANN），由于人工神经网络受到算法理论、数据、硬件的制约，多年以来一直都是单层或浅层的网络结构。并且随着其他更有效率的浅层算法，如 SVM、LR 的提出，人工神经网络在效果和性能上都没有任何优势，逐渐淡出视野。后来，随着大数据的发展以及大规模硬件加速设备的出现，特别是图形处理器（Graphics Processing Unit，GPU）的性能不断提升，使得神经网络重新受到重视。深度学习作为一个功能多样的工具，已经逐渐被应用到各种不同的任务和领域中，Google 将深度学习成功地应用于语音识别和图像识别及自动机器翻译。在过去进行情感分析通常使用机器学习，机器学习模型可分析单个单词，但深度学习网络可应用于完整的句子，大大地提高了准确性。与语音识别和智能语音助手领域相同，也有一大批学者提出了基于深度学习的方法去实现音频事件检测，利用深度神经网络开发出更准确的声学模型。Zhang H 等人将声音变换成声谱图作为输入，使用卷积神经网络（Convolutional Nerual Networks，CNN）对其进行识别，实验结果表明，使用 CNN 可以获得更好的识别效果，并且比一般的 GMM 和 HMM 算法具有更强的抗噪能力。考虑到声音事件的发生对于时间的依赖关系，在自然语言处理中常用的循环神经网络（Recurrent Nerual Network，RNN）也被用于异常声音识别，Parascandolo G 等人将声音按帧提取频域特征并按顺序输入至双向循环神经网络中，在 61 类声音事件的识别中得到了不错的表现。

综上所述，由于音频事件检测有着广阔的应用领域和非常重要的实用价值，国内外许多学者对其进行了研究工作，不过该领域依然有着较大的提升空间。之前，音频事件检测方法主要用到特征提取搭配分类器的方法进行，提取音频的经典特征如短时能量、短时过零率等时域特征，频谱质心、带宽等频域特征以及 MFCC 等倒谱特征。常用的分类器有 GMM、HMM、LR、RF、SVM 等。而最近深度学习被证明可以有效地应用在音频事件检测领域，并且提高了检测结果，CNN、RNN 等网络结构被广泛应用到音频事件检测中，深度学习已然发展成为该领域的核心算法。总而言之，音频事件检测的研究重点仍然围绕着特征提取以及分类器的优化在进行。

1.2.4　语音合成转换等其他算法的发展历史

语音合成（Speech Synthesis）就是将文本转换成语音的技术，也称为文语转换（Text-to-Speech，TTS）。语音合成是单向系统，即由计算机到人，如将其和语音识别有效结合，即可构成由计算机到人和由人到计算机的双向系统，并由此发展出很多新的研究领域，是非常重要的智能接口技术。与语音合成非常相关的语音转换技术，也随之获得关注。

1.2.4.1　语音合成算法的发展历史

早在 19 世纪初，就有学者开始了关于语音合成技术的研究，但是受限于当时科学技术水平以及相关学科的发展，未能研究清楚人脑如何识别语音和说话人的一般理论，而即使有相关的理论也不能保证在计算机上模仿就能得到最佳处理方式，因此很少得到有实际应用价值的研究成果。随着计算机和数字信号处理技术的不断发展，掌握了语音生成的声学特性，语音合成技术得到了显著的提升。除此之外，人工智能的研究成果不断被语音研究所借鉴，使得语音合成也得到了迅速的发展，特别是语音合成器的处理内容不断扩大，从最初的有限简单词句发展到现在对整篇文章进行处理，并且合成语音的可懂度与自然语音几乎没有区别。

回溯研究历程，语音合成技术主要经历了以下 4 个发展阶段。

1. 物理机理语音合成

从本质上来说，物理机理语音合成是通过模仿人口腔说话发音的机理来尝试实现的。最初的机械式语音合成器是通过模拟人的呼吸过程，使用风箱产生气流，然后利用振动弹簧片和皮革来模拟声道系统工作。这些部件的运动需要手动协调。关于物理机理语音合成方面，最早的实验记录是 1779 年 Kratzenstein 实现的，他建造了一套声学共振器，并通过该装置模拟人声带的振动来发出声音，即模拟人的发声。该共振器无论从形状上还是大小上来看，均与人的口腔类似，因此能够有效实现模拟的效果。根据实验中记载，此套共振器几乎可以完美地发出 a、e、i、o、u 这 5 个元音。虽然通过这种方法可以直接地实现简单音素的语音合成，但是此方法不利于后续的研究。其原因是人类的发音机理过于复杂，想要通过模仿并准确记录发音时舌头、牙齿和嘴唇等部位的行为特别困难，而且为这些机械式的物理结构建立相关模型也过于复杂，成本代价太大。

2. 滤波器语音合成

声音信号的源-滤波器模型将声音视为由声源和滤波器组合产生。声源可以类比为人的声带，它产生周期性的脉冲序列用于生成浊音信号，或者产生白噪声用于生成清音信号。合成语音的两种常见方法是共振峰合成法和线性预测编码合成法，它们使用不同的声道模型。在实际应用中，当根据需要合成不同特性的语音时，可以选择不同类型的声源激励来实现。

3. 基于波形拼接技术的语音合成

基于波形拼接的语音合成技术首先将各种语音片段存储在计算机中，在合成语音时，根据一定的规则从这些存储的语音片段中选择合适的片段，并使用拼接算法将它们按照时间顺序拼接在一起，以生成最终的语音。这种方法的最大优势是保持了原始说话人的声音特质。早期，由于数据不足，这种方法难以产生理想的语音效果。然而，在现今的大数据时代，计算机的存储和计算能力已经不再是限制拼接合成的瓶颈。语音数据库变得非常庞大，其中包含成千上万句话的记录。一些知名公司如微软、百度等都构建了基于大规模语料库的拼接合成系统。这些系统基于庞大的数据库，结合不断深入的理论知识，采用单元选择方法合成语音。这种方法显著提高了合成语音的质量。

4. 统计参数的语音合成

统计参数的语音合成使用声码器将语音信号转换为表示语音特性的短时频域特征。然后，通过统计模型来学习文本输入与语音特征之间的关系。其中，最典型的方法是基于隐马尔可夫模型（HMM）的语音合成。这种合成方法具有以下优点：存储空间需求较小，计算量不大，参数调整灵活，可以生成流畅自然的语音。HTS（HMM-based Speech Synthesis System）是一种建立在隐马尔可夫模型基础上的语音合成系统。HTS 的语音合成流程如下：首先，用户输入需要合成的文本，系统根据文本类型和语法规则以及语言学规律获取必要的上下文信息，并将其记录在合成标注文件中。然后，对待合成的标注文件进行训练，反复训练以获取与当前语境最匹配的 HMM 叶节点，这个过程称为模型的决策。该过程包括时长、基频和频谱三类决策，以获取相应的模型。基于这些模型计算出合成所需的基频和频谱参数，最后，根据这些参数构建源-滤波器模型，从而生成合成语音并输出。这种方法可实现高质量的语音合成。

一个语音合成系统通常由三个关键部分构成：文本分析、韵律生成及语音合成。文本分析阶段的任务是将输入的文本信息按照特定的语法规则和语言学规律进行处理，以获取合成所需的上下文信息。这一过程包括处理多音字、文本分割、自动分词等操作。处理后的文本信息随后传递给韵律生成和语音合成模块。韵律生成模块负责根据设定的合成规则，规划所期望的音高、音长、音量、停顿以及语调等音频参数。生成的这些参数被进一步传递到语音合成模块中。语音合成模块是核心部分，它根据合成语音的算法，通过计算和分析，生成满足要求的音节和波形等音频数据。随后，这些生成的数据由语音输出模块输出为可听的语音。这三个部分协同工作，以实现高质量的语音合成。

因为我国在语音合成领域的研究起步较晚，所以对于语音合成的理论知识了解仍然不够深入，而且相应的研究资源相对不足。此外，尽管目前合成语音的自然度已经有了显著提升，但仍然存在与人类实际发音有所不同的问题，尤其在情感语音合成方面仍然面临挑战。首先是自然度，合成语音是机器根据要求通过相关模型得到的，不可避免地会出现机械感的现象；其次是音调，音调对语音自然度的影响十分明显，特别是对决定音调的基音进行适当处理，该项工作十分困难，因此机器输出合成语音过程中不可避免地会出现走调，即基音周期不准；另外还有辅音，辅音处理在合成语音时较为困难和复杂。自 21 世纪以来，深度神经网络（DNN）在语音研究领域得到广泛应用，虽然对 DNN 的研究已经相当深入，但仍然存在许多待解决的问题。其中一个关键问题是如何减少 DNN 所需的数据量，降低数据的维度，进而减少计算量。此外，DNN 算法本身也还有许多重要问题需要解决。因此，可以说语音合成领域的研究任务仍然十分繁重，还有很长的路要走。

1.2.4.2　语音转换算法的发展历史

语音转换研究的相关工作最早可追溯至 20 世纪 60 年代至 70 年代，至今已经有 50 多年的研究历史，但真正受到学术界和产业界广泛关注则是近十多年的事情。近年来，随着语音信号处理和机器学习等技术的进步，大数据获取能力和大规模计算性能的提高有力地推动了语音转换技术的研究及发展。特别是基于人工神经网络的语音转换方法的兴起，使得通过转换得到的语音质量进一步提升。

语音中的声道谱信息、共振峰频率和基音频率等参数是影响语音个性特征的主要因素，通常一个完整的语音转换方案由反映声源特性的韵律转换和反映声道激励特性的频谱（或声道谱）转换两部分组成。韵律的转换主要包括基音周期的转换、时长的转换和能量的转换，而声道谱转换表现为共振峰频率、共振峰带宽、频谱倾斜等转换。声道谱包含人更多的声音个性特征，且转换建模相对复杂，是制约语音转换效果的主要原因。因此，目前的语音转换研究也主要集中在对声道谱的转换方面。

早期的语音转换主要研究平行语料之间的转换，通过提取源和目标语音的特征，再建立源和目标语音之间的特征映射。特征映射的方法包括 VQ、GMM、非负矩阵分解（Non-negative Matrix Factorization，NMF）等，利用时间对齐的平行语音数据训练模型，实现了较好的转换效果。

Abe 最早提出采用矢量量化码本映射方法来进行频谱包络的映射，取得较好的成果，其码本映射的语音转换算法较为简单，容易实现。但是该方法将连续的语音信号进行离散分割，引起特征空间的不连续性，使得转换后的语音质量受到很大的影响。在此基础上，Arslan 提出加权矢量量化法。Mizuno 在此基础上通过提取共振峰并对共振峰进行线性转换以达到谱包络转换的目的。但是矢量量化法将连续的语音变得离散割裂，造成了语音的不连续，合成的语音听起来不自然。

为了解决矢量量化引起的不连续性，Stylian 采用 GMM 对谱包络参数进行转换，通过加权求平均的方法在很大程度上解决了特征空间不连续的问题，大大提高了转换后的语音质量，这也是目前公认的较为理想的用于语音转换方法。但是，由于转换后的语音参数是加权求平均的结果，因此又会引起过平滑问题，同时由于参数的转换是基于每帧单独进行转换的，没有考虑相邻帧之间的关系，因此使得转换后的语音有一定的不连续性。

针对这两个问题，很多人对基于 GMM 转换模型进行了改进。例如，针对过平滑问题，Todat 提出了动态频率规整法（Dynamic Frequency Warping，DFW），运用 GMM 和 DFW 加权的方法进行了语音转换的研究，使得转换后的语音与传统的基于 GMM 模型的方法相比有一定的提高。

近年来，语音转换专注于非平行语料之间的转换，其中包括基于语音后验图（Phonetic Posteriorgrams，PPG）、深度神经网络（Deep Neural Networks，DNN）的语音转换方法，这些方法使用额外的数据或者预训练好的模型来提取语音特征信息，以此弥补非平行转换中训练条件受限带来的缺点。但无疑增加了成本，在实际应用中受到限制。变分自动编码器（Variational Auto-Encoder，VAE）将说话人嵌入和低维特征相结合，不需要额外的数据和预训练模型就能完成非平行的语音转换，但也存在过平滑的缺点，导致语音质量下降。生成对抗网络（Generative Adversarial Nets，GAN）能够在不需要显示概率密度分布的情况下学习一个接近目标的生成分布，可以有效缓解过平滑现象，其变体循环生成对抗网络语音转换（Cycle Generative Adversarial Network，CycleGAN），利用对抗损失和循环一致损失来学习正向映射和反向映射，实现了与平行语音转换相当的效果，但只能局限于一对一语音转换。星型生成对抗网络（Star Generative Adversarial Network，StarGAN）转换方法，实现了非对称语料情况下的多对多语音转换，但生成对抗网络在训练中还是普遍存在难以训练的问题。

国内的相关研究起步较晚，但发展十分迅速。初敏等人采用 TD-POSLA 的方法进行男女语音转换的研究，基音周期的变换采用 TD-POSLA 方法，声道响应的特征通过重采样的方法实现。之后陈一宁提出基于 GMM+MAP 的方法，仅将源说话人的特征参数的概率分布转移到目标说话人的特征参数的概率分布上来以避免过平滑问题，通过设置后置的低通滤波器和中值滤波器很好地解决了帧之间的不连续问题。同时，左国玉提出了基于遗传径向基神经网络的转换方法，该算法采用线谱对（Line Spectrum Pair，LSP）特征参数和遗传算法，实验结果表明，该算法提高了系统的稳定性。中国台湾学者 Ju-chieh Chou 提出了利用 CNN 构建内容编码器和说话人编码器，分别提取语音的内容信息和说话人个性特征，再将解纠缠后的内容信息与目标说话人信息通过 CNN 搭建的解码器进行合成，从而实现语音转换。该方法实现了训练集中未出现的说话人的语音转换。

最近一些研究专注于任意对任意的语音转换，即源说话人和目标说话人在推断阶段都为不可见的。其中 AutoVC 利用 GE2E 损耗对说话人编码器进行了预训练，并在内容编码器上设计了一个信息瓶颈，经过仔细调整的瓶颈成功地将说话者与内容分离。AdaIN-VC 采用了变分自动编码器，由说话人编码器、内容编码器和解码器组成，采用自适应实例归一化技术，很好地分离说话人信息和内容信息，并重新解码得到目标 Mel 谱图。VQVC 将语言内容信息作为离散表示，利用矢量量化提取内容嵌入，再通过内容嵌入得到相应的说话人嵌入。

1.2.5　基于语音和视觉信息的多模态融合方法

近年来，尽管单模态声音识别任务取得了一些研究成果，但研究表明，多模态的识别任务效果优于单一模态的。研究者尝试结合不同模式的信号，如语音、视觉等信息，从而提高各种识别任务的效率和精确度。通常研究者将特征融合方法分为：模型无关的方法和模型相关的方法。根据特征融合的时期，又可以将模型无关的方法进一步分为：早期融合（基于特征层）、晚期融合（基于决策层）和混合融合。

1. 模型无关的特征融合方法

（1）早期融合方法。如图 1.1(a)所示，为了解决各模态中原始数据维度不一致的问题，可以先从每种模态中分别提取特征，然后在特征级别进行融合，即特征融合。此外，由于深度学习本质上会涉及从原始数据中学习特征的具体表示，这就导致了有时可能在没有抽取特征之前就需要进行融合，即数据融合。无论是特征层面还是数据层面的融合，都称为早期融合。

（2）晚期融合方法。如图 1.1(b)所示，晚期融合也叫决策级融合，深度学习模型先对不同的模态进行训练，再融合多个模型输出的结果。因为该方法的融合过程与特征无关，且来自多个模型的错误通常是不相关的，因此这种融合方法往往受到青睐。目前，晚期融合方法主要采用规则来确定不同模型输出结果的组合，即规则融合，最大值融合（Max-Fusion）、平均值融合（Averaged-Fusion）、贝叶斯规则融合（Bayes Rule Fusion）以及集成学习（Ensemble Learning）等规则融合方法。文献[43]尝试将早期融合和晚期融合方法进行比较，发现两种方法的性能优劣与具体问题有很大关系，当模态之间相关性比较大时，晚期融合方法优于早期融合方法，当各个模态在很大程度上不相关时，如维数和采样率极不相关，采用晚期融合方法更适合。因此，两种方法各有优缺点，需要在实际应用中根据需求选择。

（3）混合融合方法。如图 1.1(c)所示，混合融合方法结合了早期融合和晚期融合方法，在综合了二者优点的同时，也增加了模型的结构复杂度和训练难度。由于深度学习模型结构的多样性和灵活性，比较适合使用混合融合方法，在多媒体、图像问答任务、手势识别等领域应用得非常广泛。

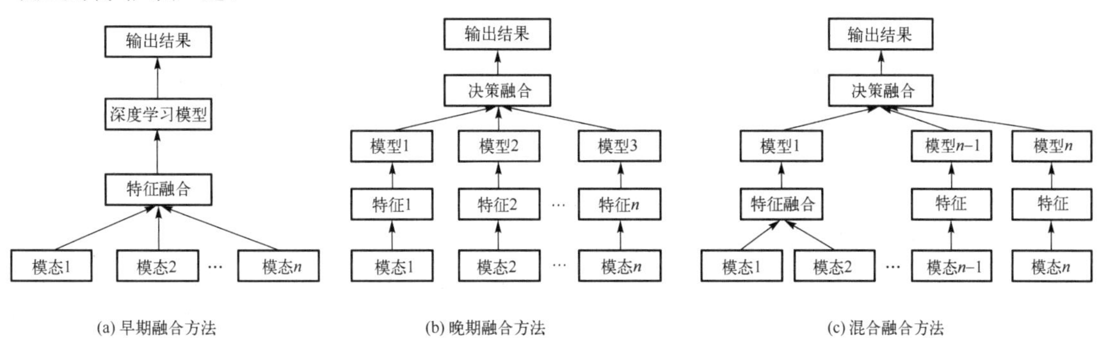

图 1.1　模型无关的特征融合方法

2. 模型相关的特征融合方法

模型相关的特征融合方法旨在获得多种模态的联合特征表示，它的实现主要取决于使用的融合模型。模型层融合是更深层次的融合方法，为分类和回归任务产生更优化的联合判别特征表示。多层 LSTM（Multi-layers LSTM，ML-LSTM）作为模型层融合方法之一，该方法将多层网络与传统的 LSTM 模型相结合，通过充分考虑话语之间的关系，来使得在学习过程中处理话语层面的多模态融合问题，如图 1.2 所示。融合思路如下：将语音特征输入第一层 LSTM（Layer1）得到的是每个神经元的隐藏层状态，然后将视觉特征与 Layer1 得到的隐藏层状态相拼接输入第二层 LSTM（Layer2），得到第二层每个神经元的隐藏层状态，即融合后的多模态特征，最后将融合后的特征输入全连接层得到最终的预测结果。

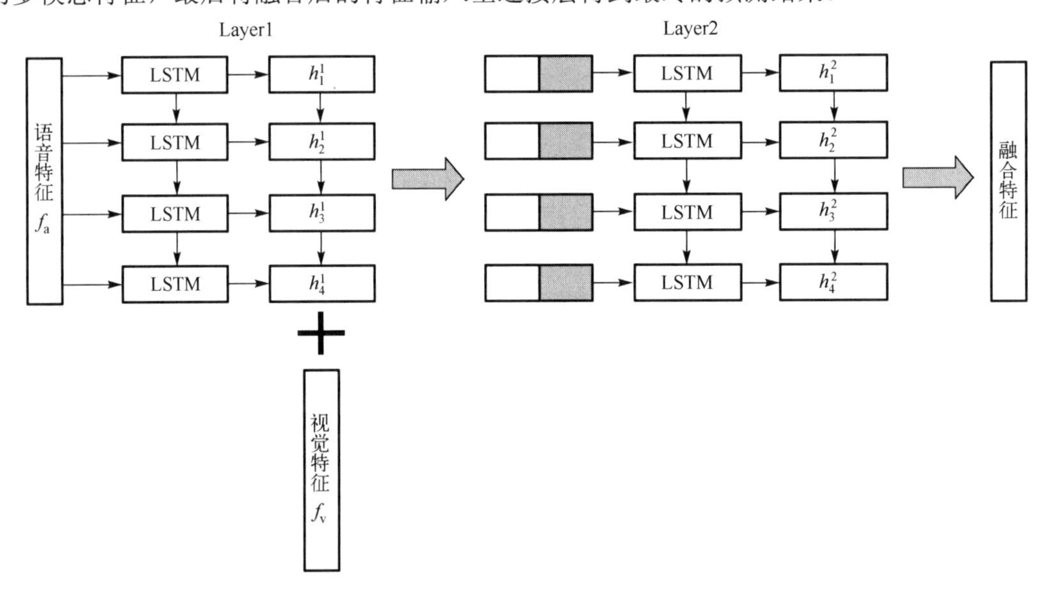

图 1.2　基于多层 LSTM 的模型层特征融合方法

在语音和视觉信息的特征融合方法上，Huang 等提出利用转换（Transformer）模型在模型层面上融合视听模式。利用 OpenSMILE 提取声学参数集（eGeMAPS）作为音频特征，视觉特征由几何特征构成，包括面部地标位置、面部动作单位、头部姿态特征和眼睛注视特征。多头注意力在编码音视频后，从公共语义特征空间产生多模态情感中间表征，再将 Transformer 模型与 LSTM 相结合，通过全连接层得到回归结果，进一步提高了性能。

刘菁菁等提出一种基于 LSTM 网络的多模态情感识别模型。对语音提取了 43 维手工特征向量， 包括 MFCC 特征、Fbank 特征等；对面部图像选取 26 个人脸特征点间的距离长度作为表情特征。采用双路 LSTM 分别识别语音和面部表情的情感信息，通过归一化指数（softmax）函数进行分类，进行决策层加权特征融合。在 eNTERFACE'05 数据集上，传统情感六分类的准确率达到 74.40%。

Siriwardhana 等利用预训练过的自监督（Self-supervised Learning，SSL）模型从语音、视频、文本三种模态中提取特征。此外，先引入了一种新型的 Transformer 和基于注意力的融合机制，该机制可以融合提取出多模态 SSL 特征。最后，在数据库 IEMOCAP 上验证了其方法的有效性。

Liu 等提出了一种新的表示融合方法，称为胶囊图卷积网络（Capsule Graph Convolutional Network，CapsGCN）。首先，从语音信号中提取声谱图，通过 2D-CNN 进行特征提取；对图像进行人脸检测，通过 VGG16 进行视觉特征提取。将提取出的音视频特征输入胶囊网络，分别封装成多模态胶囊，通过动态路由算法有效地减少数据冗余。其次，将具有相互关系和内部关系的多模态胶囊视为图形结构。利用图卷积网络（Graph Convolutional Network，GCN）学习图的结构，得到隐藏表示。最后，将 CapsGCN 学习到的多模态胶囊和隐藏关系表示反馈给多头自注意力，再通过全连接层进行分类。提出的融合方法在 eNTERFACE'05 数据集上取得了 80.83%的准确率。

王传昱等提出了一种基于音视频的决策融合方法。对视频图像，利用局部二进制模式直方图（Local Binary Patterns Histograms，LBPH）、稀疏自动编码器（Sparse Auto-encoder，SAE）和改进的 CNN 来实现；对于语音模态，利用基于改进深度受限玻尔兹曼机和 LSTM 来实现。在单模态识别后，根据权重准则将两种模态的识别结果进行融合，通过 softmax 函数进行分类。在中文自然情感音视频数据库（Chinese Natural Emotional Audio–Visual Database，CHEAVD）上的实验结果表明，识别率达到了 74.90%。

Fu 等提出了一种基于自注意和残差结构的新型跨模态融合网络。首先，对音频和视频模态进行表征学习，通过 ResNet 和一维 CNN 获得两种模态的情感特征。接着，将两种模态的特征分别输入跨模态块，通过自注意机制和残差结构确保信息的高效互补性和完整性。最后，将获得的融合表征与原始表征进行拼接，从而得到预测结果。在 RAVDESS 数据集上的实验结果表明其准确率为 75.76%。

Chumachenko 等提出一种能够从原始数据中学习的模型结构，并讨论了它的三种变体与不同模态融合机制。他们评估了模型在一种模态缺失或存在噪声的无约束环境下的稳健性，并提出了一种方法来缓解这些限制，即以模式剔除的形式来缓解这些局限性。在 RAVDESS 数据集上的实验表明，这种方法在具备一定鲁棒性的同时，还保持了较高的识别性能。多模态特征融合方法如表 1.1 所示。

表 1.1　多模态特征融合方法

时间	作者	特征提取	融合方式	数据集	识别结果
2020 年	Huang 等	语音：eGMAPS 视频：几何特征	模型层融合	AVEC 2017	维度：0.654 效价：0.708
2020 年	刘菁菁等	语音：MFCC、Fbank 等 视频：几何特征	模型层融合 决策层融合 模型层融合 （双层 LSTM）	eNTERFACE'05	分类准确率：74.4%
2020 年	Siriwardhana 等	语音、视频、文本：预训练的自监督模型	模型层融合 Transformer 注意力机制	IEMOPCAP	分类准确率：84.65%
2021 年	Liu 等	语音：语谱图+2D、CNN 视频：VGG16	模型层融合 （GapsGCN）	eNTERFACE'05	分类准确率：80.83%
2021 年	王传昱等	语音：DBM+LSTM 视频：LBPH+SAE+CNN	决策层融合	CHEAVD	分类准确率：74.9%
2021 年	Fu 等	语音：MFCC 特征+1D、CNN 视频：ResNet	模型层融合 （CFN-SR）	RAVDESS	分类准确率：75.76%

续表

时间	作者	特征提取	融合方式	数据集	识别结果
2022 年	Chumachenko 等	语音：1D CNN 视频：EfficientFace+1D CNN	模型层融合（早期 Transformer 融合 ETF 、中期 Transformer 融合 ITF、中期注意力融合 IAF）	RAVDESS	分类准确率：ETF 79.3%, ITF 78.5% 和 IAF 77.4%

1.3 声音效果评价

语音作为信息传递的重要载体，与其相关构成的通信、编码、存储和处理等语音系统已成为现代社会信息交流的必要手段，且已广泛应用于社会各个领域。这些系统的性能好坏成为信息交流是否畅通的重要因素，而评价这些系统性能优劣的根本标志是在于系统输出语音质量的好坏。

语音质量指的是语音中字、词、句的清晰程度。语音质量评价不仅与语音学、语言学和信号处理有关，而且还与心理学、生理学等有密切的关系，因此语音质量评价是一个极其复杂的问题。对此，多年来人们通过不断努力，提出了许多语音质量评价的方法，总体上可以将语音质量评价方法分为两大类：主观评价和客观评价。

主观评价以人为主体来评价语音的质量。其优点是符合人耳对语音质量的感觉，但也存在受人的主观意识影响大、成本高、稳定性较差且灵活性不够等缺点。有关语音质量常用的方法是平均意见得分（Mean Opinion Score，MOS）。

为了克服主观评价的缺点，人们在努力寻找一种能够方便、快捷地给出语音质量评价的客观评价方法，使客观评价成为一种既方便、快捷又能够准确地预测出主观评价值的语音质量评价手段。尽管客观评价具有省时省力的优点，但它还不能反映出人对语音质量的全部感觉，而且当前客观评价方法都是以语音信号的时域、频域及变换域等特征参量作为评价依据的，没有涉及语义、语法、语调等影响语音质量主观评价的重要因素。

1.3.1 主观评价方法

主观评价方法中的一种常用的主观质量评价方法是平均意见得分。该方法是 IEEE 协会和 ITU 所推荐的主观评价方法，也是被广泛应用在各种不同场合的主观语音质量评价方法。它是通过让测试者试听语音，然后给出对试听语音的评价分数。语音的总体质量是五分制的评估，在表 1.1 中该方法的输出是所有参与测试的人给出评价分数的平均分，即 MOS。

测试者对语音进行评价之前，必须进行“培训”。培训的目的是对所有听众主观评价范围进行平衡。在此阶段，测试者听取代表不同语音质量的参考信号，参考信号从好到坏。这个阶段可以达到“校准”所有参与测试者对语音质量的评价。由于这个原因，“培训”阶段至关重要。通过该方法，质量评价的可靠性会大大提高。

MOS 评分的具体准则有听众的选择标准、测试过程、持续时间及选择播放重建语音的设备。一般来说，测试者都是既有对语音质量评价缺乏经验者，也有经验丰富的。建议没有语音质量评价经验的测试者人数最低为 20，有经验的测试者人数最低是 10。在评价过程中，原始语音和增强后的语音必须随机播放。为了防止测试者在试听过程中产生疲劳，一次测试时间应该避免持续 20 分钟。因为从麦克风播放的语音依赖于测试房间的维度和混响时间，因此强烈推荐使用耳机进行测试。如果不能做到，只能使用喇叭播放语音，则必须在结果中表明测试房间的大小和混响时间。

MOS 评分法是对语音整体满意度的评价，一般分为 5 级标准，测试者可以只通过这 5 个标准等级描述他们对语音质量的印象，如表 1.2 所示。

表 1.2　MOS 评分描述表

分值	语音质量	失真级别
5	优	没察觉
4	良	刚有察觉且不觉得讨厌
3	中	有察觉且稍觉讨厌
2	差	明显察觉且感觉讨厌但可忍受
1	劣	不可忍受

MOS 评分中，质量优表示可以轻松地听懂语音，不需要集中注意力，几乎感觉不出重建语音和原始纯净语音的差别，不对照比听的话，不可能察觉出其中的细微不同；质量良表示收听注意力不需要明显集中即可以理解语音，去噪语音的畸变度不明显，要仔细注意听才能感觉到失真；质量中表示去噪语音可以感觉到语音存在失真，但仍可以辨别出语音的信息；质量差表示去噪语音的失真明显，主观试听必须集中注意力才能听懂语音，试听过程容易产生疲劳；质量劣表示去噪语音的质量差得让测试者无法忍受，即使集中注意力去听，也不能从中听出语音内容。

由于主观评价是由人耳试听来评价的，因此符合现实环境中使用者的使用感受，能够直观地反映语音去噪后主观评价的优点是直接、易于理解、能真实反映语音质量的实际情况。然而，主观评价不仅对听评条件、听评流程有严格要求，为避免个别测试者的感知偏差，还需要对大量测试者的评价结果进行统计。

1.3.2　客观评价方法

传统的语音通信系统常用整体信噪比（Sound Noise Ratio，SNR）和分段信噪比（Segment SNR）参数来衡量语音质量的优劣。信噪比表示语音设备的输出信号电压与同时输出的噪声电压之比，用分贝表示，信噪比越高表明系统产生的杂音越少，混在信号里的噪声越小，声音的音质越高，否则相反。

1. 整体信噪比

整体信噪比是衡量针对宽带噪声失真的语音增强算法的常规方法，假设 $s(n)(n=1,2,\cdots,k)$ 表示原始纯净语音，$\hat{s}(n)$ 表示相对应增强语音，则信噪比定义为

$$\mathrm{SNR}=10\log_{10}\frac{\sum_{n=1}^{k}s^2(n)}{\sum_{n=1}^{k}[\hat{s}(n)-s(n)]^2} \tag{1.1}$$

从式（1.1）可看出，这种方法主要适用于纯净语音信号为已知的算法仿真中，但在实际

应用中很难满足。而且经典信噪比只能给出一个大致的信噪比。因为语音信号是时变的，而噪声的能量是均匀分布的，因而在不同时间段上的信噪比是不一样的。为了改善上面的问题，可以采用分段信噪比。

2. 分段信噪比

分段信噪比又称为平均短时信噪比，即在语音的每帧都计算一次信噪比，然后在整个语音期间进行平均，以 dB 为单位。设 SNRF 表示分段信噪比，其定义为

$$\mathrm{SNRF}=\frac{10}{M}\sum_{m=0}^{M}\log_{10}\frac{\sum\limits_{n=N_m}^{N_{m+L-1}}s^2(n)}{\sum\limits_{n=N_m}^{N_{m+L-1}}[\hat{s}(n)-s(n)]^2} \tag{1.2}$$

其中，m 表示语音帧，L 表示每帧的采样点数，N_m 表示每帧的起始点。

在进行语音评价时，可以根据具体情况选择需要的方法进行评价。

练　习　题

1．试阐述声音都可以应用在生产实际的哪些场合？有哪些产品中包含声音处理技术?

2．尝试选择一种具体的声音技术，描述其算法发展历史。

3．关于语音的评判方法有哪些?

第 2 章

声音信号简介 «

2.1 人类语音信号的产生

人类语音信号的产生可以等效为如图 2.1 所示的过程，包括噪声源（Noise Source）、声门源（Glottal Source）、声道滤波器（Vocal-Tract Filter）和辐射阻抗（Radiation Impedance）。来自肺部的气压在封闭的声带后方聚集，气压使得声带被反复地强制性分开和拉紧，产生一系列小的空气脉冲，使得声道中的空气准周期性振动；产生的空气脉冲通过如图 2.1 所示的系统，最终形成语音信号是声带振动时附近的空气流速和嘴附近测到的声波。

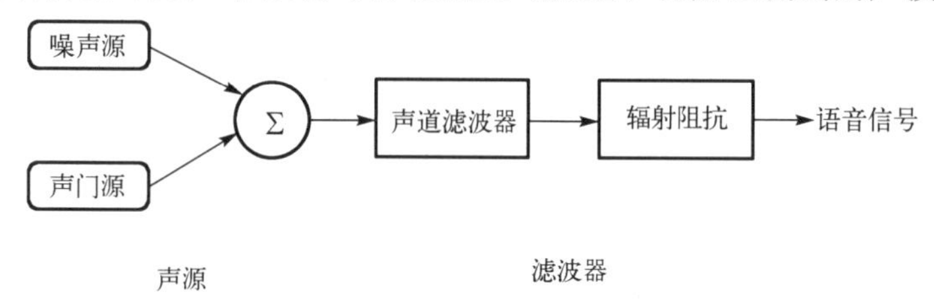

图 2.1　人类语音信号的产生

随着声道肌肉收缩和放松，信号具有非平稳变化的特征。声门源是声音的原始源头，通常是由肺部气流通过声带的振动产生的声音。在数学模型中，声门源 $G(z)$ 可以用一系列脉冲来表示。如果考虑一个周期性的声门脉冲序列，用 $g[m]$ 表示在离散时间点 m 处声门脉冲的幅度，脉冲间隔为 T_0，则

$$g[m]=\sum_{k=1}^{N}\delta[m-kT_0] \tag{2.1}$$

将上述脉冲序列进行 z 变换得到声门源 $G(z)$，即

$$G(z)=\sum_{k=1}^{M}z^{-kT_0} \tag{2.2}$$

噪声源代表了非周期的声音，如辅音产生的噪声，这部分可以用一个随机信号来表示，记为 $N(z)$，图 2.1 中的声道滤波器模拟了声音通过喉咙、口腔和鼻腔时的共振特性。声道可以被建模为一系列形状和大小不同的管道，每个管道对应一个共振峰（Formants），利用这些共振峰来建模，通常使用线性预测的方法来估计这些共振峰。声道滤波器 $V(z)$ 可表示为

$$V(z)=\frac{1}{1-\sum_{k=1}^{p}a_k z^{-k}} \tag{2.3}$$

其中，a_k 表示线性预测系数，p 是模型的阶数。声音从嘴巴辐射到外部空间时会受到阻抗的影响，辐射阻抗 $R(z)$ 被建模为一个简单的高通滤波器，即

$$R(z)=1-\alpha z^{-1} \tag{2.4}$$

其中，α 通常接近 1，主要用于增强高频成分而衰减低频成分。最终产生的语音信号的 z 域可以表示为

$$S(z)=[G(z)+N(z)]V(z)R(z) \tag{2.5}$$

则语音信号 $s[n]$ 可以利用 z 反变换求出，即

$$s[n]=z^{-1}\{S(z)\} \tag{2.6}$$

2.2 语音信号的基本特征

语音情感识别技术研究中常用的声学特征主要分为 4 类：音质特征、韵律特征、谱相关特征、深度学习特征。通常提取声学特征前需要经历的步骤是分帧、加窗、预加重。

1. 音质特征

音质特征为衡量音频质量的指标，可用于判断声音流畅性、辨识度、清晰度等。人处于不同的情感状态，所发出的声音的流畅性、辨识度、清晰度都会发生变化，例如，人在紧张时声音的流畅性较低，人在愤怒时声音的辨识度会提升，人在悲伤时声音的清晰度会下降。所以，可以通过音质特征的变化来推测语音的情感状态。常见的音质特征有频率微扰、声门参数、共振峰等。

2. 韵律特征

韵律特征是指一段语音的速率、音调、持续时间等一系列反映语音结构性的特征，它们的存在对语音内容的判断不构成影响，但是对于语音的情感信息有着强烈的影响，不同的韵律特征代表着不同的情感组成。常见的韵律特征有基频、时长、过零率、对数能量。

3. 谱相关特征

谱相关特征利用发声过程中声带和声道的变化情况来表示语音情感的特征。通常情感信息与语音的频谱能量在频谱中不同区间的分布情况息息相关。频率高的频带上能量较大，代表正面的情绪；频率高的频带上能量较小，代表负面的情绪。

常用的谱相关特征主要包含两类：线性谱特征和倒谱特征。其中常用的线性谱特征参数有：线性预测系数（Linear Predictor Coefficient，LPC）等；倒谱特征参数有：线性预测倒谱系数（Linear Predictor Cepstral Coefficient，LPCC）、梅尔频率倒谱系数（Mel-frequency Cepstral Coefficient，MFCC）等。

4. 深度学习特征

深度学习特征随着人工智能的兴起，基于深度学习的特征提取技术也被应用到各个领域。深度学习提取特征一般采用卷积神经网络来提取语音的高层次特征，一般可先提取语音的传统声学特征，将声学特征转化为语谱图的形式，输入卷积神经网络中，通过训练来获取提取特征的成熟网络，最终得到一个完善的情感分类器。

2.3　声音的特征提取

如何从声音的原始数据中获取有效的特征一直是研究界重点关注的问题。根据获取方式的不同，主要分为传统的手工语音情感特征和通过深度学习技术得到的深度语音情感特征。

2.3.1　手工声音特征

早期用于语音情感识别的情感特征属于低层次描述（Low Level Descriptors，LLD）特征，如韵律特征（基频、能量）、音质特征（共振峰、声道参数）、谱特征（线性预测倒谱系数）、梅尔频率倒谱系数等。Liscombe 等提取了一系列基于基音周期、振幅和频谱倾斜的连续语音特征，并评估了其与各种情感的关系。Yacoub 等提取了 37 个韵律学特征，包括音高（基频）、响度（能量）和音段（可听持续时间）等，分别比较了使用神经网络、支持向量机、K-近邻算法和决策树在语音情感分类中的结果。Schmitt 等使用由 MFCC 和能量低级描述符创建的音频词袋（Bag-Of-Audio-Words，BOAW）方法作为特征向量和简单的支持向量回归（Support Vector Regression，SVR）来预测唤醒和效价维度。孙韩玉等考虑了不同特征包含的信息，使用频谱图特征和能量低级描述符特征分别输入到双通道卷积门控循环网络。Luengo 等从语音信号中提取声学参数：韵律学特征、谱相关特征和语音质量特征。对单个参数和组合特征进行研究分析，在参数级（早期融合）和分类器级（后期融合）研究了不同参数类型的组合，判别这些特征在情感识别中的不同性能。

2.3.2　深度语音情感特征

近年来，深度学习技术广泛应用于语音情感识别任务，其中常见的方法有 CNN、LSTM、Transformer、注意力机制等。Mao 等提出了将 CNN 应用于语音情感识别的特征提取。CNN 有两个学习阶段：在第一阶段，利用未标记样本通过一种稀疏自动编码器来学习局部不变特征；在第二阶段，局部不变特征被用作特征提取器的输入，即显著判别特征分析（Salient Discriminative Feature Analysis，SDFA），以学习显著判别特征。Wang 等提出双序列的长短期记忆（Long Short Term Memory，LSTM）模型，同时处理两个不同时间、频率、分辨率的梅尔语谱图，同时使用传统 LSTM 网络提取原始语音的 MFCC 特征，将提取到的两种特征相结合后进行分类，使得识别率得到了提升，但该模型在提升识别率的同时也大大增加了网络的复杂度，不利于后续模型的改进；俞佳佳等提出了一种针对语音原始信号的特征提取方法，利用 SincNet 滤波器从原始语音波形中提取一些重要的窄带情感特征，再利用 Transformer 模型的编码器提取包含全局上下文信息的深度特征。Zhang 等提出的注意力机制，可以让模型自主寻找语谱图中与语音情感相关性较高的特征区域，并在可处理可变长语音的全卷积网络中应用，获得的识别率优于当时最先进的模型。

2.4 人类的听觉感知

语音感知对语音信号的研究有重要作用，这是因为语音的效果最终是依靠人的主观感受度量，了解其中机理将大大有助于语音增强技术的发展。

人的听觉系统具有复杂的功能。实践证明，语音虽然客观存在，但是人的主观感觉（听觉）和客观实际（语音波形）并不完全一致。人耳对于任何复杂的声音的感觉，都可以用响度、音调和音色三个特性来描述，其中响度是人耳对声音轻或重的主观反应，它取决于声音的幅度，主要是声压的函数，但与频率和波形有关；音调是人耳对声音频率的感受，音调与声音的频率有关，频率高的声音听起来音调“高”，而频率低的声音听起来音调“低”，但音调和声音频率并不成正比，音调还与声音的强度及波形有关；音色是由于波形和泛音的不同而造成的声音属性，人据此在主观感觉上区别具有相同响度和音调的两个声音，音色是由混入基音的泛音所决定的，每个基音有其固定的频率和不同音强的泛音，因而每个声音具有各自不同的音色。

人耳对语音的感知主要是通过语音信号频谱分量幅度获取的，对各分量相位不敏感，对频率高低的感受近似与该频率的对数值成正比。人耳有掩蔽效应，即强信号对弱信号有掩盖的抑制作用，掩蔽的程度是声音强度与频率的二元函数，对频率的临近分量的掩蔽要比频差大的分量有效得多。人耳的语音感知特性对语音增强研究有重要作用。因为语音增强效果的最终度量是人的主观感受，所以语音感知对语音增强研究有重要的作用。虽然对语音感知的研究还有待进一步深入，但目前已有一些重要的结论可应用于语音增强。

（1）人耳对语音的感知是通过语音信号中各频谱分量幅度获取的，对各分量的相位则不敏感。

（2）人耳对频谱分量强度的感受是频率与能量谱的二元函数，响度与频谱幅度的对数成正比。

（3）人耳对频率高低的感受近似与该频率的对数值成正比。

（4）人耳有掩蔽效应，即强信号对弱信号有掩蔽抑制作用。掩蔽的程度是声音强度与频率的二元函数。

（5）短时谱中的共振峰对语音的感知十分重要，特别是第二共振峰比第一共振峰更为重要，因此对语音信号进行一定程度的高通滤波不会对可懂度造成影响。

（6）在两人以上的讲话中人耳有能力分辨出需要聆听的声音。

人耳的听觉感知主要是指响度、音调和掩蔽效应等几方面。听觉掩蔽主要指一个声音的感知影响另一个声音，是指有两个以上的语音存在时，较弱的语音信号会被较强的语音信号所掩蔽，使人感知不到较弱的语音信号。

人耳的听觉掩蔽效应可以舒适度和信噪比中达到一种平衡。它的功能强大，不仅能够使人听到声音，还能够选择性地分辨出对自己有用的信息。因此，人们开始研究人耳掩蔽模型，并将其引入语音增强领域。实践经验可以得出，语音增强后的时域波形虽然能在一定程度上用来评价语音的失真程度，但并不表示时域波形越接近纯净语音信号，增强后的语音舒适度就越好。人耳的这种听觉特性和声学的生理和心理相关，是一个非常复杂的过程，至今为止，还没有任何一个系统能够逼真地模拟出人耳的听觉系统。

如果两个不同频率的语音同时出现，则一般可以听到能够区分两种声音，而不是一个混合声音。这种能够根据频率不同而分辨出语音信号的能力称为频率分辨率或频率选择性。当以频率群同时通过人耳基底膜时，会被划分成不同的频率群；当信号在同一频率群时，被视为处于同一临界频带宽；大幅滤波器具有良好的频率分辨率，因为它只允许中心频率通过。这种频率选择性正是基于人耳掩蔽阈值。当不同频率群同时发声时，会出现掩蔽效应。语音信号处理中的临界带宽是指纯音刚能被听到的带宽。临界频带内噪声功率谱和纯音功率谱相等。掩蔽效应还可根据不同的掩蔽效果分成纯音信号之间的掩蔽、宽带噪声对纯音信号的掩蔽及窄带噪声对纯音信号的掩蔽这三种情况。

掩蔽阈值是较强语音的最大声压级，是一个和时间、频率、声压相关的函数。即使同样在安静环境下，只有一个语音信号存在的掩蔽阈值、掩蔽声（较强信号）与被掩蔽声（较弱信号）同时存在的掩蔽阈值也不同。举例来说，在安静的环境中，我们能听到很细微的声音，如一支笔掉落的声音（假设 10dB）。但是在一个存在其他噪声的环境中，我们就听不到这个声音了，除非它高于 26dB。在这里，安静时的 10dB 称之为听觉阈值，有其他噪声时的 26dB 为掩蔽阈值。听觉阈值和掩蔽阈值的差值取决于语音信号的数量和人耳的感知阈值。对于在同样的环境中的同样声音，有的人能听到，有的人却不能听到。这就是人耳的感知阈值不同的原因。一般而言，年轻人的听力就比老年人的敏感很多。图 2.2 能够更直观地说明这个问题。其中虚线是人耳在安静时的听阈曲线，实线是频率为 1kHz、声压级为 60dB 的音调信号产生的掩蔽阈值曲线。从图 2.2 中可以明显看出，只有目标信号的声压大于掩蔽声的掩蔽阈值时，声音才会被人耳听到，否则就会被掩蔽。

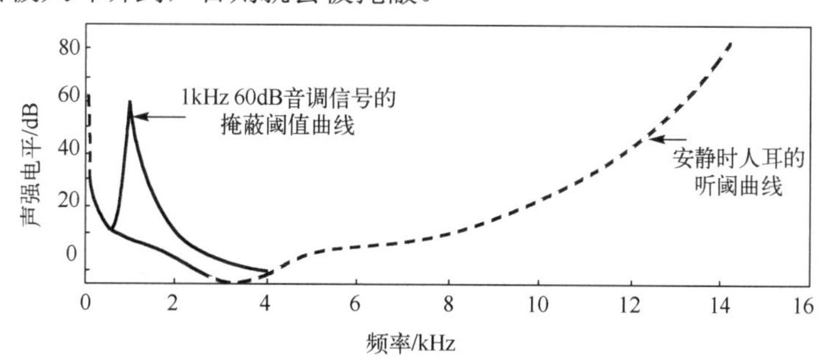

图 2.2　频率为 1kHz 声压级别为 60dB 的音调信号的掩蔽阈值曲线

另外，图 2.2 也体现了人耳的听觉掩蔽阈值随频率的变化而变化，当频率为 2～4kHz 时。掩蔽阈值最小，此时人耳的反应最敏感。在这个频率段以外，人耳的听觉敏感度逐渐降低。

由于掩蔽现象中的声音可能同时出现，也可能间隔小段时间后相继出现，因此掩蔽效应可以根据声音出现的时间关系分为同时掩蔽和异时掩蔽。频域上的听觉掩蔽被称为同时掩蔽、频率掩蔽或频谱掩蔽。时域上的听觉掩蔽则称为时域掩蔽或异时掩蔽。

一般异时掩蔽可以分为前掩蔽和后掩蔽，如图 2.3 所示。前者是掩蔽效应出现在掩蔽者之前的一段时间，后者是掩蔽效应出现在掩蔽者之后的一段时间。同时掩蔽在较长的时间里接近于一个常数，异时掩蔽衰减的速度和时间成对数关系，其衰减速度比同时掩蔽的快，且前掩蔽的衰减速度是三者中最快的一个。一般后掩蔽有 100ms 的持续时间，而前掩蔽只有 20ms 的持续时间。

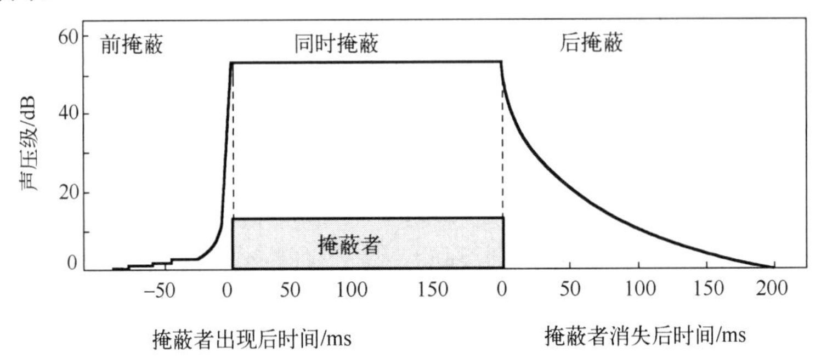

图 2.3　三种掩蔽效应的强度及持续时间

当听觉掩蔽效应用于语音增强时，一般与其他方法结合使用。Tsoukalas、Mourjopoulos 和 Kokkinakis 以及 Virag 分别将听觉掩蔽效应用于语音增强算法中，Loizou 提出了基于感知代价函数的语音短时谱幅度贝叶斯估计算子。

2.5　语音数据库

语音数据库是语音信号处理研究的基础，包括数据库建设的目的、类型、创建与采集过程、标准化与共享原则以及伦理和法律方面的考量。语音数据库可以分为多种类型，如自然语音数据库（Spontaneous Speech）、语音识别数据库（Speaker Recognition）、声音情感数据库（Emotional Speech）、语音合成数据库（Speech Synthesis）等。通过高质量的语音数据库，研究者能够开发和优化更加先进的语音处理算法和应用。

2.5.1　语音识别数据集

1. CallHome 数据集

该数据集有三个不同语种，英文数据集拥有 120 条以英语为母语的人之间自发的英语电话对话。训练集有 80 个对话，约 15 小时的语音，而测试集和开发集包含 20 个对话，每组有 1.8 小时的音频文件。西班牙语数据集分别包含 120 个母语人士之间的电话对话。训练部分有 16 小时的演讲，测试集有 20 个对话，2 小时的演讲。德语数据集包含 100 场以德语为母语的人之间的电话对话，训练集中有 15 小时的语音，测试集中有 3.7 小时的语音。

2. TIMIT 数据集

TIMIT 是一个大型数据集，语言为美式英语录音，其中每个说话者都说了 10 句语法丰富的句子。TIMIT 中每条音频都经过时间对齐、校正，可用于字符或单词识别。音频文件以 16 位编码。训练集总共包含来自 462 个说话者的大量音频，验证集包含来自 50 个说话者的音频，测试集包含来自 24 个说话者的音频。

3. LibriSpeech 数据集

LibriSpeech 是一个大规模的、公开可用的英语语音识别数据集。该数据集由约 1000 小时的英文朗读音频组成，这些音频来自 LibriVox 项目，包括男性和女性，以及多种口音和方言。提供了清晰和噪声两种类型的音频，以支持不同环境下的语音识别。

2.5.2 语音情感数据库

语音“情感”描述方式主要有两种：离散情感和维度情感。离散情感将语音描述为具有明确标签的状态，如高兴、平静等。后者则将情感状态描述为多维情感空间中的离散点，空间中的不同位置点对应着不同情感状态，同时各个维度上的数值也反映了情感在该维度上的强弱程度，如图 2.4 所示。基于此，根据标签生成方式不同，定义贴有明确情感类别标签的数据库称为离散数据库，定义根据空间维度分布标注情感类别的数据库称为维度数据库，当前的研究多用离散情感分类，下面主要介绍当前主要的离散数据库。

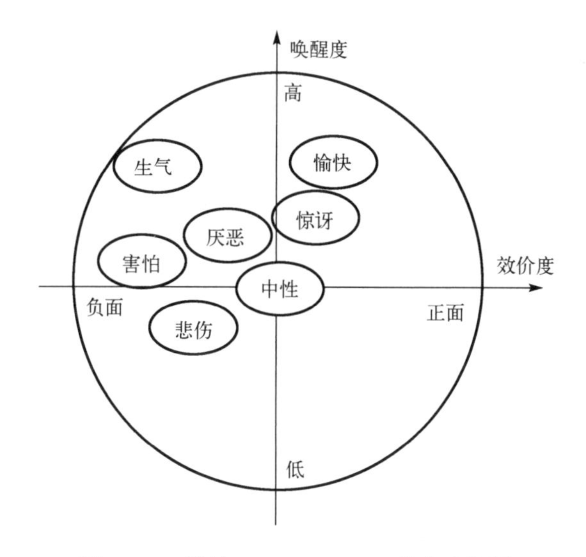

图 2.4 二维的 Arousal-Valence 状态空间图

目前，对数据库的构建缺少明确的规范，已构建的数据库主要是职业演员通过表演、引导或自发的方式生成。就情感表现方式而言，表演型情感一般是让职业演员以模仿的方式根据预设情境表现出不同情感状态，优点是情绪表达明显，但存在刻意的感情放大，这类数据库之间情感差异性较大，使得识别率相对较高。典型的情感数据库有柏林情感数据库（Berlin Emotional Speech Database，Emo-DB）和 ABC 情感数据库（Airplane Behavior Corpus，ABC）等。早期的数据库都是基于表演型的数据库，随着实际应用的需求，研究者开始将研究集中于引导型数据库。随着研究的深入，需要一些自然型的语料来满足需求，目前典型数据库有 FAU Aibo Emotion Corpus（FAU-AEC）、Vera am Mittag（VAM）、Speech Under Simulated and Actual Stress（SUSAS）和 TUM Audio Visual Interest Corpus（TUM AVIC）等。常用的几个语音情感数据库如表 2.1 所示，描述了具体的年龄、语言、样本数和采样频率之间的差异。

表 2.1　不同语音情感数据库之间的差异

语料库	年龄	语言	情感表现形式	样本数	采样频率/kHz
DMO-DB	成人	德语	表演型	494	16
CASIA	成人	中文	表演型	9600	16
ABC	成人	德语	表演型	430	16
FAU AIBO	儿童	德语	自然型	18216	16
eNTERFACE	成人	英语	引导型	1277	16
SUSAS	成人	英语	自然型	3593	8
VAM	成人	德语	自然型	947	16
TUM AVIC	成人	英语	自然型	3002	44

2.5.3　多模态情感数据集

多模态情感识别是指机器从声音、图像、文本等多种途径获取信息，多模态融合技术是其中的一项关键技术。旨在将来自不同领域之间的信息进行高效融合，以实现多种异质信息互补，达到提升系统模型性能的目的。多模态融合技术是当前极具价值和潜力的研究方向，大量研究人员一直对现有模型进行不断创新和探索，与此同时也产生了大量多模态情感数据集。表 2.2 列举了常用于多模态融合技术研究和应用的公开数据集。

表 2.2　多模态情感数据集

数据集名称	建立年份	数据类型	情感标签	简要描述
eNTERFACE'05	2006	语音、视频	愤怒、厌恶、恐惧、快乐、悲伤、惊讶	来自 14 个不同国家的 42 名受试者，录制了 1277 个视听样本
RML	2008	语音、视频	愤怒、厌恶、恐惧、幸福、悲伤、惊讶	8 名受试者，录制了 720 个视听情感样本
IEMOCAP	2008	语音、视频、文本、人体姿态	中性、快乐、悲伤、愤怒、惊讶、恐惧、厌恶、沮丧、兴奋	10 名演员，录制了 10039 段对话，平均持续时间为 4.5s
SAVEE	2011	语音、视频	生气、厌恶、恐惧、高兴、中性、悲伤、惊讶	来自萨里大学的 4 位母语英语男性，每人录制了 120 个音视频片段
AFEW	2012	语音、视频	愤怒、厌恶、恐惧、幸福、悲伤、惊讶、中性	1426 个视频片段
BAUM-1s	2016	语音、视频	快乐、愤怒、悲伤、厌恶、恐惧、惊讶、无聊、蔑视	31 名土耳其参与者，共录制了 1222 个视频样本
CHEAVD	2016	语音、视频	愤怒、快乐、悲伤、担心、焦虑、惊讶、厌恶、中性	从电影、电视剧、电视节目等中提取了 140min 的自发情感片段
CMU-MOSI	2016	语音、视频、文本	消极、积极	93 段视频，2199 个评论话语
RAMAS	2018	语音、视频、人体姿态、生理信号	愤怒、厌恶、快乐、悲伤、恐惧、惊讶	10 名半职业演员录制的 7 小时高清晰度特写视频
RAVDESS	2018	语音、视频	中性、平静、快乐、悲伤、愤怒、恐惧、厌恶、惊讶	24 位专业演员，每人录制 60 段演讲，44 首歌曲
CMU-MOSEI	2018	语音、视频、文本	快乐、悲伤、愤怒、恐惧、厌恶、惊讶	从 YouTube 上获取了 1000 多名在线演讲者的 3837 段视频
MELD	2019	语音、视频、文本	愤怒、厌恶、恐惧、喜悦、中立、悲伤、惊讶	截取自电视剧《*Friends*》中的 1433 段对话

eNTERFACE'05：数据集由 1277 个视听样本组成，来自 14 个不同国家的 42 名受试者参与了样本的录制。工作人员给受试者连续播放 6 篇短篇小说，每篇小说都包含了某种特定情感。受试者必须对不同的小说逐一做出反应，并且由两位人类专家判断这些反应是否清晰地表达了情感。6 种特定的情感分别为愤怒、厌恶、恐惧、快乐、悲伤和惊讶。

RML：该数据库由 720 个视听情感样本构成，每个视频的持续时间在 3～6 s，包含了愤怒、厌恶、恐惧、幸福、悲伤、惊讶 6 种基本情绪。8 名受试者参与了录制，语种涵盖了英语、普通话、乌尔都语、旁遮普语、波斯语和意大利语。

IEMOCAP：由南加州大学的 Sail 实验室收集、构建，是一个包含动作、多模态和多峰值的数据库。数据集由视频、语音、面部动作捕捉和文本转录构成，所有视频中对话的媒介都是英语。总共包含 10039 段对话，平均持续时间为 4.5s，平均单词数为 11.4 个。该数据集不仅区分了中性、快乐、悲伤、愤怒、惊讶、恐惧、厌恶、沮丧、兴奋等离散类别，还在连续的激活-效价维度进行了标注。

SAVEE：来自萨里大学的 4 位母语英语男性（分别为 DC、JE、JK、KL），年龄从 27 岁到 31 岁，每人录制了 120 个音视频片段。情绪分类为离散的 7 个类别：生气、厌恶、恐惧、中性、高兴、悲伤和惊讶。

AFEW：该数据集捕捉了来自不同种族、性别、年龄的受试者和一个场景中的多个受试者，他们的面部表情、自然的头部姿势运动等被拍摄记录。最终得到了 1426 个视频片段，这些视频片段被标记为 6 类基本情感（愤怒、幸福、悲伤、惊讶、厌恶、恐惧）和中性情感。

BAUM-1s：该数据集是一个自发的视听数据集，来自土耳其的 31 名受试者，录制了 1222 个视频样本。该数据集共有 6 种基本情绪（快乐、愤怒、悲伤、厌恶、恐惧、惊讶）以及无聊和蔑视。

CHEAVD：该数据集由中文语料构成，它从 34 部电影、2 部电视剧、2 部电视节目、1 部即兴演讲和 1 部脱口秀节目中提取了共 140 min 的自发情感片段。该数据集有 238 名受试者覆盖了从儿童到老年人，其中男性占比 52.5%，女性占比 47.5%。包含的 8 个主要情感类型为愤怒、快乐、悲伤、担心、焦虑、惊讶、厌恶和中性。

CMU-MOSID：该数据集由 2199 个评论的话语、93 段受试者（含 89 个说话者）的视频组成，涉及大量主题，如电影、书籍和产品。视频是从 YouTube 上抓取的，并被分割成话语。每个分割情感标签由 5 个注视者在+3（强阳性）到-3（强阴性）之间评分，将这 5 名注视者的平均值打分值作为情感极性，因此只考虑了积极和消极两种情感类型。

RAMAS：该数据集是第一个俄语多模态情感数据库。他们认为专业戏剧演员可能会使用动作模式的刻板印象，因此选用半职业演员在情感情境中表演动作。10 名半职业演员（5 名男性和 5 名女性）参与了数据收集，年龄在 18～28 岁，母语为俄语。演员们在设定的场景中表达了一种基本的情感（愤怒、厌恶、快乐、悲伤、恐惧、惊讶）。数据库包含大约 7 小时的高清晰度特写视频记录，采集了音频、运动捕捉、特写和全景视频、生理信号等多种数据。

RAVDESS：该数据集由 24 位专业演员录制，包括 60 段演讲和 44 首带有情绪的歌曲。每位演员录制的作品都有三种形式：视听、纯视频和纯音频，录制是在专业工作室录制完成的。该数据库包含了中性、平静、快乐、悲伤、愤怒、恐惧、厌恶、惊讶共 8 种类型的情感。

CMU-MOSEI：该数据集是迄今为止最大的多模态情感数据集，包含来自 1000 多名在线 YouTube 演讲者的 3837 段视频，涵盖了 6 种情绪类别：快乐、悲伤、愤怒、恐惧、厌恶和惊讶。它包含了采样率为 44.1 kHz 的音频数据、文本转录和以 30 Hz 的频率从视频中采样的图像帧，三种模态的数据，共计 23259 个样本。

MELD：该数据集由 EmotionLines 数据集演化而来。它是一个多模态的情感对话数据集，包含语音、视频和文本信息。MELD 包含了电视剧《*Friends*》中 1433 段对话中的 13000 句，每段对话均包含两名以上的说话者。对话中的每句话都被标记为以下 7 种情感标签中的一种：愤怒、厌恶、悲伤、喜悦、中立、惊讶和恐惧。

练　习　题

1. 请描述人类语音产生的模型，并且说明为什么人类语音可以分为周期性信号和非周期性信号。

2. 假设从嘴唇产生的语音信号 $s[n]$ 与来自声带的激励信号 $u[n]$ 之间的关系可以用声道滤波器以差分方程来描述，即

$$
\begin{aligned}
s[n]=&(2a\cos\beta)s[n-1]-a^2s[n-2]+b^Ns[n-N]\\
&-(2ab^N\cos\beta)s[n-N-1]+a^2b^Ns[n-N-2]+u[n]-bu[n-1]
\end{aligned}
$$

其中，a、b、N、β 为用于确定滤波器形状的系数，F 为采样率，用 $S(z)$ 和 $u(z)$ 分别表示语音信号 $s[n]$ 和激励信号 $u[n]$ 的 z 变换。

（1）当 $a=-0.4, b=0.3, N=4, \beta=4\pi/5, F=6$ kHz 时，利用 z 变换推导出声道滤波器的传递函数 $H(z)$ 为

$$
H(z)=\frac{S(z)}{U(z)}
$$

计算滤波器的零极点，绘制 $H(z)$ 的零极点图，并利用零极点估计语音信号的共振峰频率。

（2）分析系统的有界输入和有界输出的稳定性。如果 a 和 b 的值都是加倍的，则再次分析系统的稳定性。

3. 什么是人耳的听觉掩蔽效应？如何利用其提高语音处理性能？

第 3 章

短时时域处理技术 ‹‹‹

在不同场合下，人们对声音信号携带的信息和特性的需求不同。例如，为了判断一段声音是不是语音信号，只需要提取人类语音信号的特征就可以了；为了区分清音还是浊音，就需要提取其基音频率，并进行功率谱分析；在存储或传输时，需要保留较多的声音信息以保证质量。

因此，数字声音信号的分析算法在所有声音信号处理中都占据重要的地位。不论是构建有效的语音编码器，还是进行高效语音识别、合成，或者对声音进行分析、比较、变换，都需要深入了解声音信号的特性。

声音信号的处理方式有很多，常用的有短时时域处理技术、短时频域处理技术、线性预测技术、同态滤波技术以及其他方法。本章主要讨论短时时域处理技术。

3.1　语音信号的短时处理方法

传统的语音信号处理中，在对语音信号进行特征提取之前，必须消除因为自身发声器官或者由于采集语音信号的设备可能会带来的高次谐波失真、混叠、高频等现象。预处理操作的目的就是降低这些因素对语音信号产生的负面影响，尽可能保证经过预处理后的信号更平滑、干净，方便有效地提取并表示语音信号所携带的信息。所以，需要对信号进行端点检测、预加重、分帧和加窗等预处理操作，如图 3.1 所示。

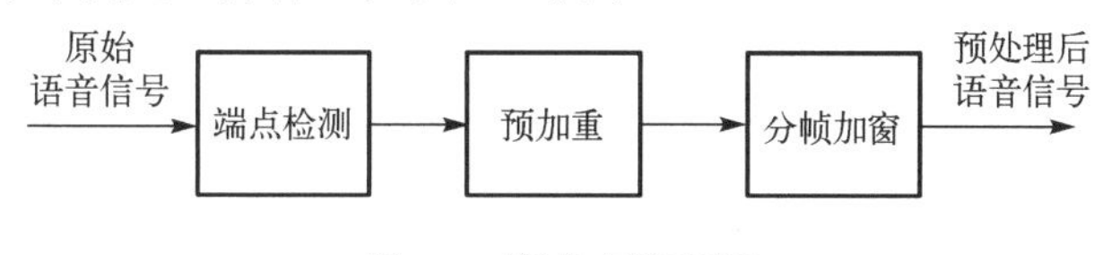

图 3.1　预处理流程图

3.1.1　语音端点检测

端点检测（Voice Activity Detection, VAD）也被称为语音活动检测，其主要目的是对一段音频区分语音部分与非语音部分，也可以理解为从携带噪声或者留白的语音中精确地定位语音的开始部分、结束部分，从而忽略噪声部分和静音部分，提取包含有效信息的语音端。

端点检测可分为三类：基于阈值的端点检测、基于分类器的端点检测、基于模型的端点检测。基于阈值的端点检测算法通过提取短时能力、短期过零率等时域特征或梅尔频率倒谱系数和谱熵等频域特征，再采用门限值作为判断的依据，对语音和非语音部分进行分离。基于分类器的端点检测算法将语音分为两类，利用机器学习的方法训练分类器，将训练完的模型对语音进行端点检测。基于声学模型的端点检测算法利用完整的声学模型，在解码的基础上，通过全局信息对语音的开始端与结束端进行判别。

最常用的端点检测算法为基于短时能量的端点检测算法，该算法需要计算每一帧的短时能量，具体公式为

$$E_n = \sum_{m=n-N+1}^{n} [x(m)w(n-m)]^2 \tag{3.1}$$

式中，$x(m)$ 为每一帧语音信号，$w(n)$ 为窗口函数，N 为帧长，E_n 为第 n 帧语音信号所有点的能量和。设定 E_0 为能量门限，将输入的语音信号的每一帧短时能量与 E_0 进行比较。当输入的能量均高于 E_0 时，认为该点为语音开始端点，并定义开始端点为连续帧的第一帧；相应地，当输入的能量低于 E_0 时，认为该点为语音结束端点，开始端点和结束端点之间的连续语音帧即认为是目标信号。

3.1.2 预加重

预加重是一种在发送端对输入信号高频分量进行补偿的信号处理方式。随着信号在人体传输过程中高频受到损失，为了在接收终端能得到比较好的信号波形，就需要对受损的语音信号进行补偿，预加重技术的思想就是增强信号的高频成分，以补偿高频分量在口腔、鼻腔传输过程中的衰减。而预加重对噪声并没有影响，因此能够有效地提高输出信噪比。

对语音信号进行预加重可提升语音的高频部分，提高语音的高频分辨率。预加重的传递函数为

$$H(z) = 1 - az^{-1} \tag{3.2}$$

其中，a 为预加重系数，设 n 时刻的语音时域信号采样值为 $x(n)$，经过预加重处理后，输出的语音时域信号 $y(n)$ 为

$$y(n) = x(n) - ax(n-1) \tag{3.3}$$

式中，根据经验设定，a 一般取 0.98。

3.1.3 分帧与加窗

语音信号通常是非平稳的，特别是低质量环境下的情感语音。因此，语音信号需要进行短时分析，即认为在短时间内该声音是平稳的，一般采取分帧与加窗处理。

分帧，即将语音片段进行分段处理，一般的语音信号以 10～30ms 为一帧进行划分，划分后假定认为每一帧短时平稳，考虑到帧与帧之间具有相关性，相邻帧之间会保留一部分重叠，从而上下帧之间平稳过渡，重叠部分称之为帧移，一般帧移为帧长的 1/4 至 2/3，图 3.2 所示为帧移与帧长比例为 1/4 的分帧示意图。

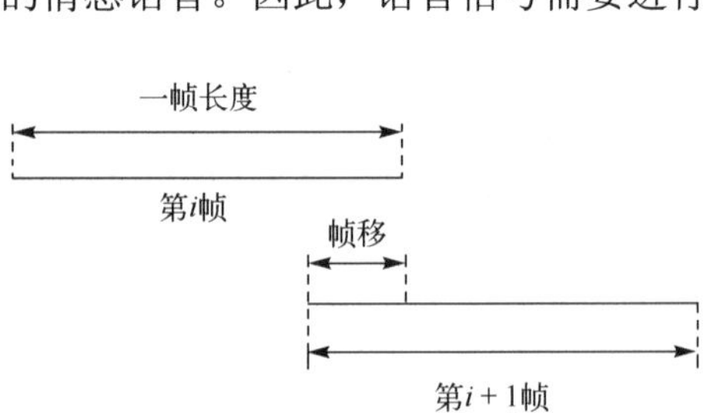

图 3.2　帧长与帧移示意图

分帧之后需要进行加窗处理，加窗的目的是让一帧信号的幅度在两端渐变到 0，而这种

渐变对傅里叶变换有好处，能够提高变换结果（即频谱）的分辨率。同时加窗能够使全局信息更加连续，避免出现吉布斯效应。

加窗的作用实际上是强调窗内的信号，削弱窗外信号。为了完全保留窗内信号的性质，理想的窗函数应尽可能相当于脉冲形式，用来提高其频率分辨率，并具有无旁瓣（即频率漏泄）的特性。实际上，这样的窗是不存在的，通常是对某种窗的折中选择。经常使用的窗函数有矩形、海宁、海明及布累克曼等，具体定义如下。

矩形（Rectangular）为

$$w(n)=\begin{cases}1, & 0\leqslant n\leqslant N-1\\0, & \text{其他}\end{cases} \tag{3.4}$$

海宁（Hanning）为

$$w(n)=\begin{cases}0.5-0.5\cos\left(2\pi\dfrac{n}{N-1}\right), & 0\leqslant n\leqslant N-1\\0, & \text{其他}\end{cases} \tag{3.5}$$

海明（Hamming）为

$$w(n)=\begin{cases}0.5-0.46\cos\left(2\pi\dfrac{n}{N-1}\right), & 0\leqslant n\leqslant N-1\\0, & \text{其他}\end{cases} \tag{3.6}$$

布累克曼（Blackman）为

$$w(n)=\begin{cases}0.5-0.5\cos\left(2\pi\dfrac{n}{N-1}\right)+0.08\cos\left(2\pi\dfrac{n}{N-1}\right), & 0\leqslant n\leqslant N-1\\0, & \text{其他}\end{cases} \tag{3.7}$$

这些窗在时域和频域中的形状不同。其中，矩形窗具有最窄主瓣、最高频率分辨率，同时也具有最大的频率漏泄。此外，在频域里，其基频倍数上的谐波幅度值较窄较尖，类似呈现更多的噪声。布累克曼窗有最低的频率分辨率和最小的频率泄漏，表现在频谱上比其他窗形更平滑。

表 3.1 描述了以上各种分析窗的特性。从以上分析及表 3.1 可以看出，海明的折中效果较好，在语音分析窗中的应用也最为广泛。

表 3.1　窗的特性

分析窗	矩形	海宁	海明	布累克曼
主瓣宽度（×π/*N*）	4	8	8	12
旁瓣漏泄（dB）	−13.3	−31.5	−42.7	−58.1

对于给定的窗函数，频率分辨率与窗长成反比。因为长分析窗可以得到信号在频域中的细节，如频谱中的谐波结构，声道谱包络中的幅度；而短分析窗可描述信号在时间上的精细结构，更接近假设的短时语音平稳性能，更好地表现谐波的变化和频谱包络，但却模糊了频谱的谐波，降低了谐波幅度。

具体来讲，窗的衰减实质上和窗长无关，增加长度只是减少了主瓣宽度。如果窗长很小，则短时能量会急剧变化；如果太长，则短时能量会在长时间里平均，不能恰当反映语音信号的性能变化。因此，窗长的选择是一个折中选择。为了能够精确表示信号的谐波结构，需要使窗里存在多于1～7个音调周期。但人的基音周期是变化的，而且男女老少的基音皆不同，一般选择窗的长度持续在15～30ms。

3.2 短时能量和短时平均幅度

短时能量是声音信号中非常简单且常用的特征。每一帧的短时能量的具体公式见式（3.1），E_n是第n帧语音信号所有点的能量和。

短时能量又称为音量，表示声音的强度、力度。一般而言，浊音的音量大于气音的音量，而气音的音量又大于噪声的音量。当然，它受到麦克风设定的影响，所以在计算前最好先减去声音信号的平均值，以避免信号的直流偏移（DC Bias）所导致的误差。

短时能量经常用在端点检测，估测有声之音母或韵母的开始位置及结束位置；也用于区分清浊音，当语音是浊音时，短时能量相对较高；当语音是清音时，短时能量较低；当语音是过渡音时，短时能量各不相同。因此，当语音段信噪比较高时，可以用短时能量进行语音分类。具体程序如下。

```
    waveFile = '/Users/multimodal/eNTERFACE wav/anger/an1.wav'; %声音文件
    frameSize = 256;                                            %帧长设置（点数）
    overlap = 128;                                              %帧间交叠（点数）
    % 读取语音文件，fs 为帧长
    [y, fs] = audioread(waveFile);
    % 分帧
    frameMat = enframe(y, frameSize, overlap);
    frameNum = size(frameMat, 2);                               %帧数
    %计算音量
    volume = zeros(frameNum, 1);
    for i = 1:frameNum
    frame = frameMat(:, i);
    frame = frame - median(frame);                              %减去均值
    volume(i) = sum(abs(frame .^ 2));                           %式（3.1）的应用
    end
    % 画图
    sampleTime = (1:length(y)) / fs;                            %对应的时间
    frameTime = ((0:frameNum - 1) * (frameSize - overlap) + (frameSize/2))
/ fs; % 对齐时间轴
    subplot(2, 1, 1);                                           %画子图
    plot(sampleTime, y);                                        %x 轴与 y 轴的数据
    xlabel({'时间/s';'(a)原始波形'});
    ylabel('振幅');
    subplot(2, 1, 2);
    plot(frameTime, volume);
    xlabel({'时间/s';'(b)短时能量'});
    ylabel('音量');
```

运行结果如图3.3所示。

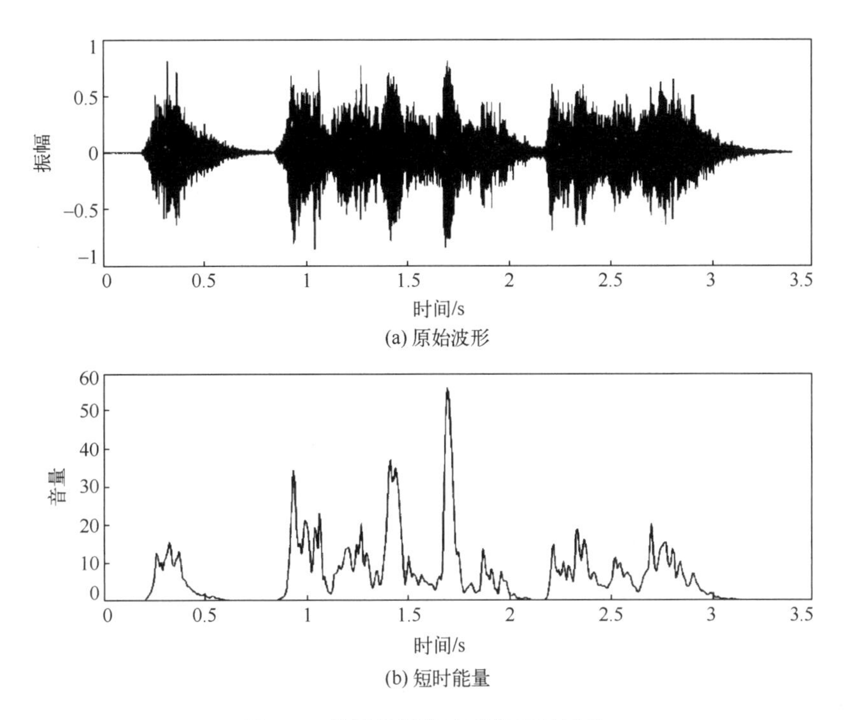

图 3.3　音频的原始波形和短时能量

一般情况下，我们使用短时能量来表示声音的强弱，但是前述计算音量的方法，只是用数学的公式来接近人耳的感觉，和人耳的感觉有时会有相当大的差异。为了进行区分，主观音量被用来表示人耳听到的音量大小。例如，人耳对于同样振幅但不同频率的声音，所产生的主观音量就会非常不一样。若把以人耳为测试主体的等主观音量曲线（Curves of Equal Loudness）画出来，就可以得到图 3.4，该图也代表人耳对于不同频率的声音的灵敏程度，也就是人耳的频率响应（Frequency Response）。

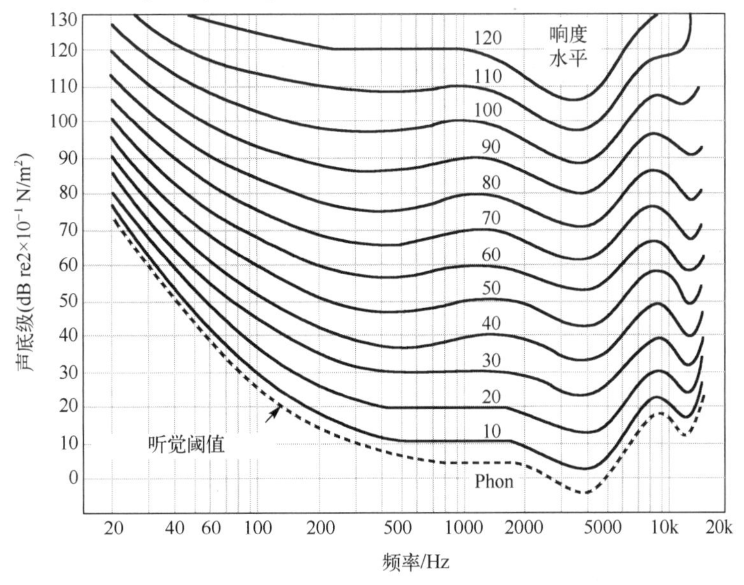

图 3.4　等主观音量曲线图

主观音量除了与频率有关外，也与声音的内容，如音色、基本周期的波形等有关，例如，可以尽量使用相同的主观音量来录下几个发音比较单纯的元音，再用音量公式来计算它们的音量，应该就可以看出音量公式和发音嘴型的关系了。具体程序如下。

```
waveFile='/Users/第 3 章/o-sound2.mp3';              %元音/o/音频文件的读取
au=myAudioRead (waveFile) ;
opt=wave2volume ('defaultOpt') ;
opt.frameSize=512;                                    %帧长
opt.overlap=0;                                        %帧间交叠为 0
time= (1:length (au.signal) ) /au.fs;                 %每帧时间点

subplot (2,1,1) ;                                     %画子图
plot (time, au.signal) ;                              %画原始波形
xlabel ({'时间 (s) ';' (a) 原始波形'}) ;
ylabel ('幅度') ;
title (waveFile) ;

subplot (2,1,2) ;
opt1=opt;
opt1.frame2volumeOpt.method='absSum';                 %运用子程序得到音量值
vollume1=wave2volume (au, opt1, 1) ;
ylabel (opt1.frame2volumeOpt.method) ;
xlabel ({'时间 (s) ';' (b) 音量'})
ylabel ('音量')
```

运行结果如图 3.5 所示，包括两个子图，分别对应“o”声音的原始波形和它的短时音量图。

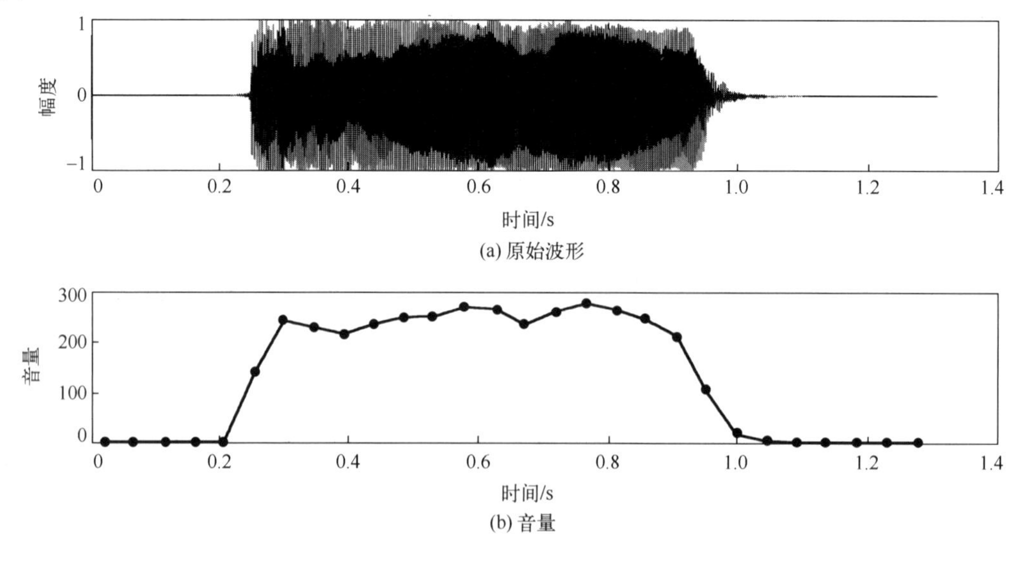

图 3.5　元音/o/的音量曲线图

主观音量容易受到频率和音色的影响，因此在进行语音或歌声合成时，常常根据声音的

频率和内容来对声音的振幅进行校正，以免造成主观音量忽大忽小的情况。

短时能量的一个主要问题是对信号电平值过于敏感。由于需要计算信号样值的平方和，在定点实现时很容易产生溢出。为了克服这个缺点，可以定义一个短时平均幅度函数来衡量语音幅度的变化，即

$$\text{Amd} = \sum_{m=n-N+1}^{n} |x(n)| w(n-m) \tag{3.8}$$

与短时能量比较，短时平均幅度相当于用绝对值代替平方和，简化了运算，也能更好地表示清音的幅度变化。

3.3　短时过零率

过零分析是音频信号的一种时域分析方法，顾名思义，就是统计信号通过零值的次数。过零率特征粗略地描述了信号频谱特性，高的平均过零率意味着类似噪声的信号，低过零率意味着具有一定周期性的信号，这种高和低是相对的，没有准确的数值关系，所以经常和其他方法一起使用来进行判定。

短时过零率具体计算公式为式（3.9）和式（3.10），其中 $x(n)$为音频采样信号，$w(n)$为窗函数，sgn[ ]为符号函数，即

$$\begin{aligned} z_n &= \sum_{m=-\infty}^{+\infty} \left|\text{sgn}[x(n)] - \text{sgn}[x(n-1)]\right| w(n) \\ &= \left|\text{sgn}[x(n)] - \text{sgn}[x(n-1)]\right| w(n) \end{aligned} \tag{3.9}$$

$$\text{sgn}[x(n)] = \begin{cases} 1, & x(n) \geqslant 0 \\ -1, & x(n) < 0 \end{cases} \tag{3.10}$$

以说话声音频信号为例，具体程序如下，提取其短时过零率，运行结果如图 3.6 所示。

```
waveFile = '/Users/第 3 章/multimodal/eNTERFACE wav/anger/an1.wav';
frameSize = 256;
overlap = 0;
audio = myAudioRead (waveFile) ;
y = audio.signal;
fs = audio.fs;

% 分帧
mat = enframe (y, frameSize, overlap) ;
num = size (mat, 2) ;

% 预分配过零率数组
zcr = zeros (1, num) ;
```

```
for i = 1:num
    % 计算每一帧的过零率
    frame = mat(:, i);
    % 过零点是信号通过零点的地方
    zcr(i) = sum(abs(diff(sign(frame)))) / 2;    %过零率，对应式(3.9)
end

% 计算时间向量
sampleTime = (1:length(y)) / fs;
frameTime = (0:num-1) * (frameSize - overlap) / fs;

% 绘制波形
subplot(2, 1, 1);
plot(sampleTime, y);
xlabel({'时间 (s)';'(a) 音频波形'});
ylabel('振幅');

% 绘制过零率
subplot(2, 1, 2);
plot(frameTime, zcr);
xlabel({'时间 (s)';'(b)过零率'});
ylabel('过零率 ZCR');
```

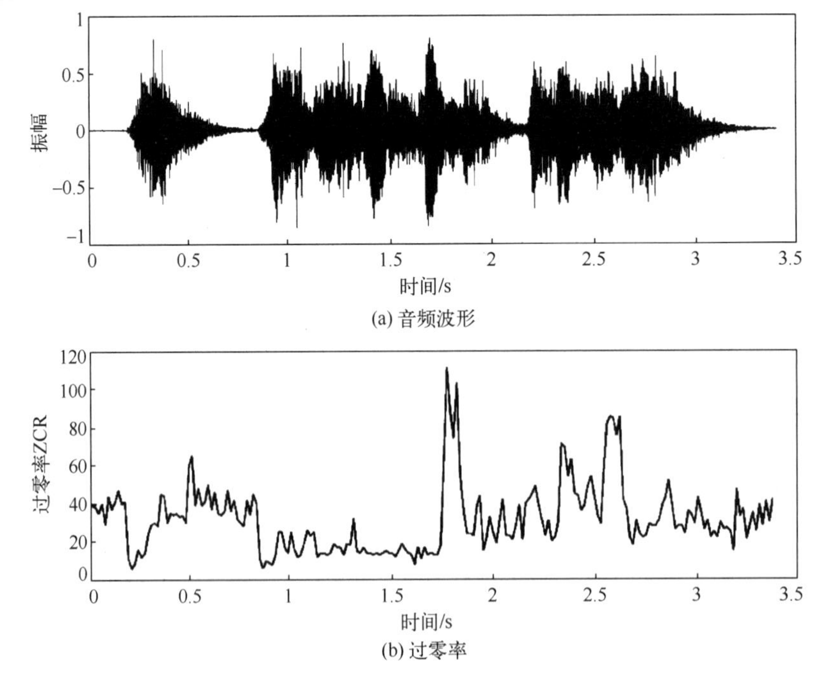

图 3.6 音频的短时过零率

一般而言，在计算过零率时存在以下问题。

（1）由于有的信号恰好位于零点，因此过零率的计算就有两种，出现的效果也不同。因此，必须多加观察，才能选用最好的做法。

（2）大部分使用声音的原始整数值来进行计算，这样才不会因为在使用浮点数信号减去直流偏移（DC Bias）时，造成过零率的增加。

3.4　短时自相关函数

短时自相关函数用于衡量信号自身时间波形的相似性。在人类语音中，清音和浊音的发声机理不同，因而在波形上也存在着较大的差异。浊音的时间波形呈现出一定的周期性，波形之间相似性较好；清音的时间波形呈现出随机噪声的特性，杂乱无章，样点间的相似性较差。这样，可以用短时自相关函数来测定语音的相似特性。

平稳过程的自相关函数 $R(k)$ 具有以下性质。

（1）对称性： $R(k)=R(-k)$ 。

（2）在 $k=0$ 处为最大值，即对于所有 k 来说， $|R(k)|\leqslant R(0)$ 。

（3）对于确定信号， $R(0)$ 对应能量；而对于随机信号， $R(0)$ 对应平均功率。

上述的第（2）个性质中，如果是一个周期为 P 的信号，则在取样处，其自相关函数也是最大值，因此可以根据自相关函数的最大值的位置来估计周期信号的周期值。

若一段语音是浊音信号，则其短时自相关函数也呈现周期现象，且其自相关函数的周期等于原语音信号的周期；若一段语音是清音信号，则其自相关函数不存在周期性。自相关函数可表示为

$$R(k)=\sum_{i=0}^{N-1-k} s(k)s(i+k),\qquad k=0,\cdots,N \tag{3.11}$$

其中， $s(k)$ 为输入的语音帧信号， N 为语音帧长度点数。

3.5　短时时域处理技术案例：基音提取

基音是基于发声器官如声门、声道和鼻腔的生理结构而提取的参数，能够很好地刻画说话人的声带特征，在很大程度上反映了人的个性特征。因此，基音检测算法在语音信号领域中具有广泛应用。

目前已经存在的很多基音检测算法是根据所在语音帧的清浊音分类结果进行检测的。在许多有噪声环境下的语音信号处理中，精确的基音提取尤其重要。例如，基于基音的语音合成器，要求标注每个基音的准确位置；文本到语音的合成器依靠精确基音来提高语音合成质量；在语音增强系统中，准确的基音提取直接关系到增强处理后的语音质量；在语音参数编码和混合编码中，基音常常作为编解码的重要参数和要传输的信息。

但是到目前为止，并没有一个简单、可靠的方法精确地检测基音，也没有客观的评价标准衡量基音的准确率。这是因为基音容易受到以下几个方面的影响而有所变化。

（1）声道滤波的影响使声门激励呈现出非完美的周期性。例如，放松的说话和用力说

话能使声门波平滑或猛烈地关闭，基音也会随之变化。即使说话人努力地想保持说话方式或者声道的形状，基音也会随机地抖动，连续声门波的幅度也会放大或者削弱而无法令基音周期保持不变。

（2）在清浊音语音类型变化处，由于语音的平稳性遭到破坏，基音特性变化速度快。

（3）基音范围比较大，为 50～400Hz，难以非常精确地检测基音。

（4）当清音、浊音同时存在时，基音难以准确检测。

（5）当有丰富的谐波信息存在时，基音难以准确被检测。

（6）由于环境噪声的存在，如人声喧哗处、汽车内或有其他声音的干扰，难以准确检测基音。

因此，基音检测方法成为语音信号处理中一项具有重要意义的研究课题。在不同的语音分析方法中，出现了不同的基音检测方法。目前已经存在多种时域、频域等若干基音检测方法。前者常用的基音提取方法主要是自相关方法和短时平均幅度差函数法等方法，其优点是简单、计算量小。但当语音信号频率或者幅度快速变化时，基音提取准确率会明显下降。在同态分析中，利用倒频谱中存在的峰值位置提供基音估计。当对不同尺度的滤波器组利用最大值相关方法时，子波变换可以导出基音的估计。在此基础上，还存在一些改进型检测方法。频域的基音检测方法主要是频谱的相似度方法，如谐波峰值检测、频谱相似度检测及正弦语音模型的基音确定方法等。

3.5.1 基音检测估计方法 1：三电平削波法

自相关函数会在语音信号基音周期的整数倍处取得最大值，凭借这一特性可以获得基音周期，但在实际操作过程中，在基音轨迹图上看到的第一个最高峰值点往往会在共振峰处，虽然在算法过程中应用了削噪、中心滤波、求取 LPC 残差等一系列的方法去减少共振峰的干扰，将共振峰干扰降到最低，但在一些语音帧处仍可能会出现一些处在基音周期整数倍以外的峰。鉴于此，为了保证基音周期处的峰值最高，对自相关提取基音的方法进行改进，即采用削波法提升其准确率。中心削波提取基音法如图 3.7 所示。

图 3.7　中心削波提取基音法

中心削波是降低短时自相关法所产生的倍频和半频错误过程中必不可少的一步，对于长度为 N 的一帧语音信号，对其进行加窗处理后记为 $s_w(n)$，其函数表达式为

$$y(n)=\begin{cases} s_w(n)-\text{th0}\,, & s_w(n)>\text{th0} \\ 0\,, & |s_w(n)|\leqslant \text{th0} \\ s_w(n)+\text{th0}, & s_w(n)<-\text{th0} \end{cases} \tag{3.12}$$

式中，$n=1,2,\cdots,N$，表示采样的点数，th0 是中心削波所用的电平阈值，一般取这帧语音幅度最大值的 $50\%\sim60\%$。语音信号的低幅值部分有着很多的共振峰信息，它的高幅值部分一般包含基音信息，因此，经过中心削波后，将更便于正确地提取语音的基音周期。

以下是进行削波处理后的参考程序代码。运行该代码，获得图 3.8 和图 3.9。

```
%读入数据，采样 fs=8kHz，采样位数为 16bit，长度为 320 样点
fid=fopen('voice.txt','rt');                    %打开语音文件
[a,count]=fscanf(fid,'%f',[1,inf]);             %读语音文件
L=length(a);                                    %测定语音的长度
m=max(a);
for i=1:L
a(i)=a(i)/m;                                    %数据归一化
end
%找到归一化以后数据的最大值和最小值
m=max(a);                                       %找到最大的正值
n=min(a);                                       %找到最小的负值
%为保证幅值与横坐标轴对称，采用计算公式 n+(m-n)/2，合并为(m+n)/2
ht=(m+n)/2;
for i=1:L;                                      %数据中心下移，保持和横坐标轴对称
a(i)=a(i)-ht;
end
figure(1);                                      %画第一幅图
subplot(2,1,1);                                 %第一个子图
plot(a,'r');                                    %r 表示画图采用红色
axis([0,1711,-1,1]);                            %确定横纵坐标的范围
title('(a) 三电平削波前语音波形');               %图标题
xlabel('样点数');                                %横坐标
ylabel('幅度');                                  %纵坐标
coeff=0.5;                                      %中心削波函数系数取 0.5
th0=max(a)*coeff;                               %求三电平削波函数门限(threshold)
for k=1:L ;                                     %三电平削波
 if a(k)>=th0
 a(k)=a(k)-th0;
elseif a(k)<=(-th0);
 a(k)=a(k)+th0;
 else
 a(k)=0;
 end
end
m=max(a);
for i=1:L;                                      %三电平削波函数幅度的归一化
a(i)=a(i)/m;
end
subplot(2,1,2);                                 %第二个子图
plot(a,'r');
```

```
axis([0,1711,-1,1]);                               %确定横纵坐标的范围
title('(b) 三电平削波后语音波形');                  %图标题
xlabel('样点数');                                   %横坐标
ylabel('幅度');                                     %纵坐标
fclose(fid);                                        %关闭文件
%没有经过三电平削波的修正自相关计算
fid=fopen('voice.txt','rt');
[b,count]=fscanf(fid,'%f',[1,inf]);
fclose(fid);
N=320;                                              %选择的窗长
ax=xcorr(a,320);                                    %削波前信号求自相关函数
a1x=xcorr(a1,320);                                  %削波后信号求自相关函数
figure(2);                                          %画第二幅图
subplot(2,1,1);                                     %第一个子图
plot(ax,'k');
title('(a) 三电平削波前修正自相关');                %图标题
xlabel('延时k');                                    %横坐标
ylabel('幅度');                                     %纵坐标
%axis([0,320,-1,1]);
%三电平削波函数和修正的自相关方法结合

subplot(2,1,2);                                     %第二个子图
plot(a1x,'k');
title('(b) 三电平削波后修正自相关');                %图标题
xlabel('延时k');                                    %横坐标
ylabel('幅度');                                     %纵坐标
%axis([0,320,-1,1]);axis([0,320,-1,1]);
%三电平削波函数和修正的自相关方法结合
N=320;                                              %选择的窗长
A=[];
for k=1:320;                                        %选择延迟长度
sum=0;
for m=1:N;
sum=sum+a(m)*a(m+k-1);                              %对削波后的函数计算自相关
end
```

对如图 3.8(a)所示的带噪语音信号进行中心削波处理，得到图 3.8(b)，此处削波电平为语音信号的 50%，可以看到只留下峰值较大的信号。再将原始信号与削波后信号进行自相关计算，分别得到图 3.9(a)和图 3.9(b)，经过比对可以很明显地看出中心削波后其自相关图中基音周期位置的峰值变得更加尖锐，也可以大大减少基音提取的半频错误。此外，也可以改变阈值参数比较其结果。

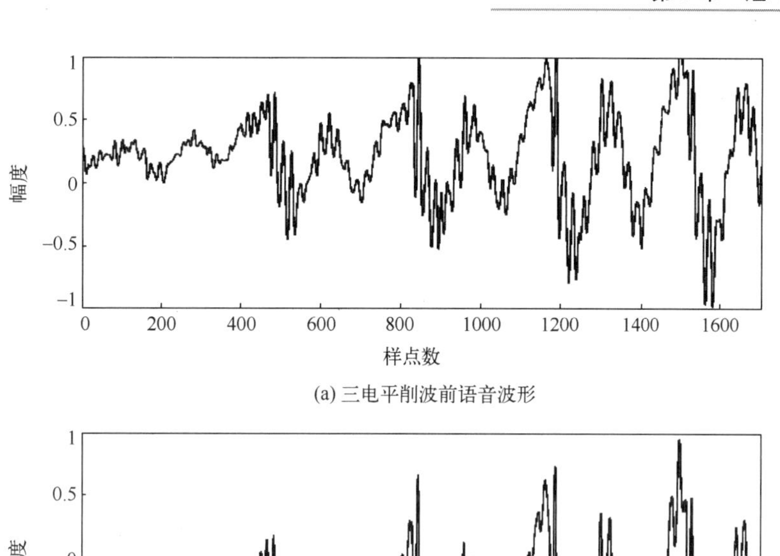

(a) 三电平削波前语音波形

(b) 三电平削波后语音波形

图 3.8　三电平削波前后的语音波形

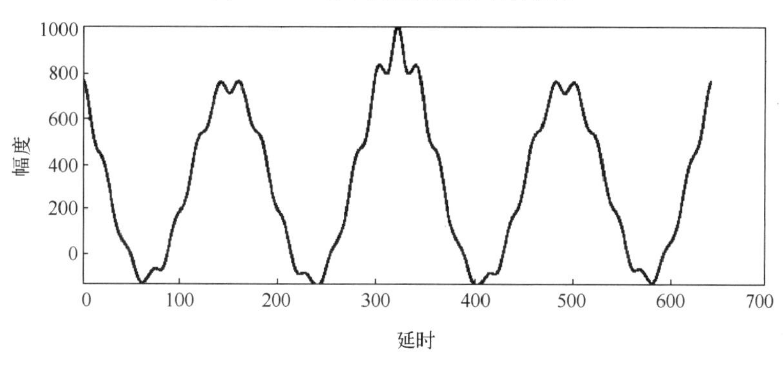

(a) 三电平削波前修正自相关

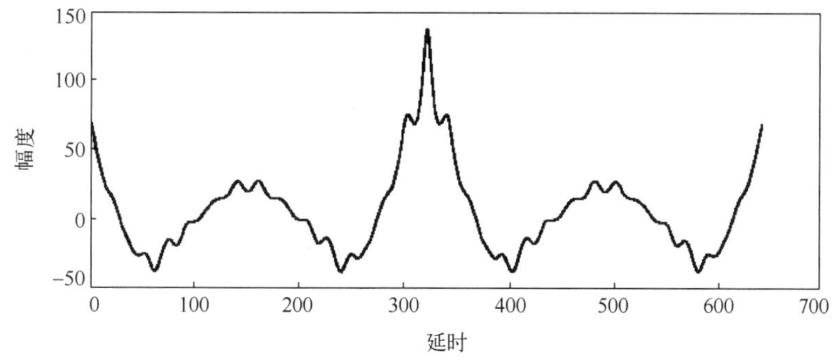

(b) 三电平削波后修正自相关

图 3.9　中心削波前后的自相关波形

3.5.2 基音检测估计方法 2：SHR 谐波检测法

由于发声时产生的抖动或声门处脉冲幅度不同等因素的影响，在语音中表现为倍频或者半频处也存在周期性信号。尤其当声壁在几何或者机械上不对称时，容易产生子谐波，表现在语音有连续声门激励时，在语音波形准周期的半频处出现与周期幅度成一定比率的周期成分，称为幅度交变；或出现与频率交错出现的成分，称为频率交变。因此，提取基音时经常取到基音的倍频或者半频，引起基音检测的误差和基音提取的误判。故研究高精度基音检测方法仍然是语音分析中有实际意义的难题之一。

子谐波和谐波与声音组成成分非常相似。目前这种方法已经广泛应用在语音及音频分析与合成算法中。基于子谐波和谐波的基音提取方法自提出以来有一定进展。在此基础上得到的子谐波-谐波比率（Subharmonic-harmonic Ratio，SHR）基音提取方法已经被验证具有一定的鲁棒性。但在基音周期变换较快时由于周期个数增多会引起判断误差。本节进一步分析了语音特性，结合 SHR 算法及语音频率变换的调制率，用频率自相关方法提取相应峰值的周期频率共同判定基音，再用正弦语音模型的最小均方误差对判别结果进行精选，从而得到准确的基音。

根据 SHR 基音提取理论，在浊音周期信号中除了存在基音脉冲周期，还存在幅度交变和频率交变的周期信号。通常将它们设为子谐波周期。这两种与基音周期交替发生的子谐波周期信号相当于对基音周期语音进行了幅度调制和频率调制，其调制率可分别表示为

$$M_{AM}=\frac{A_i-A_{i+1}}{A_i+A_{i+1}}，\quad F_{FM}=\frac{F_i-F_{i+1}}{F_i+F_{i+1}} \tag{3.13}$$

其中，i 和 $i+1$ 表示波形上的点，A 表示幅度，F 表示频率，M_{AM} 和 F_{FM} 分别表示 i 点与 $i+1$ 点的幅度调制率与频率调制率。根据调制率可以计算语音子谐波和谐波之间的比率。设基音频率为 f_0，对数频谱的幅值为 $\mathrm{LOGA}(\log f)$，谐波出现于 $\log f_0$、$\log(2f_0)$、$\log(3f_0)$、$\cdots$，则所有谐波幅值之和，即基音的 n 倍频率处的幅值之和为

$$\mathrm{SH}=\sum_{n=1}^{N}\mathrm{LOGA}(\log n+\log f_0) \tag{3.14}$$

其中，N 为谐波数目总数。如果认为子谐波频率在谐波一半频率处，则子谐波的幅值之和为

$$\mathrm{SS}=\sum_{n=1}^{N}\mathrm{LOGA}[\log(n-0.5)+\log f_0] \tag{3.15}$$

在对数频率轴上移动频谱，分别得到偶数点及奇数点幅值，即

$$\mathrm{SUMA}(\log f)_{\mathrm{even}}=\sum_{n=1}^{N}\mathrm{LOGA}\left[\log(2n)+\log f\right] \tag{3.16}$$

$$\mathrm{SUMA}(\log f)_{\mathrm{odd}}=\sum_{n=1}^{N}\mathrm{LOGA}\ [\log(2n-1)+\log f] \tag{3.17}$$

将式（3.16）和（3.17）分别代入式（3.14）和式（3.15），则 SH 与 SS 又相当于

$$\mathrm{SH} = \mathrm{SUMA}\left[\log(0.5f)\right]_{\mathrm{even}} \tag{3.18}$$

$$\mathrm{SS} = \mathrm{SUMA}\left[\log(0.5f)\right]_{\mathrm{odd}} \tag{3.19}$$

则设式（3.16）和（3.17）之差为差分函数，定义 DA 函数为

$$\mathrm{DA}(\log f) = \mathrm{SUMA}(\log f)_{\mathrm{even}} - \mathrm{SUMA}(\log f)_{\mathrm{odd}} \tag{3.20}$$

当频率取 50～450Hz 时，得到 DA 频谱，并可以得到

$$\mathrm{DA}\left[\log(0.5f_0)\right] = \mathrm{SH} - \mathrm{SS}, \quad \mathrm{DA}\left[\log(0.25f_0)\right] = \mathrm{SH} + \mathrm{SS} \tag{3.21}$$

当不存在谐波时，认为最大点出现在 DA 频谱的 $0.5f_0$ 处；当存在子谐波时，认为最大值出现在 DA 频谱的 $0.5f_0$ 或者 $0.25f_0$ 处。根据式（3.13），定义子谐波-谐波比率（SHR）为

$$\mathrm{SHR} \approx 0.5\frac{\mathrm{DA}\left[\log(0.25f_0)\right] - \mathrm{DA}\left[\log(0.5f_0)\right]}{\mathrm{DA}\left[\log(0.25f_0)\right] + \mathrm{DA}\left[\log(0.5f_0)\right]} < \frac{\mathrm{SS}}{\mathrm{SH}} \tag{3.22}$$

故取得 DA 频谱中的最大值和第二最大值，由式（3.22）可以得到基音值。但当语音基音频率较大时，在 DA 频谱值会出现另一个周期的最大值，可能误选为此周期最大值，造成基音计算错误。而且，当子谐波的频率出现在基音频率一半处并且其幅值等于谐波幅值时，则有

$$\mathrm{SS} = \sum_{n=1}^{N}\mathrm{LOGA}\left[\log\left(\frac{1}{2}n\right) + \log f_0\right], \quad \mathrm{SH} = \mathrm{SS} \tag{3.23}$$

此时有

$$\mathrm{DA}\left[\log\left(\frac{1}{8}f_0\right)\right] = \mathrm{DA}\left[\log\left(\frac{1}{8}f_0\right)\right] \tag{3.24}$$

即 $\frac{1}{8}f_0$ 处也会出现最大值。因此，需要对频率再进行谐波比率检测，以得到准确的周期。

扫描右侧二维码查看程序。从实验结果可以得到、实际带噪声语音基音检测的结果。由于语音的真实基音难以确定，因此用一个客观的误差测度准则来衡量某个基音检测算法的优劣受到了限制。本节先截取一段语音作为被检测的原始语音，其本身带有一定的随机噪声，经过 50～7000Hz 带通滤波，采样频率是 16000Hz，帧速率是 40Hz，基音检测范围是 50～400Hz。先对原始语音提取基音，然后对原始语音加上餐厅录制的背景噪声，再进行基音检测。原始语音波形如图 3.10(a)所示。在无噪声语音基音提取中，SHR 算法和 ISHR 算法提取的基音基本相同，而由自相关方法提取的基音与另两种算法提取的基音有一定误差。当信噪比在 8dB 时，由图 3.10(d)可以看出，利用 ISHR 算法提取的基音基本保持不变；而用自相关方法提取的基音由于噪声的影响，偏离的误差比较大，不能准确取得基音。当信噪比为 6.5dB 时，利用 SHR 算法提取的基音与无噪声时提取的基音都有一定跳变，取得的基音有所偏离。因此，利用自相关方法提取基音的抗干扰性和准确率都低于 SHR 算法。

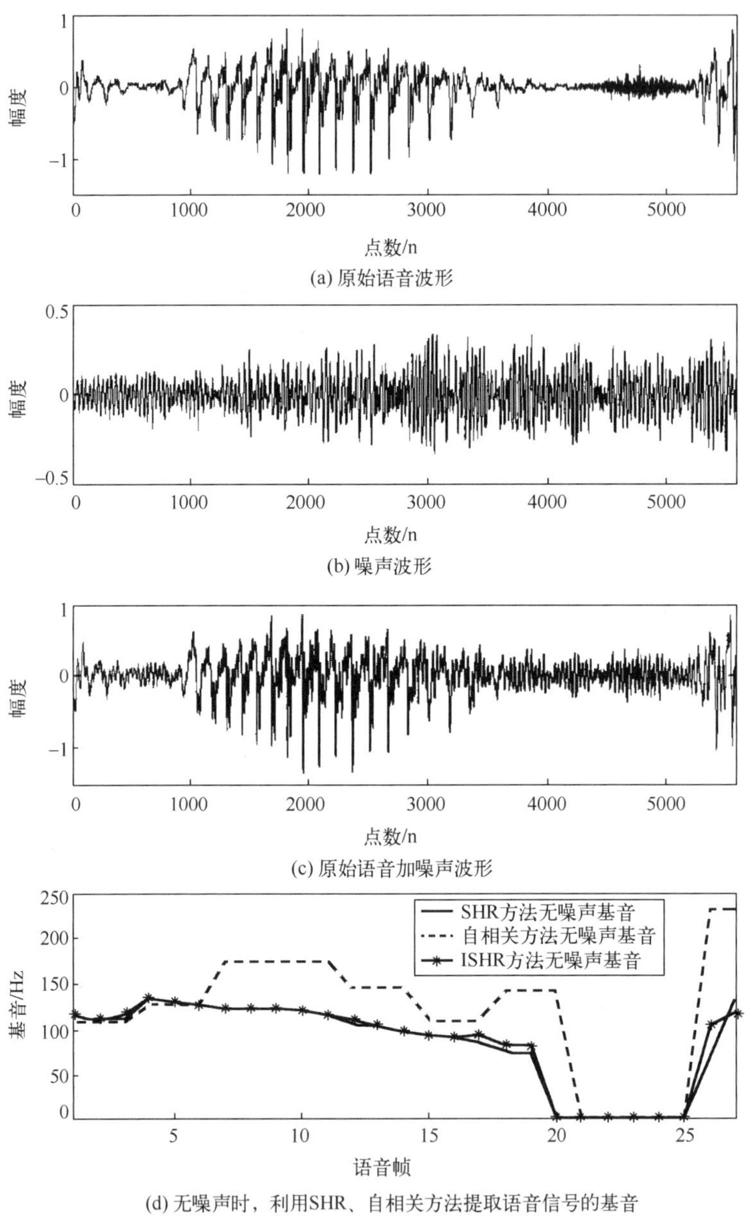

(a) 原始语音波形

(b) 噪声波形

(c) 原始语音加噪声波形

(d) 无噪声时，利用SHR、自相关方法提取语音信号的基音

图 3.10　真实语音波形与带噪声语音时域波形

练　习　题

1．为什么要对语音信号进行短时处理？是怎么实现的？

2．假设一段语音的采样频率为 8000Hz，请实现语音信号的分帧和加窗，要求帧长为 20ms，帧移为 10ms，窗型为海明窗；并画出其中一帧语音加窗前后的波形。

3．基音表示声音信号的什么特征？它由什么因素决定？对于男声、女声、小孩的声音，基音有什么特性？

4．可以用什么特征来区分声音和噪声？在一段语音信号中，可以用什么方法判断语音的起点和终点？

5．怎么提取基音？请用一种方法实现基音的提取，并比较利用该算法在纯净语音、10dB 信噪比、5dB 信噪比、3dB 信噪比和 0dB 信噪比的情况下的结果。

6．为什么中心削波处理的基音提取方法比一般的自相关方法提取的基音更准确？

第 4 章

短时傅里叶变换 ‹‹‹

传统的傅里叶变换（Fourier Transform，FT）能够将信号从时间域转换到频率域以揭示信号的频率成分。然而，对于声音非平稳信号，其频率成分随时间变化，仅使用傅里叶变换无法同时获取信号的时间和频率信息。

短时傅里叶变换（Short-Time Fourier Transform，STFT）用于分析信号随时间变化的频谱信息。它是傅里叶变换在时间上的一种局部化应用，常用于分析非平稳信号，即信号随时间发生变化的情况；而且它还在对声音信号的特征提取、去噪增强以及声音处理算法发展等方面做出贡献。短时傅里叶变换的应用极大地丰富了声音处理领域的理论和实践，是声音信号处理不可或缺的技术之一。

4.1 短时傅里叶变换的定义

利用短时傅里叶变换将信号分成小的时间片段，并对每个时间片段应用傅里叶变换。具体来说，设输入信号为 $x(t)$，其中 t 为时间，对时间连续信号的 STFT 定义为

$$\mathrm{STFT}(t,f)=\int_{-\infty}^{\infty}x(\tau)w(t-\tau)\mathrm{e}^{-\mathrm{j}2\pi f\tau}\mathrm{d}\tau \tag{4.1}$$

其中，$\mathrm{STFT}(t,f)$ 表示在时间 t 和频率 f 处的 STFT 取值。$x(t)$ 表示输入信号，$w(t-\tau)$ 是一个窗函数（通常为带限的函数），其作用是将信号在时间上截断，τ为窗的中心，利用窗函数将信号分段，并对每段应用傅里叶变换。窗的大小决定了时间和频率的分辨率：窗越长，频率分辨率越高，时间分辨率越低；窗越短，时间分辨率越高，频率分辨率越低。对于时变的非稳态信号，高频适合小窗口，低频适合大窗口。$\mathrm{e}^{(-\mathrm{j}2\pi f\tau)}$ 是复指数项，用于提取频率信息。

同样，对于时间离散的信号的 STFT 可以定义为

$$\mathrm{STFT}(n,f)=\sum_{m=-\infty}^{\infty}x[m]w[n-m]\mathrm{e}^{-\mathrm{j}2\pi fm} \tag{4.2}$$

在实际应用中，信号通常是有限长度的，这限制了频率分辨率。离散化可以帮助在有限的数据长度内更有效地进行频率分析。类似于时域采样，对频域在单位圆上进行离散化采样，就可以得到频率离散的 STFT

$$\mathrm{STFT}(n,k)=\mathrm{STFT}(n,\omega)\big|_{\omega=2\pi k/N}=\sum_{m=-\infty}^{\infty}x[m]w[n-m]\,\mathrm{e}^{-\mathrm{j}\frac{2\pi k}{N}} \tag{4.3}$$

其中，ω 表示角频率，与频率之间的关系为$\omega=2\pi f$，对ω 在单位圆上进行等间隔采样。频域离散化可以使傅里叶变换更容易在计算机上实现。通过使用快速傅里叶变换（Fast Fourier

Transform，FFT）算法，大大提高计算效率。

如图 4.1 所示，短时傅里叶变换的输出是一个二维函数，通常表示为时频谱图，其中横轴表示时间，纵轴表示频率，用不同的颜色表示信号在该时间和频率位置的能量或幅度。

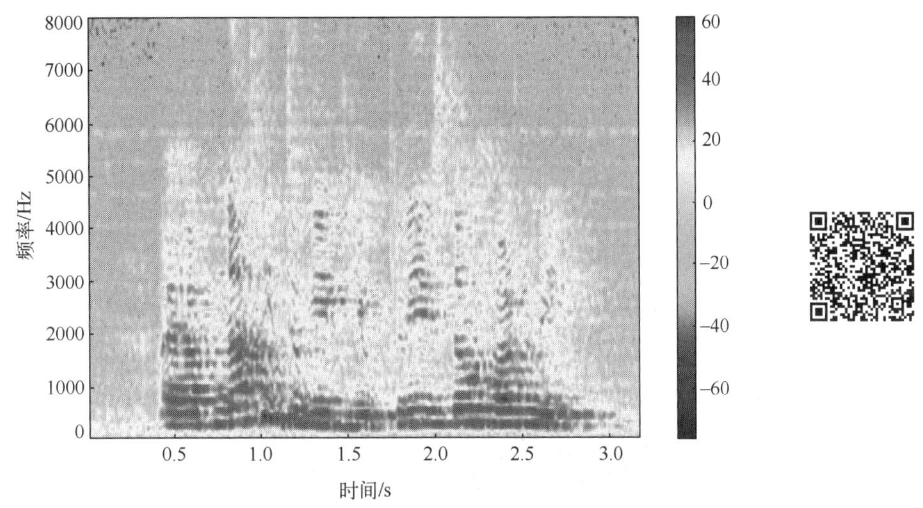

图 4.1　声音的时域及频谱（扫码见彩图）

在短时傅里叶变换时频谱图中，时域被分帧，并对每帧进行傅立叶变换以获得频率。帧位置在整个数据中滑动以获得短时傅里叶变换系数。

4.2　短时傅里叶变换的理解

利用傅里叶变换可以很好地分析频率特征均稳定的平稳信号。但是对于非平稳信号，利用傅立叶变换只能反映整个信号中有哪些频率成分，而无法反映各个成分出现的时间、信号各个频率成分的大小随时间变化的情况及各个时刻的瞬时频率及其幅值，而利用短时傅里叶变换则能捕获这些傅里叶变换丢失的信息。

如图 4.2(a)表示信号的时域波形，图 4.2(b)表示它的频谱。如果将时域信号进行镜像反转，则它的时域波形和频谱依次如图 4.3 所示。

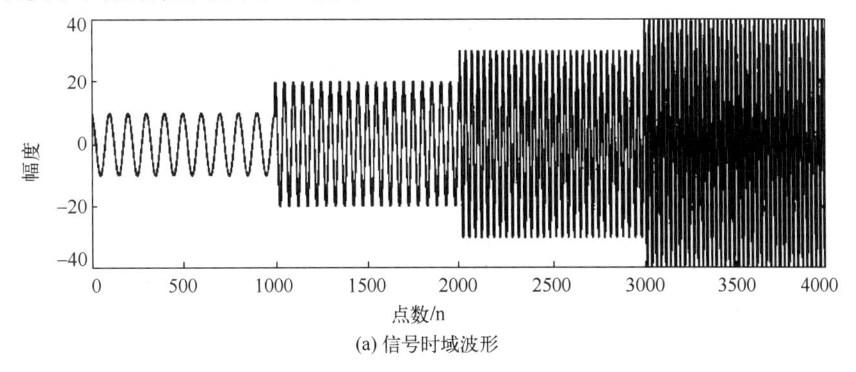

(a) 信号时域波形

图 4.2　信号时域波形及频谱

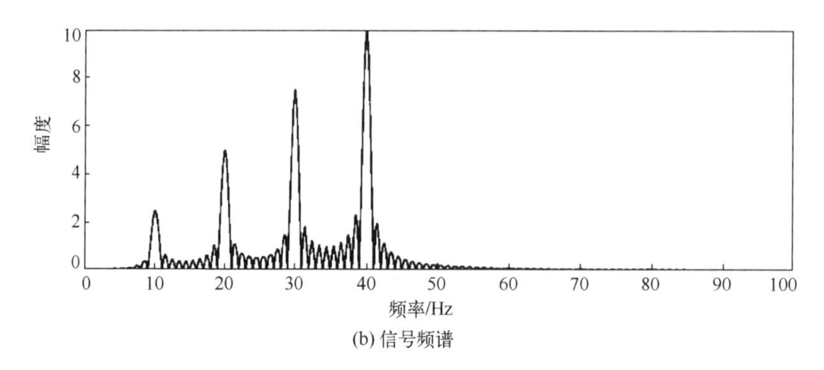

(b) 信号频谱

图 4.2　信号时域波形及频谱（续）

通过比较图 4.2 和图 4.3 可以发现，上述两个时域信号在时域上分布完全相反，但是它们的频谱图却完全一致，显然 FFT 无法捕捉到频率成分随着时间的变化情况。

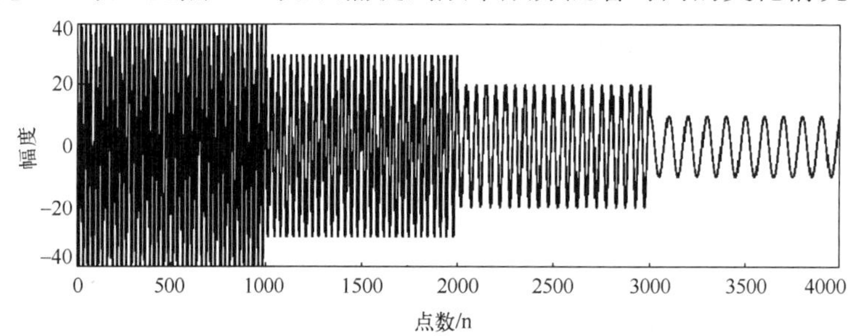

（a）时域反转后的信号波形

（b）时域反转后的信号频谱

图 4.3　时域反转后的信号波形及频谱

图 4.4 所示的是一个普通的信号 $x(t)=2\cos(20t)+4\sin(60t)$ 对应的时域波形和它的频谱图。

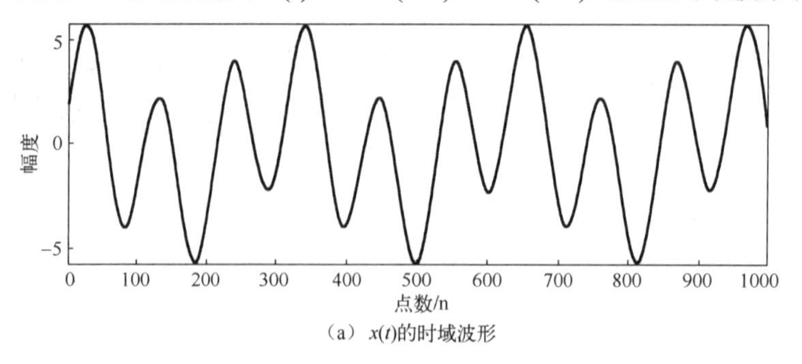

（a）$x(t)$的时域波形

图 4.4　$x(t)$的时域波形及频谱

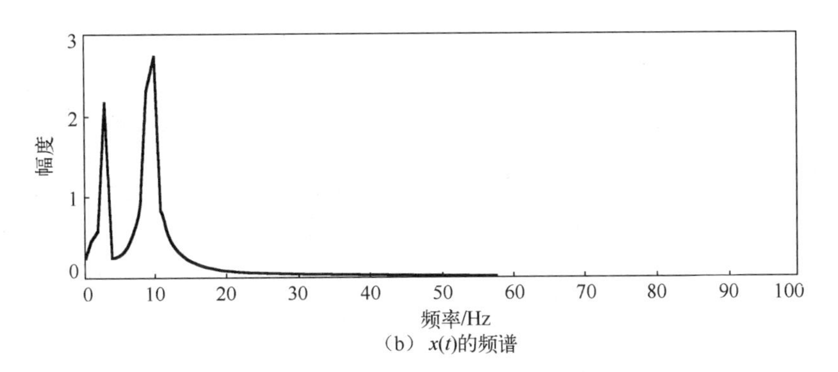

（b） $x(t)$的频谱

图 4.4　$x(t)$的时域波形及频谱（续）

如果在信号 $x(t)$的某个位置增加一个高频突变，得到新的信号时域波形及频谱，如图 4.5 所示。

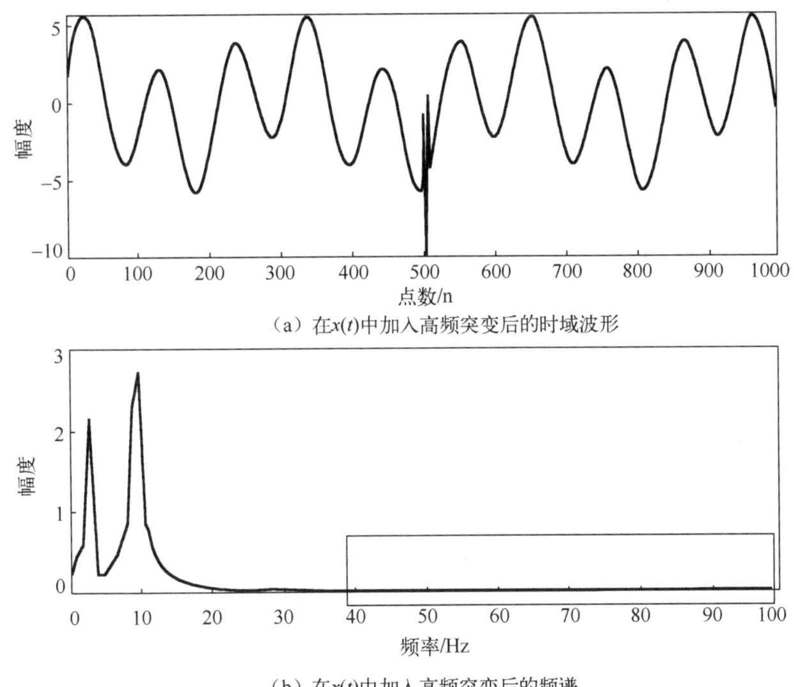

（a）在$x(t)$中加入高频突变后的时域波形

（b）在$x(t)$中加入高频突变后的频谱

图 4.5　在 $x(t)$中加入高频突变后的时域波形及频谱

在第二个信号中间的部分出现了一个突变扰动。然而在频域图中，这样的变化并没有很好地被捕捉到。注意，图 4.5 框中部分，显然傅里叶变换把突变解释为了一系列低成分地高频信号的叠加，并没有很好地反映突变扰动给信号带来的变化。

利用短时傅里叶变换对信号逐片段进行快速傅里叶变换处理，既考虑到频率特征，又考虑到时间序列变化，在对图 4.2 和图 4.3 中的时域信号进行短时傅里叶变换后，频率分布结构就会非常清晰，如图 4.6 所示。

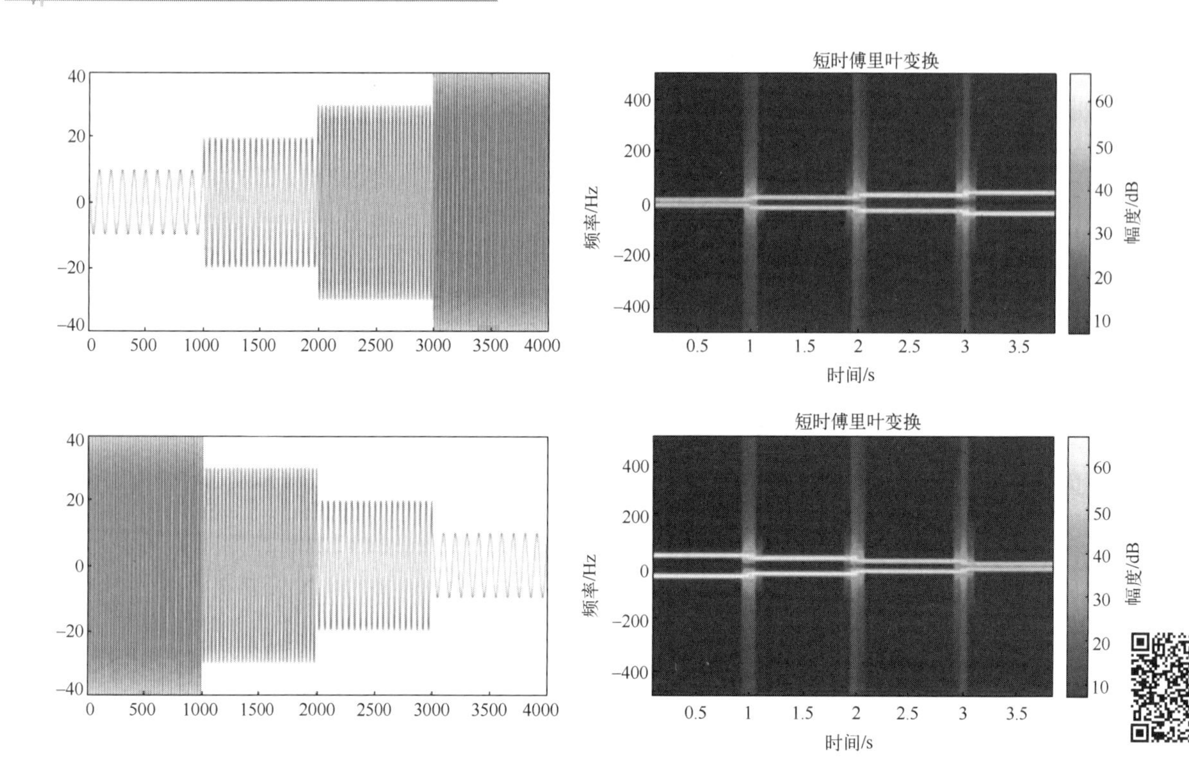

图 4.6　信号的时域波形及短时傅里叶频谱（扫码见彩图）

在上一节中将时域和频域都离散化处理的 STFT 可以表示为

$$X(n,k)=X(n,\omega)|_{\omega=2\pi k/N}=\sum_{m=-\infty}^{\infty}x[m]w[n-m]e^{-j\frac{2\pi k}{N}} \tag{4.4}$$

对于短时傅里叶变换来说，通常在频率域内选择一系列的点来计算信号的变换。如果用ω_0表示频率的采样点，对应一个特定的频率，那么通过改变ω_0的值可以分析信号在不同频率下的行为。在利用短时傅里叶变换时，对于每个时间点 n，计算不同的值来得到信号的时频表示。因此，当从滤波器组的角度分析和合成框架时，每个ω_0实际上代表滤波器组中的一个特定滤波器，该滤波器是用于分析信号在该特定频率点的行为。这样，通过观察不同的ω_0值，可以获得信号在整个频率域的详细视图。从滤波器组的角度，离散的 STFT 可以表示为

$$X(n,\omega_0)=\sum_{m=-\infty}^{\infty}(x[m]\mathrm{e}^{-\mathrm{j}\omega_0 m})w[n-m]=(x[n]e^{-j\omega_0 n})\otimes w[n] \tag{4.5}$$

信号 $x[n]$ 通过 $\mathrm{e}^{(-\mathrm{j}\omega_0 n)}$ 的复指数调制后通过具有脉冲响应 $w[n]$ 的滤波器。滤波器的框图（见图 4.7）及最终合成框图（见图 4.8）如下。

在滤波器形式下，短时傅里叶变换的另外一个表达式为

$$X(n,\omega_0)=\mathrm{e}^{-\mathrm{j}\omega_0 n}(x[n]\otimes w[n]\mathrm{e}^{-\mathrm{j}\omega_0 n}) \tag{4.6}$$

两个 $\mathrm{e}^{(-\mathrm{j}\omega_0 n)}$ 项都表示对信号 $x[n]$ 的复指数调制，第一次使用 $\mathrm{e}^{(-\mathrm{j}\omega_0 n)}$ 与信号相乘是为了在应用窗函数并计算卷积之前将信号在频率上进行移位，以便中心化到 0 频率处。第二个 $\mathrm{e}^{(-\mathrm{j}\omega_0 n)}$

项则是在进行卷积操作后再次将信号在频域中移回 ω_0，这样使得短时傅里叶变换给出的是时间点 n 和频率点 ω_0 附近的局部频谱信息。

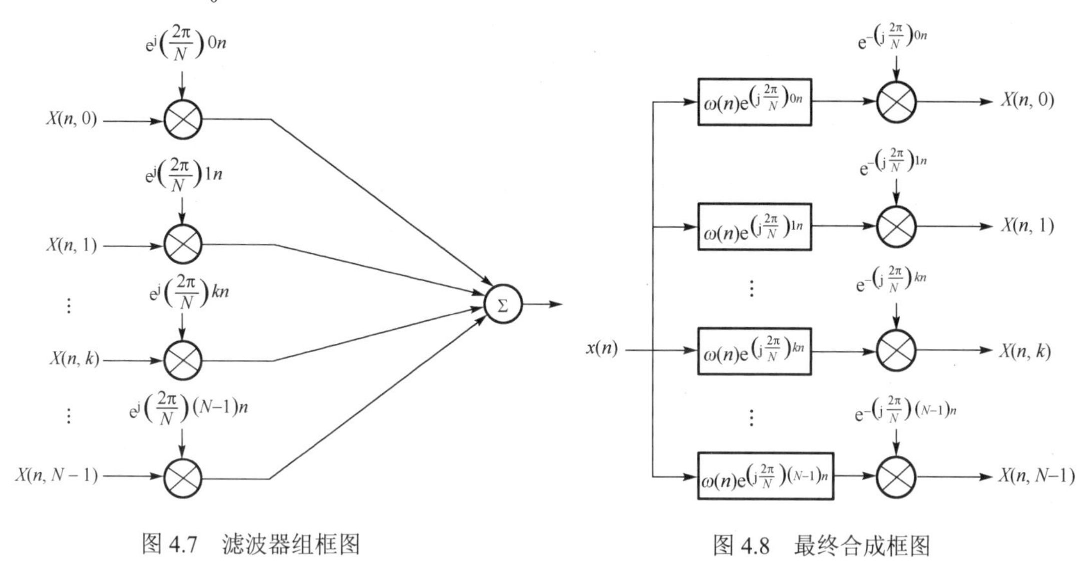

图 4.7　滤波器组框图　　　　图 4.8　最终合成框图

接下来定义窗函数的带宽 Δf 为

$$\Delta f^2 = \frac{\int_{f_1}^{f_2} f^2 \, |w(f)|^2 \, \mathrm{d}f}{\int_{f_1}^{f_2} |w(f)|^2 \, \mathrm{d}f} \tag{4.7}$$

这是窗函数频率分辨率的二阶矩，计算的是能量加权的平均频率的平方与单纯平均频率的平方的差值。这里给出了关于窗函数的频率分布的“宽度”的量度。类似地，文本定义了时间分辨率 Δt，这是窗函数在时间域中能量分布的宽度，即

$$\Delta t^2 = \frac{\int_{t_1}^{t_2} t^2 \, |w(t)|^2 \, \mathrm{d}t}{\int_{t_1}^{t_2} |w(t)|^2 \, \mathrm{d}t} \tag{4.8}$$

分辨率数值越小则分辨率越高，时间分辨率和频率分辨率不能无限制提高，因为它们的乘积必须满足一个下限，即

$$\Delta f \cdot \Delta t \geqslant \frac{1}{4\pi} \tag{4.9}$$

即不可能同时在时间和频率上都有高分辨率，在保证一个维度的分辨率时会牺牲另一个维度的分辨率。高斯窗函数是满足下界的窗函数，在时域和频域都具有最优的分辨率，然而在实际应用中并不是首选，这是因为相比于海明窗等，高斯窗的旁瓣的降落缓慢，容易导致频谱的泄漏。

4.3　短时傅里叶变换的实现

使用 Python 来实现一个信号的短时傅里叶变换，具体程序如下。

```
import numpy as np
from scipy.signal import get_window
import matplotlib.pyplot as plt
#定义 STFT 函数：该函数接收输入信号和一些参数，如窗函数类型、窗长度、窗重叠等。它将返回
STFT 的结果。
def stft (signal, window_type='hann', window_size=256, hop_size=128) :
    # 取窗函数
    window = get_window (window_type, window_size)
    signal_length = len (signal)
    num_frames = 1 + int (np.ceil ( (signal_length - window_size) / float
(hop_size) ) )
    padded_signal_length = window_size + (num_frames - 1) * hop_size
    padded_signal = np.pad(signal, (0, padded_signal_length - signal_length),
'constant', constant_values=0)
    # 计算 STFT
    stft_matrix = np.empty ( (window_size, num_frames) , dtype=complex)
    for frame in range (num_frames) :
        start = frame * hop_size
        end = start + window_size
        stft_matrix[:, frame] = np.fft.fft (padded_signal[start:end] * window,
axis=0)
    return stft_matrix
# 应用 STFT 并绘制结果
# 生成一个简单的测试信号（这里假设是单声道的音频信号）
fs = 44100  # 采样率
t = np.linspace (0, 1, fs, endpoint=False)  # 时间轴
freq = 440.0  # 频率为 440Hz
test_signal = np.sin (2 * np.pi * freq * t)
# 应用 STFT 并绘制时频谱图
stft_result = stft (test_signal)
plt.imshow ( np.abs ( stft_result ) , aspect='auto', origin='lower',
cmap='inferno')
plt.colorbar (label='Magnitude')
plt.xlabel ('Time (s) ')
plt.ylabel ('Frequency (Hz) ')
plt.title ('STFT Spectrogram')
plt.show ()
```

4.4 语音短时傅里叶变换的应用案例

短时傅里叶变换在声音的特征提取、频域去噪算法、声音合成及转换等各方面都有实际的应用。

4.4.1 梅尔频率倒谱系数的提取和应用

倒谱（Cepstrum）是语音信号处理中常用的一种特征表示方法。它是对信号频谱的对

数谱（Log Spectrum）的反变换。倒谱在语音信号处理、音频处理和语音识别等领域广泛应用，它能够提取语音信号的周期性特征，对于声调、共振峰和声带振动等特征具有较好的描述能力。

设语音信号为 $s(n)$，其离散傅里叶变换 DFT 为 $S(k)$，则其倒谱系数可定义为

$$C[n]=\text{DFT}^{(-1)}\{\log(|S[k]|)\} \tag{4.10}$$

梅尔频率倒谱系数（Mel-scale Frequency Cepstral Coefficients，**MFCC**）是在 Mel 标度频率域提取出来的倒谱参数，它衍生自语音片段的倒谱参数。倒谱和梅尔频率倒谱的区别在于，梅尔频率倒谱的频带划分是在梅尔刻度上等距划分的，它对比正常的对数倒谱中的线性间隔频带更接近人类的听觉系统，Mel 标度描述了人耳频率的非线性特征，对低频较敏感而对高频不敏感，它与频率的关系可近似为

$$\text{Mel}(f)=1125\ln\left(1+\frac{f}{700}\right) \tag{4.11}$$

这个关系可以用图 4.9 表示。

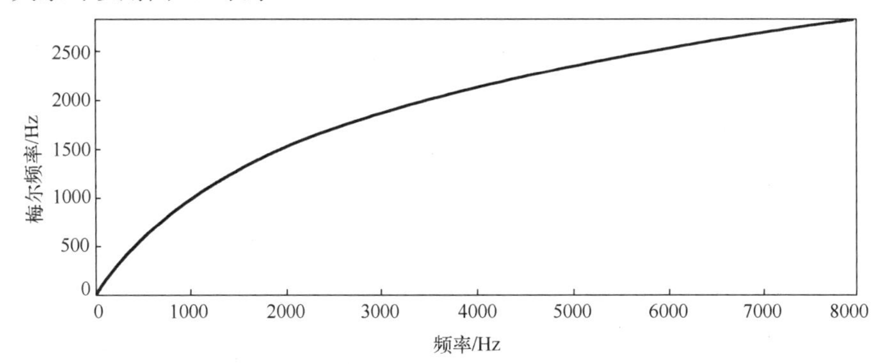

图 4.9　频率和梅尔频率曲线图

计算梅尔频率倒谱系数的步骤如下。

1. 预加重（Pre-emphasis）

将语音信号 $s(n)$ 通过一个高通滤波器 $H(z)=1-az^{-1}$，其中 a 介于 0.9 到 1 之间，则滤波后输出的信号 $s_2(n)=s(n)-as(n-1)$，其目的是消除在发声过程中声带和嘴唇的影响，从而补偿声音信号受到发声系统所抑制的高频部分。

例 4.1　根据预加重的原理对某个音频文件进行处理，写出程序代码并运行出结果。

解　用程序代码来演示对音频文件进行预加重的处理，运行结果如图 4.10 所示。可以看出经过预加重处理后声音波形有变化，经过播放及收听，可以发现加重后的声音变得更尖锐和清脆，但是音量降低了。

```
waveFile='whatFood.wav';
au=myAudioRead(waveFile);
y=au.signal;
fs=au.fs
a=0.95;
```

```
    y2 = filter([1, -a], 1, y);                                      %预加重
    time=(1:length(y))/fs;
    au2=au; au2.signal=y2;
    myAudioWrite(au2, 'whatFood_preEmphasis.wav');

    subplot(2,1,1);
    plot(time, y);
    title('原始波形 s[n]');
    xlabel('时间/s')
    ylabel('幅度')
    subplot(2,1,2);
    plot(time, y2);
    title(sprintf('预加重后的波形 s2[n]', a));
    xlabel('时间/s')
    ylabel('幅度')
    subplot(2,1,1);
    set(gca, 'unit', 'pixel');
    axisPos=get(gca, 'position');
    uicontrol('string', 'Play', 'position', [axisPos(1:2), 60, 20], 'callback',
'sound(y, fs)');
    subplot(2,1,2);
    set(gca, 'unit', 'pixel');
    axisPos=get(gca, 'position');
    uicontrol('string', 'Play', 'position', [axisPos(1:2), 60, 20], 'callback',
'sound(y2, fs)');
```

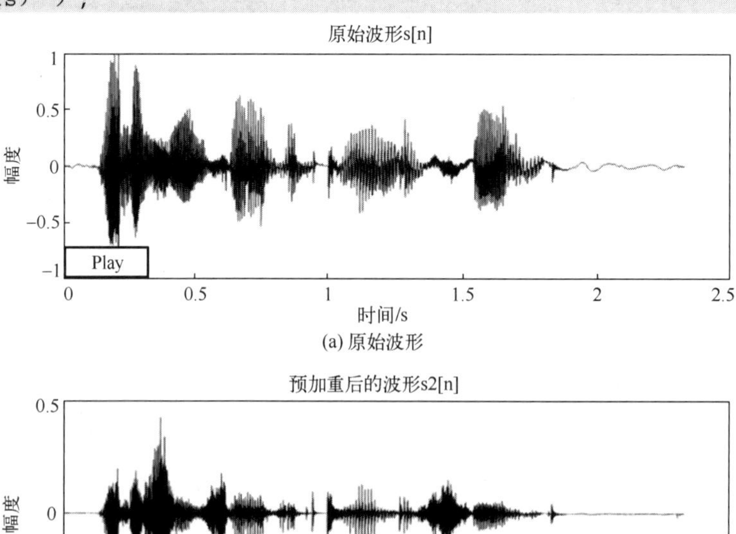

(a) 原始波形

(b) 预加重后的波形

图 4.10　原始波形和预加重后的波形

2. 分帧（Frame Blocking）

取 N 个采样点集合成一个观测单位，称为一帧，N 的值通常为 256 或 512，覆盖时间为 20～30ms，为避免两帧之间变化过大，相邻两帧之间有一定重叠，重叠区域包含 M 个采样点，通常为 N 的 1/3～1/2，若语音信号的采样频率为 8kHz，帧长度取 256 个采样点，则对应的时间长度为 256/8000×1000=32ms。

3. 加窗（Windowing）

利用窗函数的主要目的是加强帧左右的连续性，在频域分析中，将时域信号分割成窗口后，会在每个窗口内进行频谱分析。如果不加窗函数直接对窗口内的信号进行傅里叶变换，由于窗口的大小不是无限长的，导致实际频谱的能量会泄漏到其他的频率成分上。利用窗函数在时域上对信号进行加权，以平滑地将信号从无限延伸的形式转换为有限长度的形式。这样做可以改善信号在窗口边界处的不连续性，从而减轻频谱泄漏的影响。这里以海明窗为例，设语音信号为 $s(n), n=0,2,\cdots,N-1$，加窗处理后的语音信号为 $s_1(n)=s(n)w(n)$，其中

$$w(n,a)=(1-a)-a\cos\left(\frac{2\pi n}{N-1}\right), n=0,1,\cdots,N-1 \tag{4.12}$$

不同的 a 值会产生不同的海明窗，如图 4.11 所示。

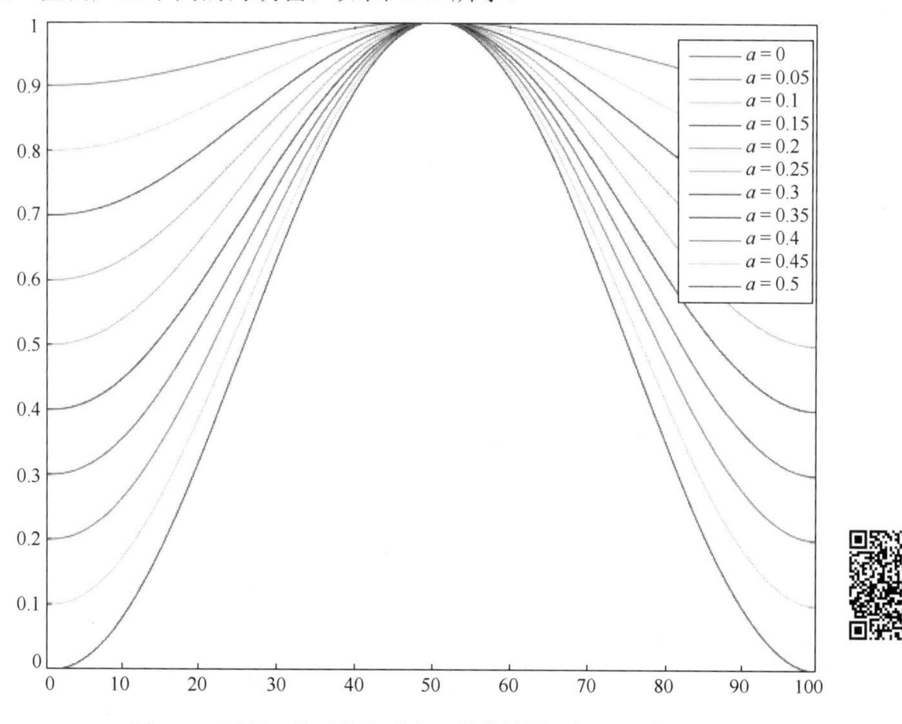

图 4.11　不同 a 值下的海明窗函数曲线图（扫码见彩图）

绘制如图 4.11 所示的窗函数曲线图的代码如下。

```
% 绘制海明窗函数曲线图
N=100;
n=（0:N-1）';
```

```
    alpha=linspace（0,0.5,11）';
    h=[];
    for i=1:length（alpha）,
      h = [h, (1-alpha（i））-alpha（i）*cos（2*pi*n/（N-1））];
    end
    plot（h）;
    title（'Generalized Hamming Window: （1-\alpha）-\alpha*cos（2\pin/（N-1））, 
0\leqn\leqN-1'）;

    legendStr={};
    for i=1:length（alpha）,
      legendStr={legendStr{:}, ['\alpha=', num2str（alpha（i））]};
    end
    legend（legendStr）;
```

4. 快速傅里叶变换

时域上的变化较难看出信号的特性，通常将语音信号转换为频域的能量分布来观测，不同的能量分布代表了不同的声音特征，由此获得频域特性。

例 4.2　利用代码实现原始信号和加窗信号的快速傅里叶变化，并画出相应的波形和能量谱图。

解　根据快速傅里叶变换的基本原理，实现的具体代码如下。

```
    fs=8000;
    t=（1:512）'/fs;
    f=306.396;

    original=sin（2*pi*f*t）+0.2*randn（length（t）,1）;
    windowed=original.*hamming（length（t））;
    [mag1, phase1, freq1]=fftOneSide（original, fs）;
    [mag2, phase2, freq2]=fftOneSide（windowed, fs）;

    subplot（3,2,1）; plot（t, original）; grid on; axis（[-inf inf -1.5 1.5]）; 
title（'原始信号波形'）;
    subplot（3,2,2）; plot（t, windowed）; grid on; axis（[-inf inf -1.5 1.5]）; 
title（'加窗后的信号波形'）;
    subplot（3,2,3）; plot（freq1, mag1）; grid on; title（'原始信号能量谱'）;
    subplot（3,2,4）; plot（freq2, mag2）; grid on; title（'加窗信号的能量谱'）;
    subplot（3,2,5）; plot（freq1, 20*log10（mag1））; grid on; axis（[-inf inf -20 
60]）; title（'原始信号能量谱'）;
    subplot（3,2,6）; plot（freq2, 20*log10（mag2））; grid on; axis（[-inf inf -20 
60]）; title（'加窗信号能量谱'）;
```

运行结果如图 4.12 所示。

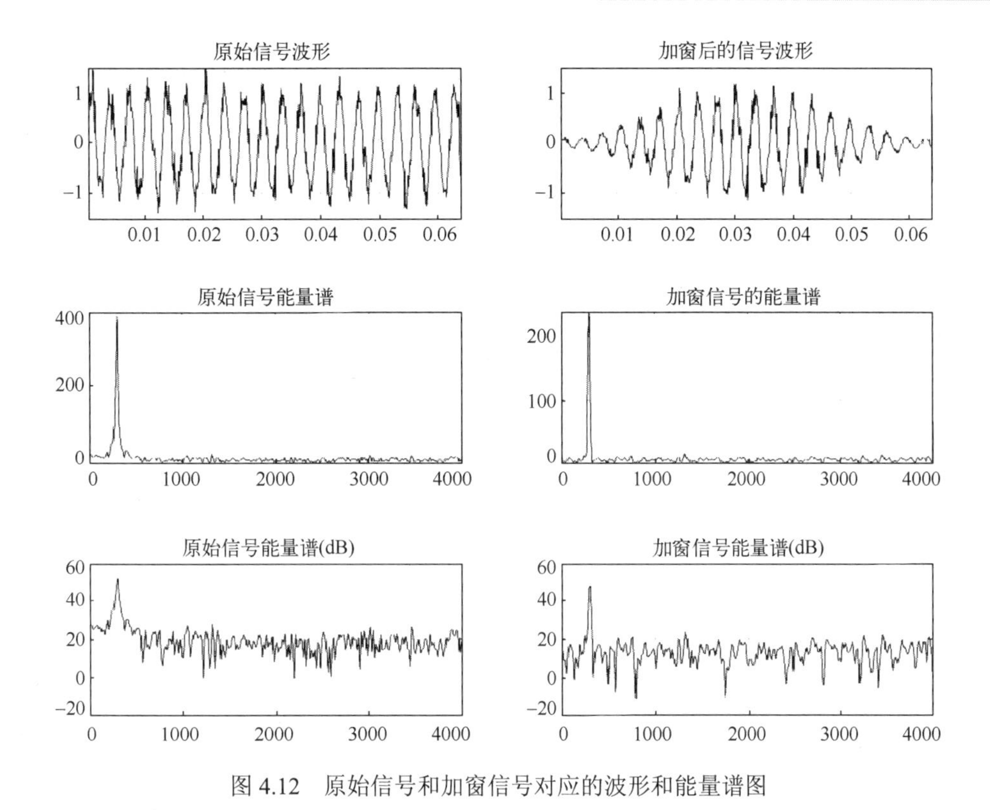

图 4.12　原始信号和加窗信号对应的波形和能量谱图

5. 滤波器

将能量频谱乘以一组 20 个三角带通滤波器，求得每个滤波器输出的对数能量 E_k，20 个三角带通滤波器满足在梅尔频率上均匀分布，每个滤波器的表达式为

$$H_m(k)=\begin{cases}0, & k<f(m-1)\\ \dfrac{k-f(m-1)}{f(m)-f(m-1)}, & f(m-1)<k\leqslant f(m)\\ \dfrac{f(m+1)-k}{f(m+1)-f(m)}, & f(m)<k\leqslant f(m+1)\\ 0, & k>f(m+1)\end{cases} \tag{4.13}$$

m 表示滤波器的个数，$f(m)$ 表示每个滤波器的中心频率，对频谱进行平滑化，并消除谐波的作用，凸显原语音的共振峰。频谱有包络和精细结构，分别对应音色与音高。对于语音识别来讲，音色是主要的有用信息，音高一般没有用。在每个三角形内积分，就可以消除精细结构，只保留音色的信息。

6. 离散余弦变换（Discrete Cosine Transform, DCT）

将上述的 20 个对数能量 E_k 代入离散余弦变换，求出 L 阶的梅尔频率倒谱参数，其中 L 取 12 则有

$$C_m=\sum_{k=1}^{N}\cos\left(\frac{m(k-0.5)\pi}{N}\right)\times E_k, m=1,2,\cdots,L \tag{4.14}$$

N 表示滤波器的个数，由于之前进行了快速傅里叶变换，因此利用离散余弦变换的目的是能转换回类似时域的情形。

7. 取对数

每帧的音量（能量）也是语音的重要特征，将对数能量定义为一帧内信号的平方和，再取以 10 为底的对数再乘 10，使得每帧的基本语音特征都有 13 维，包含一个对数能量和 12 个梅尔频率倒谱参数，在此阶段也可加入其他的语音特征，如音高、过零率和共振峰等。标准的梅尔频率倒谱参数只反映语音参数的静态特性，语音的动态特性可以用这些静态特征的差分谱来描述。把动态、静态特征结合起来才能有效提高系统的识别性能。计算差分参数的公式为

$$d_t = \begin{cases} C_{t+1} - C_t, & t < K \\ \dfrac{\sum\limits_{k=1}^{K} k(C_{t+k} - C_{t-k})}{\sqrt{2\sum\limits_{k=1}^{K} k^2}}, & \text{其他} \\ C_t - C_{t-1}, & t > Q - K \end{cases} \tag{4.15}$$

其中，d_t 表示第 t 个一阶差分；C_t 表示第 t 个倒谱系数；Q 表示倒谱系数的阶数；K 表示一阶导数的时间差，可取 1 或 2。将式（4.15）的结果再代入就可以得到二阶差分的参数，共得到 39 维特征向量。

以下是用 Python 提取一个音频文件的梅尔频率倒谱参数的代码实现，生成的梅尔频率倒谱参数谱图如图 4.13 所示。

```
import librosa
import librosa.display
import matplotlib.pyplot as plt
def compute_mfcc(audio_path):
# 读取音频文件
    y, sr = librosa.load(audio_path)
    # 计算 MFCC 特征
    mfccs = librosa.feature.mfcc(y=y, sr=sr)
    return mfccs
def plot_mfcc(mfccs):
    # 可视化 MFCC 特征
    plt.figure(figsize=(10, 4))
    librosa.display.specshow(mfccs, x_axis='time')
    plt.colorbar()
    plt.title('MFCC')
    plt.tight_layout()
    plt.show()
```

```
if __name__ == '__main__':
    audio_path = r'1.wav'  # 替换为音频文件路径
    mfccs = compute_mfcc (audio_path)
    print ("MFCC shape:", mfccs.shape)
    plot_mfcc (mfccs)
```

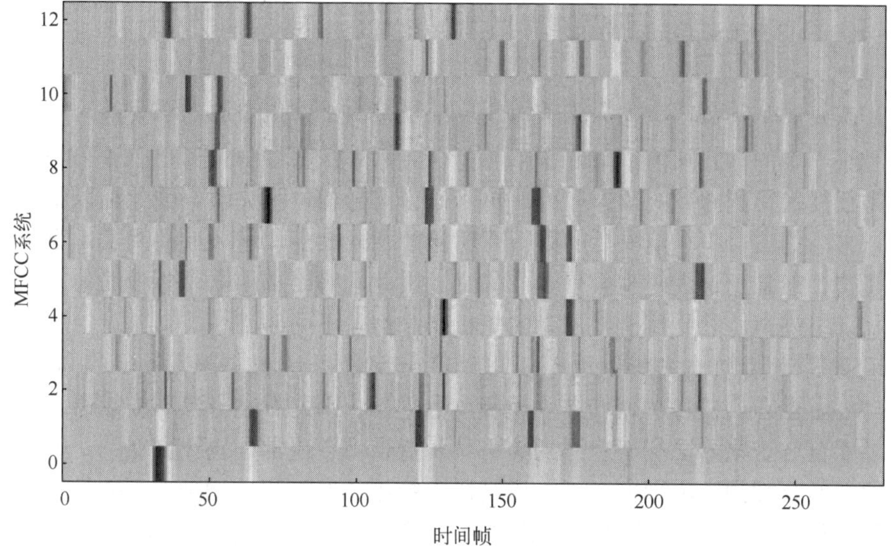

图 4.13　MFCC 谱图

4.4.2　声音去噪算法的实现

语音信号一般都带有噪声，在进一步处理信号前（如语音识别、语音编码），往往要对信号进行降噪，随着信噪比的减小，降噪方法处理的效果也随之变差，也经常使得语音丢字或者波形失真。如何在低信噪比的情况下，达到不错的降噪效果，是一个值得探究的问题。

传统的声音去噪算法包括谱减法、维纳和卡尔曼滤波、最小均方误差估计等。下面重点讲解谱减法。

谱减法是一种发展较早且应用较为成熟的语音去噪算法，该算法利用加性噪声与语音不相关的特点，在假设噪声是统计平稳的前提下，用无语音间隙测算到的噪声频谱估计值取代有语音期间噪声的频谱，与含噪语音频谱相减，从而获得语音频谱的估计值。谱减法具有算法简单、运算量小的特点，便于实现快速处理，往往能够获得较高的输出信噪比，所以被广泛采用。该算法的不足之处是处理后会产生具有一定节奏性起伏的背景噪声。谱减法通过从带噪声语音信号的功率谱 $P_{yy}(m,f)$ 减去噪声功率谱 $P_{ww}(f)$，从而估计出干净语音信号的功率谱 $P_{xx}(m,f)$。首先对带噪声的语音信号 $y(t)$ 应用短时傅里叶变换并取其模的平方来得到带噪信号在每个时刻 m，频率 f 处的功率谱 $P_{yy}(m,f)$，即

$$P_{yy}(m,f)=|Y(m,f)|^2 \tag{4.16}$$

而噪声功率谱 $P_{ww}(f)$ 可以通过语音信号中不含语音信息的静音段获得，即

$$P_{ww}(m,f)=|W(m,f)|^2 \tag{4.17}$$

利用**语音活动检测**（Voice Activity Detection，VAD）对检测到的非语音帧进行估算，对静音段的检测准确性将影响噪声功率谱的估算。接下来用原始语音功率谱减去噪声成分功率谱，估计纯净语音信号的功率谱 $P_{xx}(m,f)$ ，即

$$\hat{P}_{xx}(m,f)=\begin{cases}P_{yy}(m,f)-\alpha P_{ww}(f), & \beta P_{ww}(f)\leqslant \hat{P}_{xx}(m,f)\\ \beta P_{ww}(f), & \beta P_{ww}(f)>\hat{P}_{xx}(m,f)\end{cases} \tag{4.18}$$

这里，α 、β 是两个常数，α 为大于或等于 1 的过减因子，主要影响语音谱的失真程度，β 为大于 0 且小于 1 的谱底阈值，确保谱的取值不会变为负值，此时已得到功率谱干净的语音，经过傅里叶反变换得到时域的语音序列，由于语音信号相位不灵敏，因此可以直接将相位角信息用到谱减后的信号中。消噪后的语音有明显的背景噪声，增大过减因子 α 数值，有时能减少背景噪声，但是 α 过大时也会使波形失真，因此同时要选用一个折中的值。又由于在语音信号叠加随机噪声，因此每次叠加上的随机噪声都是不同的。

由于利用语音活动检测难以调整以正确区分部分语音和非语音帧，特别是在**信噪比**（Signal-to-Noise Ratio，SNR）低和非平稳噪声条件下，因此有些方法不依赖语音活动检测来估计噪声功率谱。这些方法基于观察到的语音和背景噪声通常是统计独立的，并且噪声功率谱在静音段经常衰减到一定程度，可以通过最小统计量追踪和平滑频带中的最小谱值来估计噪声功率谱。**相位谱补偿**是一种新近提出的语音增强方法，它通过改变噪声信号的相位谱并与幅度谱结合来生成一个修改后的复数谱。在合成过程中，修改复数谱的低能量分量比高能量分量更容易被抵消，这样可以减少背景噪声。

相位谱补偿首先对带噪语音信号 $y(t)$ 通过 N 点的短时傅里叶变换转换为复数谱，得到第 m 帧复数谱 $Y(m,k)$ ，其次噪声复数谱通过加上一个加性实值频率依赖的函数 $\theta(k)$ 来进行偏移，以便在计算变化的相位时能得到更好的效果，即

$$Y_{\theta}(m,k)=Y(m,k)+\theta(k) \tag{4.19}$$

其中，$\theta(k)$ 是关于 $F_s/2$（采样率的一半）对称的，一个简单的 $\theta(k)$ 可以写成

$$\theta(k)=\begin{cases}\eta, & 0\leqslant k\leqslant \dfrac{N}{2}\\ -\eta, & \dfrac{N}{2}\leqslant k\leqslant N-1\end{cases} \tag{4.20}$$

其中，η 是一个实值常数，N 是频率采样的总点数，这里假设 N 为偶数，$Y_{\theta}(m,k)$ 用于通过反正切函数计算变化的相位谱，即

$$\angle Y_{\theta}(m,k)=\arg\tan(\frac{\mathrm{Im}\{Y_{\theta}(m,k)\}}{\mathrm{Re}\{Y_{\theta}(m,k)\}}) \tag{4.21}$$

$\mathrm{Im}\{\ \},\mathrm{Re}\{\ \}$ 分别表示求实部和虚部的操作符，相位谱和噪声的幅度谱结合生成修改后的幅度谱，即

$$\hat{X}_{\theta}(m,k)=|Y(m,k)|\,e^{j\angle Y_{\theta}(m,k)} \tag{4.22}$$

通过最终估计出的幅度谱 $\hat{X}_\theta(m,k)$ 变换回时域表示就能恢复出纯净语音信号，由于之前引入了加性偏移，因此修改后的幅度谱可能不是共轭对称的，故恢复出的时域信号应该是复数的。由于在实际中只需要实数部分，因此舍弃虚部后通过重叠相加的方式恢复出纯净的语音信号 $\hat{X}(t)$。所有上述方法都可以调整以达到噪声降低的目的，但同时会有一些语音失真的代价，因此在利用降噪算法时通常需要在减小噪声和保持语音清晰度之间做出权衡。

实现上述过程的 Python 程序如下。参数包括 α 过减因子和 β 谱底阈值，输出为谱减法减噪后的语音序列。

```
    import numpy as np
    import librosa
    import scipy.signal.windows
    import scipy.fft
    import soundfile as sf
    import matplotlib.pyplot as plt

    def spectral_subtraction(signal, noise_spectrum, frame_size, overlap):
        hop_size = frame_size - overlap
        n_frames = 1 + int((len(signal) - frame_size) / hop_size)
        processed_signal = np.zeros(len(signal))

        for i in range(n_frames):
            start_idx = i * hop_size
            end_idx = start_idx + frame_size
            frame = signal[start_idx:end_idx]

            window = scipy.signal.windows.hamming(frame_size)
            windowed_frame = frame * window

            frame_spectrum = scipy.fft.fft(windowed_frame)

            subtracted_spectrum = np.abs(frame_spectrum) - noise_spectrum
            subtracted_spectrum = np.maximum(subtracted_spectrum, 0)

            processed_frame = scipy.fft.ifft(subtracted_spectrum * np.exp(1j *
np.angle(frame_spectrum)))
            processed_frame = np.real(processed_frame)

            processed_signal[start_idx:end_idx] += processed_frame * window
        return processed_signal
    def modified_spectral_subtraction(signal, noise_spectrum, frame_size,
overlap,belta,alpha):
        hop_size = frame_size - overlap
        n_frames = 1 + int((len(signal) - frame_size) / hop_size)
        processed_signal = np.zeros(len(signal))
```

```
    for i in range(n_frames):
        start_idx = i * hop_size
        end_idx = start_idx + frame_size
        frame = signal[start_idx:end_idx]

        window = scipy.signal.windows.hamming(frame_size)
        windowed_frame = frame * window

        frame_spectrum = scipy.fft.fft(windowed_frame)
        subtracted_spectrum = np.abs(frame_spectrum) - alpha*noise_spectrum
        subtracted_spectrum = np.maximum(subtracted_spectrum, belta*np.abs
(frame_spectrum))

        processed_frame = scipy.fft.ifft(subtracted_spectrum * np.exp(1j *
np.angle(frame_spectrum)))
        processed_frame = np.real(processed_frame)

        processed_signal[start_idx:end_idx] += processed_frame * window
    return processed_signal

def calculate_snr(signal, noise):
    # 防止分母为零
    noise_power = np.sum(noise**2)
    if noise_power == 0:
        return np.inf
    snr = 10 * np.log10(np.sum(signal**2) / noise_power)
    return snr
# 读取输入音频文件
input_wav = r"/Users/zouyujian/Downloads/noisy.wav"
signal, sr = librosa.load(input_wav, sr=None)
input_pure=r"/Users/zouyujian/Downloads/speech_clean.wav"  #Using  Clean
voice for compare 使用纯净语音做测试对比
siganl_pure, sr2= librosa.load(input_pure, sr=None)
# 假设前 30 帧为噪声
frame_size = 1024
overlap = 102
n_noise_frames = 30
noise_frames = signal[:n_noise_frames * (frame_size - overlap)+overlap]
# 确保所有帧具有相同的大小
noise_frames = np.array([noise_frames[i:i + frame_size] for i in range(0,
len(noise_frames), frame_size - overlap) if len(noise_frames[i:i + frame_size])
== frame_size])

# 估计噪声频谱
noise_spectrum = np.mean([np.abs(scipy.fft.fft(frame)) for frame in
noise_frames], axis=0)
```

```
    # 应用谱减法
    denoised_signal = spectral_subtraction(signal, noise_spectrum, frame_size,
overlap)
    frame_snrs = []
    hop_size = frame_size - overlap
    for i in range(0, len(signal) - frame_size, hop_size):
        frame_signal = signal[i:i + frame_size]
        frame_noise = signal[i:i + frame_size] - denoised_signal[i:i + frame_size]
        frame_snr = calculate_snr(frame_signal, frame_noise)
        frame_snrs.append(frame_snr)
    average_snr = np.mean(frame_snrs)
    alpha=4.0-average_snr*3/20
    if(average_snr<0):
        for i in range(0, 4, 1):
            belta = 0.02 + 0.01 * i
            denoised_signal2 = modified_spectral_subtraction(signal, noise_
spectrum, frame_size, overlap, belta, alpha)
            output_wav2 = f"D:\\new\\belta{belta:.3f}.wav"
            sf.write(output_wav2, denoised_signal2, sr)
            print(f'belta={belta},alpha={alpha}')
    else:
        for i in range(0,4,1):
            belta=0.2-0.065*i
            denoised_signal2 = modified_spectral_subtraction(signal, noise_
spectrum, frame_size, overlap, belta, alpha)
            output_wav2 = f"D:\\new\\belta{belta:.3f}.wav"
            sf.write(output_wav2, denoised_signal2, sr)
            print(f'belta={belta},alpha={alpha}')
    print(f'The average SNR is: {average_snr:.2f} dB,belta={belta}, alpha= {alpha}')
    # final_sigal=signal-denoised_signal
    # 保存输出音频文件

    output_wav = "oout.wav"
    sf.write(output_wav, denoised_signal, sr)
    #用你找到的字体名称替换 'Songti SC'
    plt.rcParams['font.sans-serif'] = ['Songti SC']
    plt.rcParams['axes.unicode_minus'] = False        # 正确显示负号
    plt.figure(figsize=(10, 8))                       # 调整以匹配示例图的尺寸

    # 去噪前的波形
    plt.subplot(2, 1, 1)
    plt.xlabel('时间帧')
    plt.ylabel('幅度')
    plt.plot(signal)
```

```
# 去噪后的波形
plt.subplot (2, 1, 2)
plt.xlabel ('时间帧')
plt.ylabel ('幅度')
plt.plot (denoised_signal)

plt.show ()
```

运行结果如图 4.14 所示。如果对去噪前后的声音进行播放，可以听到利用谱减法能去除噪声，但是在很多情况下声质并不完美。

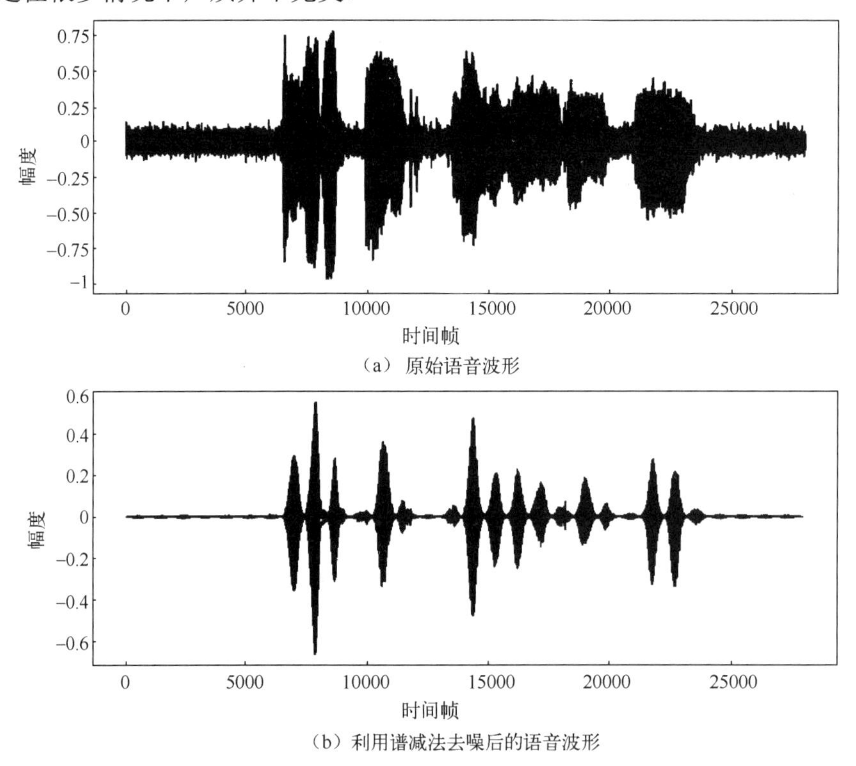

（a） 原始语音波形

（b）利用谱减法去噪后的语音波形

图 4.14　利用谱减法去噪前后的波形

4.4.3　声音信号熵的提取应用

信息量（Information Quantity，IQ）是信息论中的基本概念之一，它用于量化一个事件提供信息的多少，信息量的直观含义是一个事件发生时消除了多少不确定性，对于声音信号而言，信号值就作为事件，每个可能的信号值就对应了一个与之相关的概率。对于离散信号，信号可以取一系列离散值 $\boldsymbol{X}=\{x_1,x_2,\cdots x_n\}$，每个信号值 x_i 发生概率为 $P(x_i)$，则将信号值 x_i 的信息量 $I(x_i)$ 定义为

$$I(x_i)=-\log_b(P(x_i)) \tag{4.23}$$

当$b=2$时，信息量单位是比特（bit），当$b=e$时，信息量单位是奈特（nat），一个信号值的发生概率越小，它发生时提供的信息量就越大。这意味着不太可能发生的事件在实际发生时会提供更多的信息。

声音信号的**熵**（Entropy）描述的是信号中所有可能值的信息量的期望值，或者说是平均信息量，用来度量信号的不确定性。声音信号熵的提取在声音信号处理和语音识别领域有多种应用。声音信号熵是对声音信号的信息量和不确定性的度量，它可以帮助我们从声音中提取有用的特征和信息。声音信号熵的定义如下：对于一个离散的声音信号 $\boldsymbol{X}$，其**信息熵** $H(\boldsymbol{X})$ 可以通过以下公式得到

$$H(\boldsymbol{X})=-\sum_{i=0}^{n}P(x_i)\log_2 P(x_i) \tag{4.24}$$

信息论中，熵通常是以 2 为底的对数计算的，所以单位是比特。其中n表示信号的离散状态数目，x_i表示信号第i个离散状态，$P\left(x_i\right)$是信号中第i个状态在整个信号中出现的概率。对信号的概率分布进行信息熵计算。若信号的概率分布越平均(即各个状态的概率接近相等)，则熵的值越大，表示信号越复杂和随机；反之，若信号的概率分布偏向某一状态或几个状态，则熵的值较小，表示信号较为规律和有序。如果一个信息源总是产生相同的消息，那么它的熵就是零，因为没有不确定性。

对于一个离散的声音信号 $\boldsymbol{X}$（随机信号）其熵总是非负的，如果离散信号是确定的，则其熵为 0。简单地说，它告诉我们这个随机信号带来了多少新的信息。特别是，当随机变量的所有可能值的概率相等时，其熵最大，这时从这个随机变量中获取的新信息最多。

在实际中经常需要在已知一个随机信号的情况下，度量另一个随机信号的不确定性，或者可能已经知道声音的某些部分（如背景音）并想知道剩下的声音部分的信息量。条件熵可以度量在已知一部分声音信号的情况下，其他部分的不确定性或复杂度。**条件熵** $H(\boldsymbol{X}\,|\,\boldsymbol{Y})$ 度量的是在给定声音信号 $\boldsymbol{Y}$ 的条件下，信号 $\boldsymbol{X}$ 的不确定性，即

$$H(\boldsymbol{X}\,|\,\boldsymbol{Y})=-\sum_{i=0}^{n}\sum_{j=0}^{m}P(x_i,y_j)\log_2\frac{P(x_i,y_j)}{P(y_j)} \tag{4.25}$$

其中，$P(x_i,y_j)$ 表示声音信号 $\boldsymbol{X}$ 中第i个状态和声音信号 $\boldsymbol{Y}$ 中第j个状态同时出现的概率。

当考虑两个或多个随机声音信号的联合分布时，可能对它们的整体不确定性感兴趣。这就是联合熵的作用。**联合熵**（Joint Entropy）度量了两个随机信号同时发生的不确定性，联合熵记为 $H(\boldsymbol{X,Y})$，其值总是大于或等于两个随机信号的独立熵。$\boldsymbol{X}$ 和 $\boldsymbol{Y}$ 联合熵可表示为

$$H(\boldsymbol{X,Y})=-\sum_{i=0}^{n}\sum_{j=0}^{m}P(x_i,y_j)\log_2 P(x_i,y_j) \tag{4.26}$$

联合熵反映了 $\boldsymbol{X}$ 和 $\boldsymbol{Y}$ 的共同行为所需要的信息量。

声音信号的联合熵与条件熵之间存在一定关系，即

$$\begin{aligned}H(\boldsymbol{X,Y})&=H(\boldsymbol{X}\,|\,\boldsymbol{Y})+H(\boldsymbol{Y})\\H(\boldsymbol{Y,X})&=H(\boldsymbol{Y}\,|\,\boldsymbol{X})+H(\boldsymbol{X})\end{aligned} \tag{4.27}$$

对于联合分布的声音信号 $\boldsymbol{X}$ 和 $\boldsymbol{Y}$，联合熵 $H(\boldsymbol{X},\boldsymbol{Y})$ 总满足 $H(\boldsymbol{X},\boldsymbol{Y}) \le H(\boldsymbol{X}|\boldsymbol{Y}) + H(\boldsymbol{Y})$，当声音信号 $\boldsymbol{X}$ 和 $\boldsymbol{Y}$ 独立时，$H(\boldsymbol{X},\boldsymbol{Y}) = H(\boldsymbol{X}) + H(\boldsymbol{Y})$。

互信息是信息论中的一个核心概念，它度量了两个随机变量之间的信息依赖性或相互关联性。当互信息用于声音信号时，它可以描述两个信号或两个特征之间的信息共享程度。当我们处理两个声音信号，如原始声音和它的背景音乐时，互信息可以帮助我们理解它们之间的相互关系。一个高互信息值表示两个信号之间有很强的相关性或依赖性。例如，在语音识别中，如果有一个原始的语音信号和一个伴随的噪音信号，那么互信息可以帮助了解这两个信号之间的交互关系，从而在处理或增强语音信号时做出更好的决策。互信息 $I(\boldsymbol{X},\boldsymbol{Y})$ 的定义为

$$
\begin{aligned}
I(\boldsymbol{X},\boldsymbol{Y}) &= -\sum_{i=0}^{n}\sum_{j=0}^{m} P(x_i, y_j)\log_2 \frac{P(x_i, y_j)}{P(x_i)P(y_j)} \\
&= H(\boldsymbol{X}) - H(\boldsymbol{X}|\boldsymbol{Y}) = H(\boldsymbol{Y}) - H(\boldsymbol{Y}|\boldsymbol{X})
\end{aligned} \tag{4.28}
$$

互信息提供了一种方法来量化两个声音信号或特征之间的信息交互程度，对于声学、音频分析和语音处理等领域都有着广泛的应用。

对于一个连续声音信号 $\boldsymbol{X}$，连续声音信号的信息量通常不是针对单个具体值定义的，因为单个值的概率为零（在连续范围内取任意特定点的概率为零），连续声音信号的信息量和熵讨论的是信号样本值落在某个小区间内的信息量，这可以通过概率密度函数和微分熵来描述。设声音信号 $\boldsymbol{X}$ 的概率密度为 $f(x)$，其**微分熵** $h(\boldsymbol{X})$ 的定义为

$$
h(\boldsymbol{X}) = -\int_{-\infty}^{\infty} f(x)\log_2 f(x)\mathrm{d}x \tag{4.29}
$$

与离散信息熵类似，微分熵度量了一个连续声音信号的不确定性。但需要注意的是，微分熵可能是负值，在音频处理和分析中，微分熵可以用来评估信号的属性和特性。需要注意的是，虽然微分熵在数学形式上与离散熵相似，但它们在解释上有所不同。微分熵可以是负数，而离散熵总是非负的。此外，由于连续随机变量的值可以无限小，因此微分熵并不总是直观地反映信息量。

实际中声音信号信息熵的计算通常要将信号离散化，即将连续声音信号转换为离散状态序列。这可以通过采样和量化等方法实现。实际应用中，声音信号熵通常作为声音信号处理的一部分，用于特征提取或信号的复杂性分析。在计算声音信号熵时，应根据信号的特性和具体的应用场景选择合适的采样率和量化方法，以获得准确和有效的结果。

例 4.3 尝试根据上述原理用代码求出声音信号信息熵。

解 声音信号信息熵的提取过程如下，首先读取音频文件，将音频信号分割成多个帧，然后对每帧计算其熵。帧的大小和帧跳过大小都设置为 20ms。

```
import numpy as np
from scipy.io import wavfile

def calculate_entropy(signal):
    # 计算信号的概率分布
    hist, _ = np.histogram(signal, bins=256, range=[0,256], density=True)
    entropy = -np.sum(hist * np.log2(hist + 1e-10))
    return entropy
```

```
def extract_features_from_audio (audio_path) :
    # 读取音频文件
    sample_rate, signal = wavfile.read (audio_path)
    # 将信号转换为浮点数
    signal = signal.astype (float)
    # 设置帧大小和帧跳过大小
    frame_size = int (sample_rate * 0.02)       # 设置帧大小为 20ms
    hop_size = frame_size                        # 设置帧跳过大小也为 20ms

    # 计算帧的数量
    num_frames = int (len (signal) / hop_size)

    # 初始化熵数组
    entropy = np.zeros ( (num_frames,) )

    # 对信号进行帧处理
    for i in range (num_frames) :
        start = i * hop_size
        end = start + frame_size
        entropy[i] = calculate_entropy (signal[start:end])

    return entropy

if __name__ == "__main__":
    audio_path = "path/to/your/audio_file.wav"
    entropy = extract_features_from_audio (audio_path)
    print ("entropy of the audio signal:", entropy)
```

运行结果如图 4.15 所示。

```
entropy of the audio signal: [4.5187826  4.41078742 4.91814859 5.05378911 5.07261261 4.69900242
 4.62053627 5.16894544 5.06528346 4.77259051 4.51459037 4.59055129
 4.75039466 5.09655536 5.83453358 6.27365458 6.17573586 5.64535491
 2.5849625  3.12192809 4.         2.         4.60673935 3.80735492
 3.5849625  4.62351664 5.169925   4.5849625  4.60673935 4.32192809
 4.29707932 4.73592635 4.54659356 4.43660543 3.96981578 3.32192809
 3.41829583 3.169925   3.45943162 2.80735492 3.80735492 2.32192809
 2.80735492 1.         3.169925   2.80735492 4.32192809 4.73592635
 5.21121054 5.02863931 5.57697705 5.40385618 6.05109425 6.39563511
 6.36077186 6.57931014 6.71968658 6.60652278 6.61283789 6.62386085
 6.81202787 6.58192304 6.0882895  6.30587542 6.06355604 5.87107195
 5.69999266 6.11806863 5.16243005 4.24792751 4.08746284 3.27761344
 5.46967048 6.04176243 5.82749846 5.02192809 4.50162916 4.24792751
 3.875      4.         3.875      4.32192809 4.14266435 3.80735492
 4.29707932 4.29707932 5.45144453 4.32192809 3.         3.27761344
 3.32192809 3.41829583 4.24792751 4.39231742 4.08746284 4.43660543
 4.5849625  3.90689059 3.80735492 3.52164063 3.45943162 4.05881389
 3.         2.5849625  2.5849625  3.169925   3.45943162 3.45943162
 4.14266435 1.         2.5849625  3.169925   3.54659356 4.39231742
 4.05881389 3.875      4.24792751 4.91099225 5.60385618 5.0149973
 4.5849625  4.48385619 5.79053218 6.54274831 6.55419145 6.67357212]
```

图 4.15　声音信号的信息熵

通过每帧的信息熵结果，大部分信息熵值为3～6，在熵值接近7时说明该帧的复杂性和不确定性较高，包含的信息也多，在实现具体任务时，这些帧是一些关键的帧，在熵值低于3时，表示该帧的音频信号较为简单或预测性较强，这些帧的复杂度低，可能是静音段或单一音符。

声音信号的复杂性和随机性在音频处理和分析中是非常关键的概念。除了前文提及的声音信号信息熵，声音信号还与两个重要的衍生概念相关，即**频谱熵**和**能量熵**。它们分别从频域和时域角度描述声音信号的复杂性。有些声音信号的特征比较容易从频域空间反映出来，通过频域计算方法可以获得声音信号在频域空间内的能量分布情况，将这种能量分布与信息熵结合即可以实现声音信号在频域空间的定量描述。

频谱熵是基于频谱的熵，用来衡量频率的复杂性，首先求出频谱密度然后归一化为概率分布，再计算每帧概率分布的熵，即

$$H(\boldsymbol{S})=-\sum_{i=1}^{n}P(s_i)\log_2 P(s_i) \tag{4.30}$$

这里，s_i表示第i个频率成分，$P(s_i)$表示声音信号的归一化功率谱密度后的概率值，每个概率值都对应一个频率成分的能量，频谱熵提供了频谱分布的均匀性信息。一个均匀分布的频谱（所有频率成分的能量大致相同）将具有较高的频谱熵，而一个集中在某些特定频率的频谱将具有较低的频谱熵。

能量熵用来度量声音频信号在时间域上的能量分布的复杂性。它是基于声音信号在时间窗口内的能量分布来定义的。首先将声音信号分帧，然后计算每个帧的能量，将每个帧的能量归一化为概率分布，最后计算该概率分布的熵，即

$$H(\boldsymbol{E})=-\sum_{i=1}^{n}P(e_i)\log_2 P(e_i) \tag{4.31}$$

其中，e_i表示第i帧的能量，$P(e_i)$表示它们出现的概率。

用scipy实现提取音频的能量熵和频谱熵。

```
import numpy as np
import scipy.io.wavfile as wav
from scipy import signal

# 读取音频文件
def read_audio_file(file_path):
    sample_rate, audio_data = wav.read(file_path)
    audio_data = audio_data.astype(np.float32) / np.iinfo(audio_data.
dtype).max # 缩放到[-1, 1]范围内
    return sample_rate, audio_data

def frame_audio(audio_data, frame_length, frame_shift):
    num_samples = len(audio_data)
    num_frames = 1 + (num_samples - frame_length) // frame_shift

    frames = []
    for i in range(num_frames):
```

```
        start = i * frame_shift
        end = start + frame_length
        frame = audio_data[start:end]
        frames.append (frame)

    return frames

# 计算能量熵
def calculate_energy_entropy (frame) :
    energy = np.sum (np.square (frame) )
    eps = np.finfo (float) .eps  # 避免除以零

    if energy <= eps:
        return 0   # 如果能量过小，则返回零熵

    frame_prob = np.square (frame)  / energy
    frame_prob[frame_prob <= eps] = eps  # 将能量接近于零的部分设为 eps，避免除以
零和 log2 (0)
    entropy = -np.sum (frame_prob * np.log2 (frame_prob + eps) )
    return entropy

# 计算频谱熵
def calculate_spectrum_entropy (frame, sample_rate) :
    frequencies, _, spectrum = signal.spectrogram (frame, fs=sample_rate)
    spectrum_prob = spectrum / np.sum (spectrum)
    eps = np.finfo (float) .eps  # 避免除以零
    spectrum_prob[spectrum_prob <= eps] = eps # 将概率值接近于零的部分设为 eps，
避免除以零和 log2 (0)
    entropy = -np.sum (spectrum_prob * np.log2 (spectrum_prob) )
    return entropy

# 主函数
def main () :
    file_path = "path/to/your/audio/file.wav" # 音频文件路径
    frame_length = 512                        # 帧长度
    frame_shift = 256                         # 帧移
    sample_rate, audio_data = read_audio_file (file_path)
    frames = frame_audio (audio_data, frame_length, frame_shift)

    energy_entropies = []
    spectrum_entropies = []

    for frame in frames:
        energy_entropy = calculate_energy_entropy (frame)
        spectrum_entropy = calculate_spectrum_entropy (frame, sample_rate)

        energy_entropies.append (energy_entropy)
        spectrum_entropies.append (spectrum_entropy)

    print ("Energy Entropy:", np.array (energy_entropies) )
```

```
    print ("Spectrum Entropy:", np.array (spectrum_entropies) )

if __name__ == "__main__":
    main ()
```

运行程序求出每帧的能量熵和频谱熵，运行结果如图 4.16 所示，具体的每一帧的熵值如图 4.17 和图 4.18 所示。

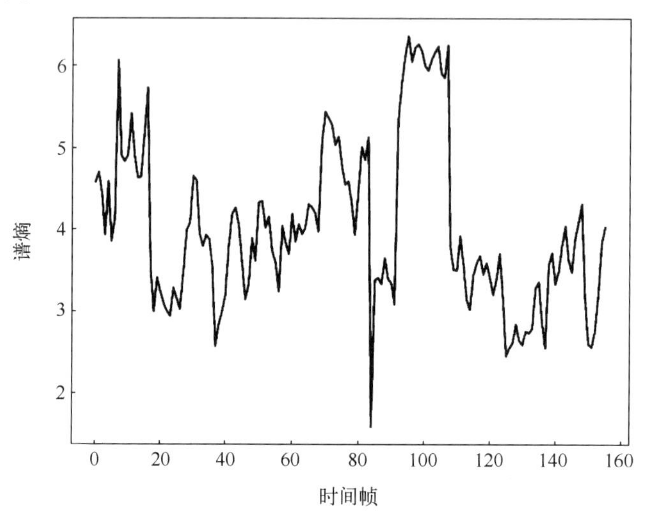

图 4.16　谱熵变化曲线

```
spectrum entropy: [4.5755405 4.692924  4.4435816 3.9309192 4.578753  3.8563347 4.107091
 6.0546246 4.8942704 4.826389  4.9015074 5.4094515 4.906867  4.6226406
 4.635069  5.162813  5.720935  3.541304  2.9930596 3.410624  3.2407181
 3.0998268 3.0023985 2.9370923 3.2858567 3.1532307 3.024964  3.4713697
 3.9867218 4.076926  4.6427393 4.5901546 3.9455156 3.7917092 3.9263105
 3.8792748 3.551457  2.5714061 2.8335938 2.9871583 3.1914103 3.783269
 4.1833606 4.258946  4.0556602 3.60175   3.144064  3.3231463 3.8905802
 3.615196  4.3212676 4.339777  4.0170956 4.150197  3.7332785 3.593088
 3.2420974 4.039142  3.8357196 3.696464  4.183671  3.847672  4.059185
 3.9399524 4.0138216 4.301388  4.2654414 4.194965  3.9722571 5.068033
 5.4299865 5.3529663 5.270185  5.0268745 5.1269393 4.787868  4.544222
 4.5813894 4.3226137 3.933846  4.4481173 5.003375  4.846306  5.1211247
 1.5938537 3.3784547 3.4082723 3.3336523 3.6487846 3.3957617 3.3419373
 3.0867877 5.355941  5.789465  6.129754  6.352647  6.039425  6.2126637
 6.2541614 6.1717515 5.9895997 5.933242  6.070215  6.1554174 6.2268443
 5.8934984 5.8477387 6.242617  3.7884378 3.505846  3.4987729 3.9184918
 3.5803962 3.1424053 3.0226936 3.4423704 3.5896482 3.6751513 3.450942
 3.587716  3.4119267 3.2035637 3.3870096 3.7026434 3.1726835 2.4558625
 2.550302  2.6155276 2.8439784 2.6447973 2.5923822 2.7554684 2.7337046
 2.7882493 3.2841    3.359941  2.8629704 2.5514383 3.5659316 3.7087226
 3.3328485 3.4848351 3.801094  4.0375295 3.6210737 3.4774144 3.8905199
 4.085848  4.3069286 3.178285  2.6009727 2.5647693 2.7604918 3.2024498
 3.833695  4.022297 ]
```

图 4.17　声音信号的能量熵

```
energy entropy: [7.801596  7.613989  7.798722  7.9306717 7.8962517 8.071554  7.906569
 7.8367887 7.9276175 8.005575  8.10639   7.86748   7.880275  7.942379
 7.7977085 7.855462  7.999164  6.487386  7.0774446 7.698822  7.5234747
 8.000067  8.385933  8.35876   8.138315  8.143508  8.263538  8.06173
 7.927715  8.161955  8.1075    8.105282  8.203179  8.106623  8.049912
 8.00139   8.167122  8.382712  8.359995  8.33204   8.1959095 7.9081526
 8.177391  8.271539  8.292544  8.288973  8.305843  8.234765  8.067413
 7.974325  8.058214  8.155166  8.21802   8.248766  8.15218   8.202038
 7.9652934 7.9706283 7.925901  7.57443   8.116376  8.107704  8.093849
 8.09224   8.225388  7.9528008 7.7695704 7.8502    7.767491  7.986097
 8.028467  8.0106325 7.992214  7.923443  8.129795  8.134696  8.158957
 8.170826  7.977851  7.87093   7.95887   8.12255   8.113749  7.938529
 7.3784347 7.7859535 8.038477  8.142014  8.264573  7.699296  7.907346
 7.8890624 7.683778  7.4551296 7.962544  7.9707394 7.798191  7.906583
 7.938738  7.9199524 7.873078  7.935424  7.946992  7.9178247 7.953319
 7.966856  7.837055  7.791629  7.486182  8.17719   8.261275  8.320904
 8.315804  8.223288  8.111565  7.9599137 8.017849  8.009106  8.014958
 7.9872136 7.977607  7.948885  8.161907  8.28389   8.04317   8.146471
 8.310393  8.382702  8.400919  8.450061  8.394661  8.360487  8.346736
 8.378129  8.259724  8.021027  8.252413  8.114547  8.133862  8.149025
 8.157198  8.131582  8.115124  8.214431  8.1194725 8.022879  8.083337
 8.037222  8.124968  8.201993  8.339135  8.321026  7.9471016 8.121935
 8.123829  7.8340707]
```

图 4.18　声音信号的频谱熵

声音信号信息熵可以用作语音情感识别的特征。不同的声音状态会引起声音信号的不同变化，这些变化可以通过计算声音信号的熵来捕捉。虽然声音信号信息熵是一种有用的特征，但它可能并不总是能够提供足够的信息来单独进行准确的识别，因此通常需要与其他特征一起使用。例如，将声音信号信息熵与语谱图进行结合作为特征，将每帧的熵值添加到该帧的语谱图特征向量中。

练　习　题

1．在声音信号处理中，为什么要使用短时傅里叶变换？短时傅里叶变换有什么具体的作用？

2．完成一个信号的短时傅里叶变换代码，并分别画出其时域波形和频谱波形的示意图。

3．在语音信号的短时频谱中，主要信息集中哪个范围？

4．试阐述语谱图的提取流程，并画出流程图。

5．试着实现提取语谱图的代码，并比较：

（1）窄带语谱图和宽带语谱图的区别；

（2）不同窗长语谱图的区别。

6．试提出其他短时傅里叶变换的具体应用场景。

第 5 章 声音信号的线性预测

1947 年，美国数学家诺伯特·维纳首次提出了线性预测编码（Linear Prediction Coding, LPC），而后日本学者板仓在 20 世纪 70 年代将其应用于语音的分析与处理中。经过几十年的发展，线性预测已经广泛运用于声音信号分析与处理的各个领域。

利用线性预测可以用来估计声音信号的声道特性以及声音的产生机制。它的基本思想是：由于声音信号的每个样点之间存在相关性，所以能够使用过去的样点值来预测和推理现在与将来的样点值。换句话说，对一个语音的抽样能够用过去若干个语音的抽样来逼近。通过使实际语音抽样和线性预测下的语音抽样之间的误差在某个准则下达到最小值来决定最优的一组预测系数，而这组预测系数就客观反映了声音信号的特性。通过对声音信号进行线性预测分析，最终可以得到声音信号的参数，进而实现语音合成、语音转换、语音增强等应用。线性预测分析的一个重要应用就是语音合成。通过估计声音信号的声道特性，我们可以合成出与原始语音相似的声音，这在语音合成技术中非常有用，可以用于生成虚拟语音助手的声音，同样也可以改变语音的音色。

线性预测能够应用于声音信号分析与处理，不仅是因为它的预测功能，更重要的是因为它可以提供一个非常好的语音声道模型及对应的模型参数估计方法。线性预测的基本原理和声音信号的数字模型联系十分紧密。

5.1 线性预测的基本原理

线性预测的基本原理是用过去的样点值来预测某个模型现在或者未来的样点值，即

$$\hat{s}(n)=\sum_{i=1}^{p}a_i s(n-i) \tag{5.1}$$

其中，p 表示模型的阶数，a_i 表示模型每阶的系数，$s(n)$ 是原始信号，$\hat{s}(n)$ 是预测信号。预测误差为 $\varepsilon(n)$ 为

$$\varepsilon(n)=s(n)-\hat{s}(n)=s(n)-\sum_{i=1}^{p}a_i s(n-i) \tag{5.2}$$

这样就可以通过在某个准则下使预测误差 $\varepsilon(n)$ 达到最小值的方法来推测模型中唯一的一组线性预测系数 a_i $(i=1,2,\cdots,\ p)$。

前面所学的知识指出，可以用准周期脉冲或白噪声激励一个线性时不变系统声道所产生的输出作为声音的模型，即

$$s(n)=e(n)*h(n) \tag{5.3}$$

这里，系统的输入即声音激励信号是 $e(n)$， $s(n)$ 是输出声音，模型的系统函数是 $h(n)$，Z 变换后的形式为 $H(z)$，模型的系统函数 $H(z)$ 可以写成有理分式的形式，即

$$H(z)=G\frac{1+\sum_{l=1}^{q}b_l z^{-l}}{1-\sum_{i=1}^{p}a_i z^{-i}} \tag{5.4}$$

式中，系数为 a_i 和 b_l，增益因子 G 是模型的参数， p 和 q 是选定的模型的阶数。故信号可以用有限数量的参数构成的模型 $H(z)$ 来表示。根据形式不同，有以下三种不同的信号模型。

（1）如式（5.4）所示的 $H(z)$ 同时含有极点和零点，称作自回归-滑动平均模型（Autoregressive Moving Average，ARMA），这是一种常见的模型。

（2）当式（5.4）中的分子多项式为常数，即 $b_l=0$ 时，$H(z)$ 此时为全极点模型，当前模型的输出只取决于过去的信号值，这种模型称为自回归模型（Autoregressive Model，AR）。

（3）如果 $H(z)$ 的分母多项式为 1，即 $a_i=0$ 时，H（z）成为全零点模型，称为滑动平均模型（Moving Average, MA）。此时模型的输出只由模型的输入来决定。

实际上声音信号处理中最常见的模型是全极点模型，这是因为如果不考虑鼻音和摩擦音，那么声音的声道传递函数就是一个全极点模型；而对于鼻音和摩擦音，细致的声学理论表明其声道传输函数既有极点又有零点，但这时如果模型的阶数 p 足够高，则可以用全极点模型来近似表示极零点模型，因为一个零点可以用许多极点来近似。

其次可以用线性预测分析的方法来估计全极点模型参数，因为对全极点模型做参数估计是对线性方程的求解过程，而若模型中含有有限的零点，则是解非线性方程组，实现起来非常困难。采用全极点模型，辐射、声道及声门激励的组合谱效应的传输函数为

$$H(z)=\frac{S(z)}{E(z)}=\frac{G}{1-\sum_{i=1}^{p}a_i z^{-i}}=\frac{G}{A(z)} \tag{5.5}$$

其中， p 是预测器的阶数， G 是声道滤波器增益， $S(z)$ 和 $E(z)$ 分别表示声音抽样 $s(n)$ 和激励信号 $e(n)$ 的 Z 变换。由此，声音抽样 $s(n)$ 和激励信号 $e(n)$ 之间的关系可以用下列差分方程来表示

$$s(n)=Ge(n)+\sum_{i=1}^{p}\alpha_i s(n-i) \tag{5.6}$$

即声音样点间有相关性，可以用过去的样点值来预测未来的样点值。对于浊音，激励 $e(n)$ 是以基音为周期重复的单位冲激；对于清音， $e(n)$ 是稳衡白噪声。

在信号分析中，模型的建立实际上是由信号来估计模型的参数的过程。因为信号是实际客观存在的，因此用模型表示它，不可能是完全精确的，总是存在一定的误差。除此之外，极点的阶数 p 无法事先确定，可能选得过大或过小，况且信号是时变的。因此，求解模型参数的过程是一个逼近过程。

在模型参数估计过程中，把下面的系统称为线性预测器

$$\hat{s}(n)=\sum_{i=1}^{p}a_i s(n-i) \tag{5.7}$$

式中，a_i 为线性预测系数。从而，p 阶线性预测器的系统函数为

$$P(z)=\sum_{i=1}^{p}a_i z^{-i} \tag{5.8}$$

在式（5.9）中的 $A(z)$ 称作逆滤波器，其传输函数为

$$A(z)=1-\sum_{i=1}^{p}a_i z^{-i}=\frac{GE(z)}{S(z)} \tag{5.9}$$

预测误差 $\varepsilon(n)$ 为

$$\varepsilon(n)=s(n)-\sum_{i=1}^{p}a_i s(n-i)=Ge(n) \tag{5.10}$$

线性预测分析要解决的问题是：给定声音序列（显然，鉴于声音信号的时变特性，利用线性预测必须按帧进行）使预测误差在某个准则下最小，求预测系数的最佳估值 a_i，这个准则通常采用最小均方误差准则。

下面推导线性预测方程。

把某一帧内的短时平均预测误差定义为

$$E\{\varepsilon^2(n)\}=E\{[s(n)-\sum_{i=1}^{p}a_i s(n-i)]s(n-j)]^2\} \tag{5.11}$$

为使 $E\{\varepsilon^2(n)\}$ 最小，对 a_j 求偏导并令其为零，则有

$$E\{[s(n)-\sum_{i=1}^{p}a_i s(n-i)]s(n-j)\}=0, j=1,2,\cdots,p \tag{5.12}$$

式（5.12）表明采用最佳预测系数时，预测误差与过去的声音样点正交。由于声音信号的短时平稳性，要分帧处理（10～30ms），对于一帧从 n 时刻开窗选取的 N 个样点的声音段 S_n，记 $\varPhi_n(j,i)$ 为

$$\varPhi_n(j,i)=E\{s_n(m-j)s_n(m-i)\} \tag{5.13}$$

则有

$$\sum_{i=1}^{p}a_i\varPhi_n(j,i)=\varPhi_n(j,0), j=1,\cdots,p \tag{5.14}$$

如果能找到一种有效的方法求解 p 组包含 p 个未知数的 p 个方程，就可以得到在语音段 S_n 上使均方预测误差为最小的预测系数 $a_i(i=1,2,\cdots,p)$。为求解这组方程，必须首先计算出 $\varPhi_n(i,j)(1\leqslant i\leqslant p,1\leqslant j\leqslant p)$，一旦求出这些数值，即可按上式求出 $a_i(i=1,2,\cdots,p)$。因此从原理上看，线性预测是非常直接的。然而，$\varPhi_n(i,j)$ 的计算及方程组的求解都是十分复杂的，因

此必须选择适当的算法。

另外，利用式（5.12）可得最小均方预测误差为

$$\sigma_\varepsilon = E\{[s(n)]^2 - \sum_{i=1}^{p} a_i s(n)s(n-i)\} \tag{5.15}$$

再考虑式（5.13）和式（5.14）可得

$$\sigma_\varepsilon = \Phi_n(0,0) - \sum_{i=1}^{p} a_i \Phi_n(0,i) \tag{5.16}$$

因此，最小预测误差由一个固定分量和一个依赖于预测器系数 a_i 的分量组成。

5.2　线性预测的解析算法

在线性预测分析中，对于线性预测方程组的求解，有自相关法和协相关法两种经典解法，这里主要介绍自相关法，其他方法请读者自行参阅有关文献。

设从 n 时刻开窗选取 N 个样点的声音段 s_n，即只用 $s_n(n), s_n(n+1), \cdots, s_n(n+N-1)$ 个声音样点来分析该帧的预测系数 a_i。对于声音段 s_n，其自相关函数为

$$R_n(j) = \sum_{n=j}^{N-1} s_n(n)s_n(n-j), \quad j = 1,2,\cdots,p \tag{5.17}$$

作为自相关函数，$R_n(j)$ 满足这样的性质，即它是偶函数且 $R_n(j-i)$ 只与 i 和 j 的间隔，即相对大小有关。因此，比较式（5.13）和（5.16）可知，可以定义 $\Phi_n(i,j)$ 为

$$\Phi_n(i,j) = \sum_{m=0}^{N-1-|i-j|} s_n(m)s_n(m+|i-j|) \tag{5.18}$$

即

$$\Phi_n(i,j) = R_n(|i-j|) \tag{5.19}$$

因此有

$$\sum_{i=1}^{p} a_i R_n(|i-j|) = R_n(j), \quad j = 1,2,\cdots,p \tag{5.20}$$

把式（5.20）展开写成矩阵形式，即

$$\begin{bmatrix} \boldsymbol{R}_n(0) & \boldsymbol{R}_n(1) & \cdots & \boldsymbol{R}_n(p-1) \\ \boldsymbol{R}_n(1) & \boldsymbol{R}_n(0) & \cdots & \boldsymbol{R}_n(p-2) \\ \vdots & \vdots & \vdots & \vdots \\ \boldsymbol{R}_n(p-1) & \boldsymbol{R}_n(p-2) & \cdots & \boldsymbol{R}_n(0) \end{bmatrix} \begin{bmatrix} a_1 \\ a_2 \\ \vdots \\ a_p \end{bmatrix} = \begin{bmatrix} \boldsymbol{R}_n(1) \\ \boldsymbol{R}_n(2) \\ \vdots \\ \boldsymbol{R}_n(p) \end{bmatrix} \tag{5.21}$$

这种方程叫 Yule-Walker 方程，方程左边的矩阵称为托普利兹（Toeplitz）矩阵，它是以主对角线对称的，而且其沿着对角线平行方向的各轴向的元素值都相等。这种 Yule-Walker 方程可用莱文逊-杜宾（Levinson-Durbin）递推算法来高效地求解。

下面介绍 Durbin 快速递推算法。

如果把式（5.21）简写为：$\boldsymbol{R}^p\boldsymbol{a}^p=\boldsymbol{r}^p$，上标 p 代表阶数；a_i^p 中的 i 代表 p 阶全极点模型系数标号。求解 a_i^p 就是对自相关矩阵 R^p 求逆，则对于 $p+1$ 阶模型参数的估值，则有

$$\boldsymbol{R}^{p+1}\boldsymbol{a}^{p+1}=\boldsymbol{r}^{p+1} \tag{5.22}$$

$$\boldsymbol{R}^{p+1}=\begin{bmatrix}\boldsymbol{R}^p & \cdots & \boldsymbol{r}^p\\ \vdots & \ddots & \vdots\\ \left[\boldsymbol{r}^p\right]^t & \cdots & \boldsymbol{R}_n(0)\end{bmatrix} \tag{5.23}$$

$$\boldsymbol{r}^{p+1}=\begin{bmatrix}\boldsymbol{r}^p\\ \vdots\\ \boldsymbol{R}_n(n+1)\end{bmatrix} \tag{5.24}$$

其中，$[\ ]^{-1}$ 是矩阵列矢量的倒置，$[\ ]^{\mathrm{T}}$ 是矩阵列矢量的转置。

$$\begin{bmatrix}\boldsymbol{R}^p & \vdots & \boldsymbol{r}^p\\ \cdots & \vdots & \cdots\\ \left[\underline{\boldsymbol{r}}^p\right]^t & \vdots & \boldsymbol{R}_n(0)\end{bmatrix}\begin{bmatrix}a_1^{p+1}\\ a_2^{p+1}\\ \vdots\\ \cdots\\ a_{p+1}^{P+1}\end{bmatrix}=\begin{bmatrix}\boldsymbol{r}^p\\ \cdots\\ \boldsymbol{R}_n(p+1)\end{bmatrix} \tag{5.25}$$

将式（5.25）分为上下两部分运算，相应运算式为

$$\left[\boldsymbol{R}^p\right]\begin{bmatrix}a_1^{p+1}\\ a_2^{p+1}\\ \vdots\\ a_p^{p+1}\end{bmatrix}+a_{p+1}^{p+1}\boldsymbol{R}_n(0)=\boldsymbol{R}_n(p+1) \tag{5.26a}$$

$$\left[\underline{\boldsymbol{r}}^p\right]^t\begin{bmatrix}a_1^{p+1}\\ a_2^{p+1}\\ \vdots\\ a_p^{p+1}\end{bmatrix}+a_{p+1}^{p+1}\boldsymbol{R}_n(0)=\boldsymbol{R}_n(p+1) \tag{5.26b}$$

设 $\begin{bmatrix}a_1^{p+1}\\ a_2^{p+1}\\ \vdots\\ a_p^{p+1}\end{bmatrix}=\tilde{\boldsymbol{a}}^{p+1}$，则式（5.26a）与（5.26b）可写为

$$\left[\boldsymbol{R}^p\right]\tilde{\boldsymbol{a}}^{p+1}+a_{p+1}^{p+1}\underline{\boldsymbol{r}}^p=\boldsymbol{r}^p \tag{5.27}$$

$$\left[\underline{\boldsymbol{r}}^p\right]^t\tilde{\boldsymbol{a}}^{p+1}+a_{p+1}^{p+1}\boldsymbol{R}_n(0)=\boldsymbol{R}_n(p+1) \tag{5.28}$$

由于 $\boldsymbol{R}^p$ 是 Toeplitz（托普利兹）矩阵，从 $\boldsymbol{R}^p\boldsymbol{a}^p=\boldsymbol{r}^p$ 可以导出 $\boldsymbol{R}^p\underline{\boldsymbol{a}}^p=\underline{\boldsymbol{r}}^p$ 。相应下面两式成立

$$\boldsymbol{a}^p=[\boldsymbol{R}^p]^{-1}\boldsymbol{r}^p \tag{5.29a}$$

$$\underline{\boldsymbol{a}}^p=[\boldsymbol{R}^p]^{-1}\underline{\boldsymbol{r}}^p \tag{5.29b}$$

将式（5.27）两边乘$[\boldsymbol{R}^p]^{-1}$，得到

$$\begin{cases}[\boldsymbol{R}^p]^{-1}[\boldsymbol{R}^p]\tilde{\boldsymbol{a}}^{p+1}+a_{p+1}^{p+1}[\boldsymbol{R}^p]^{-1}\boldsymbol{r}^p=[\boldsymbol{R}^p]^{-1}\boldsymbol{r}^p\\ \tilde{\boldsymbol{a}}^{p+1}+a_{p+1}^{p+1}[\boldsymbol{R}^p]^{-1}\underline{\boldsymbol{r}}^p=[\boldsymbol{R}^p]^{-1}\boldsymbol{r}^p\end{cases} \tag{5.30}$$

将式（5.30）代入式 （5.29）和式（5.29b）后，可得

$$\tilde{\boldsymbol{a}}^{p+1}+a_{p+1}^{p+1}\boldsymbol{a}^p=\boldsymbol{a}^p \tag{5.31}$$

再将式（5.31）中的结果代入式（5.28），解出 a_{p+1}^{p+1}，即

$$\begin{aligned}[\underline{\boldsymbol{r}}^p]^t\tilde{\boldsymbol{a}}^{p+1}+a_{p+1}^{p+1}\boldsymbol{R}_n(0)&=\boldsymbol{R}_n(p+1)\\ &=[\underline{\boldsymbol{r}}^p]^t(\boldsymbol{a}^p-a_{p+1}^{p+1}\underline{\boldsymbol{a}}^p)+a_{p+1}^{p+1}\boldsymbol{R}_n(0)=\boldsymbol{R}_n(p+1)\end{aligned} \tag{5.32}$$

$$a_{p+1}^{p+1}=\frac{\boldsymbol{R}_n(p+1)-[\underline{\boldsymbol{r}}^p]^t\boldsymbol{a}^p}{\boldsymbol{R}_n(0)-[\underline{\boldsymbol{r}}^p]^t\boldsymbol{a}^p} \tag{5.33}$$

从式（5.31）到式（5.33）是从 $\boldsymbol{a}^p$ 递推出 $\boldsymbol{a}^{p+1}$ 的递推公式。式（5.33）的分母等于 $\boldsymbol{R}_n(0)-\sum_{i=1}^{p}\mathrm{a}_i^p\boldsymbol{R}_n(i)$ 。它等于 p 阶最佳线性预测反滤波余数能量 $\boldsymbol{E}^p$ 。

$\boldsymbol{E}^p$ 与 $\boldsymbol{E}^{p+1}$ 的递推关系为

$$\boldsymbol{E}^{p+1}=\boldsymbol{E}^p[1-(a_{p+1}^{p+1})^2] \tag{5.34}$$

可推导为

$$\boldsymbol{E}^p=\boldsymbol{R}_n(0)-\sum_{i=1}^{p}a_i^p\boldsymbol{R}_n(i) \tag{5.35}$$

$$\boldsymbol{E}^{p+1}=\boldsymbol{R}_n(0)-\sum_{i=1}^{p+1}a_i^{p+1}\boldsymbol{R}_n(i) \tag{5.36}$$

将式（5.31）带入式（5.36），得到

$$\boldsymbol{E}^{p+1}=\boldsymbol{R}_n(0)-\sum_{i=1}^{p}(a_i^p-a_{p+1}^{p+1}a_{p+1-i}^p)\boldsymbol{R}_n(\mathrm{i})-a_{p+1}^{p+1}\boldsymbol{R}_n(p+1) \tag{5.37}$$

由式（5.32）可得

$$\begin{aligned}\boldsymbol{R}_n(p+1)&=a_{p+1}^{p+1}\boldsymbol{E}^p+[\underline{\boldsymbol{r}}^p]^t\boldsymbol{a}^p\\ &=a_{p+1}^{p+1}\boldsymbol{E}^p+\sum_{i=1}^{p}a_{p+1-i}^p\boldsymbol{R}_n(p+1)\end{aligned} \tag{5.38}$$

将式（5.38）代入式（5.37），得

$$
\begin{aligned}
\boldsymbol{E}^{p+1} &= \boldsymbol{R}_{\boldsymbol{n}}(0)-\sum_{i=1}^{p}(a_i^p - a_{p+1}^{p+1}a_{p+1-i}^p)\boldsymbol{R}_{\boldsymbol{n}}(i)-a_{p+1}^{p+1}\boldsymbol{R}_{\boldsymbol{n}}(p+1) \\
&= \boldsymbol{R}_{\boldsymbol{n}}(0)-\sum_{i=1}^{p}a_i^p\boldsymbol{R}_{\boldsymbol{n}}(i)+\sum_{i=1}^{p}a_{p+1}^{p+1}a_{p+1-i}^p\boldsymbol{R}_{\boldsymbol{n}}(i)-a_{p+1}^{p+1}\left[a_{p+1}^{p+1}\boldsymbol{E}^p+\sum_{i=1}^{p}a_{p+1-i}^p\boldsymbol{R}_{\boldsymbol{n}}(i)\right] \\
&= \boldsymbol{E}^p-(a_{p+1}^{p+1})^2\boldsymbol{E}^p
\end{aligned}
\tag{5.39}
$$

归纳起来为

$$
\left\{\begin{aligned}
&\tilde{\boldsymbol{a}}^{p+1}=\boldsymbol{a}^p-\boldsymbol{a}_{p+1}^{p+1}\boldsymbol{a}_{p+1\text{-}i}^p \\
&\boldsymbol{a}_{p+1}^{p+1}=\frac{\boldsymbol{R}_{\boldsymbol{n}}(p+1)-[\underline{\boldsymbol{r}}^p]^t\boldsymbol{a}^p}{\boldsymbol{E}^p} \\
&\boldsymbol{E}^{p+1}=\boldsymbol{E}^p[1-(a_{p+1}^{p+1})^2]
\end{aligned}\right\}
\tag{5.40}
$$

因此，Durbin（杜宾）算法从零阶预测开始，此时 $p=0,\boldsymbol{E}_n^0=\boldsymbol{R}_n(0),a^0=1$，可以逐步递推出 $\left\{a_i^2\right\},i=1,2,3,\boldsymbol{E}^2;\left\{a_i^3\right\},i=1,2,3,L,p,\boldsymbol{E}^3$；一直到 $\left\{a_i^p\right\},i=1,2,3,\cdots,p,\boldsymbol{E}^p$。最后确定增益 G 值。这就是 p 阶线性预测快速递推算法的全过程。在运算过程中出现的各阶预测系数的最后一个值 $a_1^1,a_2^2,\cdots,a_p^p$ 被定义为偏相关（Parcor）系数 $k_1,k_2,\cdots,k_p$。

完整的递推过程如下。

（1）$\boldsymbol{E}_n^0=\boldsymbol{R}_n(0)$

（2）$k_i=\left[\boldsymbol{R}_n(i)-\sum_{j=1}^{i-1}a_j^{i-1}\boldsymbol{R}_n(i-j)\right]/\boldsymbol{E}_n^{i-1}$

（3）$a_i^i=k_i$

（4）$a_j^i=a_j^{i\text{-}1}-k_ia_{j\text{-}1}^{i\text{-}1},1\leqslant j\leqslant i-1$

（5）$\boldsymbol{E}_n^i=(1-k_i^2)\boldsymbol{E}_n^{i-1}$

If $i<p$ go to （1）

（6）$a_j=a_j^p$

显然，在 Durbin 快速递推算法中，$\left\{k_i,i=1,2,\cdots,p\right\}$ 起到了关键的作用，它是格型网络的基本参数。可以证明，$\left|k_i\right|<1\left(1\leqslant i\leqslant p\right)$ 是多项式 $\boldsymbol{A}(z)$ 的根在单位圆内的充分必要条件，即它可以保证系统 $\boldsymbol{H}(z)$ 的稳定性。

5.3 线性预测的应用案例

设声音信号的时间序列为 $x(n)$，加窗分帧处理后，得到的第 i 帧的声音信号为 $x_i(m)$，其中下标 i 表示第 i 帧，设每帧帧长均为 N。可得 $x_i(m)$ 线性预测预测器模型为

$$
\hat{x}_i(m)=\sum_{l=1}^{p}a_l^ix_i(m-l)
\tag{5.41}
$$

即 $\hat{x}_i(m)$ 是 $x_i(m)$ 的估算值，其中 a_l^i 是线性预测系数，上标 i 表示第 i 帧。

信号值 $x_i(m)$ 与线性预测值 $\hat{x}_i(m)$ 之差称为线性预测误差（或称为残差），用 $e_i(m)$ 表示，即

$$e_i(m) = x_i(m) - \hat{x}_i(m) = x_i(m) - \sum_{l=1}^{p} a_l^i x_i(m-l) \tag{5.42}$$

而预测误差的传递函数可写为

$$A_i(z) = 1 - \sum_{l=1}^{p} a_l^i z^{-l} \tag{5.43}$$

5.3.1　基音检测估计

线性预测误差 $e_i(m)$ 和声音信号序列 $x(n)$ 一样，可以通过倒谱运算提取基音周期。

例 5.1　利用线性预测倒谱法进行基音检测。读入一段声音数据，用线性预测误差的倒谱提取基音周期。

解　具体程序如下。

```
run Set_II;                                 %参数设置
run Part_II;                                %读入文件，分帧和端点检测
lmin=fix(fs/500);                           %基音周期的最小值
lmax=fix(fs/60);                            %基音周期的最大值
period=zeros(1,fn);                         %基音周期初始化
p=12;                                       %设置线性预测阶数
for k=1:fn
    if SF(k)==1                             %是否在有话帧中
        u=y(:,k).*hamming(wlen);            %取来一帧数据加窗函数
        ar = lpc(u,p);                      %计算 LPC 系数
        z = filter([0 -ar(2:end)],1,u);     %一帧数据 LPC 逆滤波输出
        E = u - z;                          %预测误差
        xx=fft(E);                          %FFT
        a=2*log(abs(xx)+eps);               %取模值和对数
        b=ifft(a);                          %求取倒谱
        [R(k),Lc(k)]=max(b(lmin:lmax));     %在 Pmin～Pmax 范围内寻找最大值
        period(k)=Lc(k)+lmin-1;             %给出基音周期
    end
end
T1=pitfilterm1(period,voiceseg,vosl);       %基音周期平滑处理
% 作图
subplot 211, plot(time,x,'k');  title('语音信号')
axis([0 max(time) -1 1]); grid;  ylabel('幅值'); xlabel('时间/s');
subplot 212; hold on
line(frameTime,period,'color',[.6 .6 .6],'linewidth',2);
axis([0 max(time) 0 150]); title('基音周期');
ylabel('样点数'); xlabel('时间/s'); grid;
```

```
plot (frameTime,T1,'k') ; hold off
legend ('初估算值','平滑后值') ; box on;
其中 Set II 程序如下：
% Set_II
filedir=[];                                  %设置数据文件的路径
filename='F11.wav';                          %设置数据文件的名称，根据需要更改名称
fle=[filedir filename]                       %构成路径和文件名的字符串
wlen=320; inc=80;                            %分帧的帧长和帧移
overlap=wlen-inc;                            %帧之间的重叠部分
T1=0.05;                                     %设置基音端点检测的参数
Part II 程序如下：
% Part_II
[x,fs]=audioread (fle) ;                             %读入 wav 文件
x=x-mean (x) ;                                       %消去直流分量
x=x/max (abs (x) ) ;                                 %幅值归一化
y  = enframe (x,wlen,inc) ';                         %分帧
fn  = size (y,2) ;                                   %取得帧数
time =  (0 : length (x) -1) /fs;                     %计算时间坐标
frameTime = frame2time (fn, wlen, inc, fs) ;         %计算各帧对应的时间坐标
[voiceseg,vosl,SF,Ef]=pitch_vad1 (y,fn,T1) ;         %基音的端点检测
```

运行结果如图 5.1 所示。

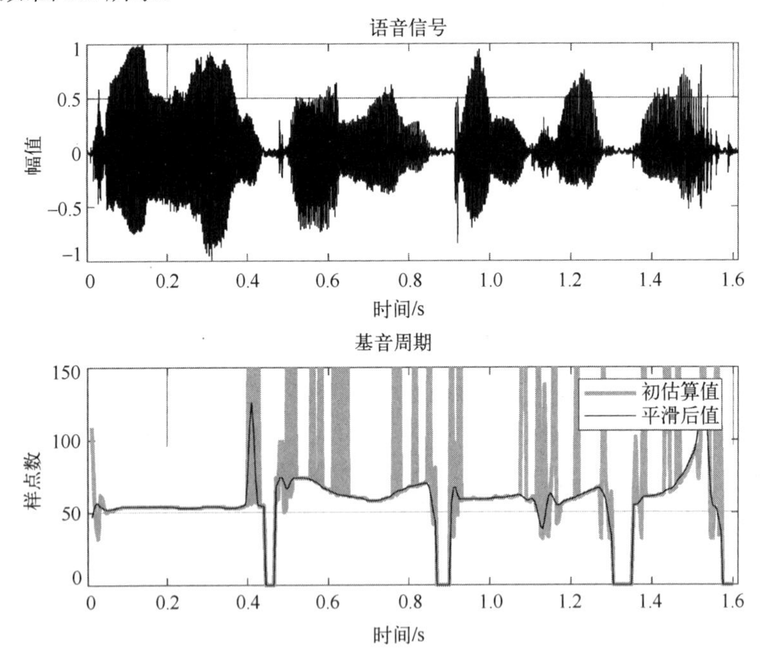

图 5.1　基于预测误差倒谱法提取基音周期

首先，运行 Set II 和 Part II 将语音信号读入并且分帧，并进行端点检测。

其次，对声音信号提取每帧数据，加海明窗，用线性预测函数求出预测系数并计算预测误差。

最后利用求倒谱的方法对预测误差计算倒谱，最终得到上述结果。

例 5.2　利用简化逆滤波法进行基音检测。

解　具体程序如下。

```
run Set_II;                                      %参数设置
run Part_II;                                     %读入文件，分帧和端点检测
% 数字带通滤波器的设计
Rp=1; Rs=50; fs2=fs/2;                           %通带波纹 1dB,阻带衰减 50dB
Wp=[60 500]/fs2;                                 %通带为 60~500Hz
Ws=[20 1000]/fs2;                                %阻带为 20Hz 和 1000Hz
[n,Wn]=ellipord(Wp,Ws,Rp,Rs);                    %选用椭圆滤波器
[b,a]=ellip(n,Rp,Rs,Wn);                         %求出滤波器系数
x1=filter(b,a,x);                                %带通滤波
x1=x1/max(abs(x1));                              %幅值归一化
x2=resample(x1,1,4);                             %按 4:1 降采样率下采样
lmin=fix(fs/500);                                %基音周期的最小值
lmax=fix(fs/60);                                 %基音周期的最大值
period=zeros(1,fn);                              %基音周期的初始化
wind=hanning(wlen/4);                            %窗函数
y2=enframe(x2,wind,inc/4)';                      %再一次分帧
p=4;                                             %LPC 阶数为 4
for i=1 : vosl                                   %只对有声音段数据进行处理
    ixb=voiceseg(i).begin;                       %取一段有声音段
    ixe=voiceseg(i).end;                         %求取该有声音段开始和结束位置及帧数
    ixd=ixe-ixb+1;
    for k=1 : ixd                                %对该段有声音段数据进行处理
        u=y2(:,k+ixb-1);                         %取来一帧数据
        ar = lpc(u,p);                           %计算 LPC 系数
        z = filter([0 -ar(2:end)],1,u);          %一帧数据 LPC 逆滤波输出
        E = u - z;                               %预测误差
        ru1= xcorr(E, 'coeff');                  %计算归一化自相关函数
        ru1 = ru1(wlen/4:end);                   %取延迟量为正值的部分
        ru=resample(ru1,4,1);                    %按 1:4 升采样率下采样
        [tmax,tloc]=max(ru(lmin:lmax));          %在 Pmin~Pmax 范围内寻找最大值
        period(k+ixb-1)=lmin+tloc-1;             %给出对应最大值的延迟量
    end
end
T1=pitfilterm1(period,voiceseg,vosl);            %基音周期平滑处理
% 作图
subplot 211, plot(time,x,'k'); title('语音信号')
axis([0 max(time) -1 1]); grid; ylabel('幅值'); xlabel('时间/s');
subplot 212; hold on
line(frameTime,period,'color',[.6 .6 .6],'linewidth',2);
xlim([0 max(time)]); title('基音周期'); grid;
ylim([0 150]); ylabel('样点数'); xlabel('时间/s');
```

```
plot (frameTime,T1,'k') ; hold off
legend ('初估算值','平滑后值') ; box on
```

在程序中，首先，选择椭圆滤波器，通带频率为 60～500Hz，通带的波纹为 1dB，阻带为 20Hz 和 1000Hz，衰减为 50dB。在 1000Hz 有 50dB 的衰减，保证在 2000Hz 采时不会产生混迭现象。

其次，同例 5.1 一样在程序中运行程序块 Set II 和 Part II。

然后，通过带通滤波的语音信号，用 resample 函数对数据进行 4∶1 的下采样，使采样频率下降为 2000Hz。

接着，对下采样后的数据还要做一次分帧。在运行 Part_II 模块时已做过一次分帧，目的是进行端点检测，求出了端点信息和 SF 等。但是每帧的数据都没有经过带通滤波，所以这一次是对带通滤波和下采样后的数据进行分帧。因为下采样比例为 4∶1，在分帧中帧长和帧移都减为原先帧长和帧移的 1/4，使帧长变为 25ms，帧移对应于 10ms，分帧后总帧数没有变，端点检测的 voiceseg、vosl 和 SF 等信息能继续被使用。加海明窗，用线性预测函数求出预测系数。因为频带只有 1000Hz，最多只能有两个共振峰值，所以线性预测函数的阶数为 4。

最后用 xcorr 函数计算自相关函数。这时的自相关函数的延迟量是按下采样后 2000Hz 来计算的。为了能更精确地计算出基音周期，把自相关函数按 1:4 增采样，使采样频率恢复到 8000Hz。得到的最终结果如图 5.2 所示。

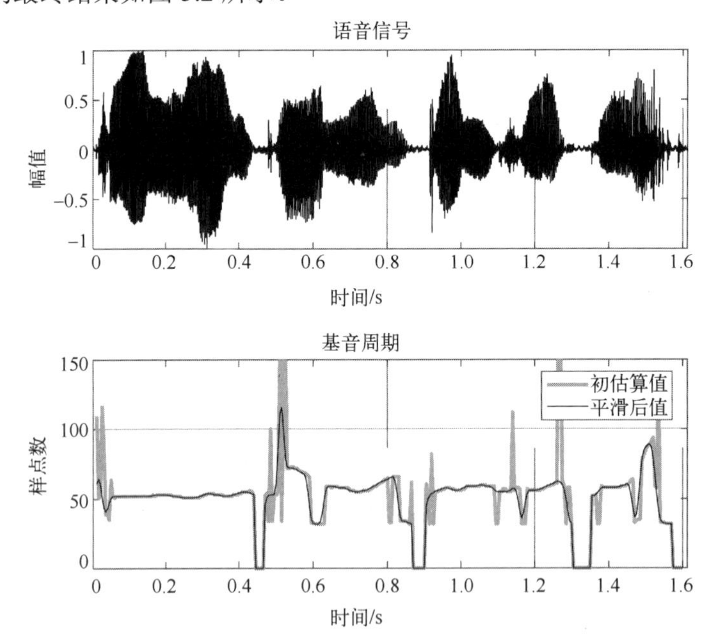

图 5.2　基于简化滤波法提取基音周期的结果

简化的逆滤波法是进行提取的一种现代化方法。该方法的基本思想是：先对声音信号进行线性预测和逆滤波，获得声音信号的预测误差，然后将预测误差信号通过自相关器和峰值检测，以获得基音周期。声音信号通过线性预测逆滤波器后达到频谱的平坦化，因为逆滤波器是一个使频谱平坦化的滤波器，所以它提供了一个简化的（廉价的）频谱平滑器。预测误差是自相关器的输入，通过在自相关函数中寻找最大值，可以求出基音的周期。

5.3.2　共振峰估计

共振峰参数包括共振峰频率和频带的宽度（带宽），它是区别不同韵母的重要参数。共振峰信息包含在声音频谱的包络中，因此共振峰参数提取的关键是估计自然声音频谱包络，并认为谱包络中的极大值就是共振峰。

在前面已经介绍过声音信号的线性预测模型，可将一帧语音信号用差分方程表示，基于此也可以使用线性预测法对共振峰进行估计。用线性预测求取共振峰信息有两种方法：一种是用抛物线内插的方法（内插法）；另一种是用线性预测系数求取复数根的方法（求根法）。

例 5.3　对一段声音用线性预测内插法检测共振峰频率。

解　程序如下。

```
程序
fle='F23.wav';                                 %指定文件名
[x,fs]=audioread(fle);                         %读入一帧声音信号
u=filter([1 -.99],1,x);                        %预加重
wlen=length(u);                                %帧长
p=12;                                          %LPC 阶数
a=lpc(u,p);                                    %求出 LPC 系数
U=lpcar2pf(a,255);                             %由 LPC 系数求出频谱曲线
freq=(0:256)*fs/512;                           %频率刻度
df=fs/512;                                     %频率分辨率
U_log=10*log10(U);                             %功率谱分贝值
subplot 211; plot(u,'k');                      %作图
axis([0 wlen -0.5 0.5]);
title('预加重波形');
xlabel('样点数'); ylabel('幅值')
subplot 212; plot(freq,U,'k');
title('声道传递函数功率谱曲线');
xlabel('频率/Hz'); ylabel('幅值');
[Loc,Val]=findpeaks(U);                        %在 U 中寻找峰值
ll=length(Loc);                                %有几个峰值
for k=1 : ll
    m=Loc(k);                                  %设置 m-1，m 和 m+1
    m1=m-1; m2=m+1;
    p=Val(k);                                  %设置 P(m-1)，P(m) 和 P(m+1)
    p1=U(m1); p2=U(m2);
    aa=(p1+p2)/2-p;                            %得到 P(m-1)，P(m) 和 P(m+1) 的系数
    bb=(p2-p1)/2;
    cc=p;
    dm=-bb/2/aa;                               %求极大值
    pp=-bb*bb/4/aa+cc;                         %求中心频率的谱值
    m_new=m+dm;
    bf=-sqrt(bb*bb-4*aa*(cc-pp/2))/aa;%计算根值与峰值的差
    F(k)=(m_new-1)*df;                                 %计算中心频率
    Bw(k)=bf*df;                                       %计算带宽
```

```
    line([F(k) F(k)],[0 pp],'color','k','linestyle','-.');
end
fprintf('F =%5.2f   %5.2f   %5.2f   %5.2f\n',F)
fprintf('Bw=%5.2f   %5.2f   %5.2f   %5.2f\n',Bw)
```

首先，在程序中使用 LPC 函数求出了预测系数，直接调用 lpcar2pf 函数由预测系数计算出功率谱。lpcar2pf 函数是 voicebox 语音工具箱中的一个函数。其次，用 findpeaks 函数从功率谱曲线上找出峰值和峰值的位置。运行结果如图 5.3 所示。

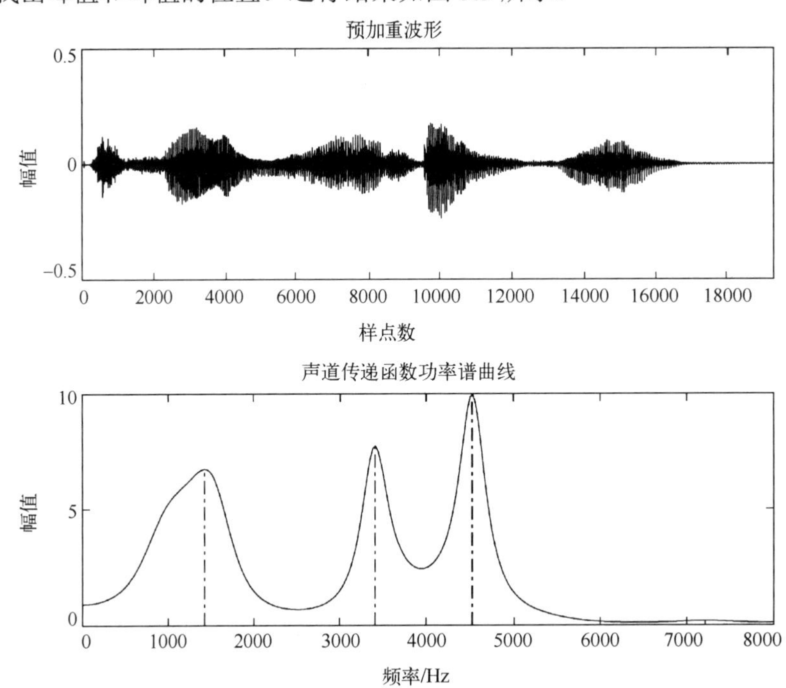

图 5.3　利用线性预测对共振峰进行估计

例 5.4　读入一段声音数据并利用 Extfrmnt 函数检测共振峰轨迹。

解　程序如下。

```
filedir=[];                              %设置数据文件的路径
filename='F23.wav';                      %设置数据文件的名称
fle=[filedir filename]                   %构成路径和文件名的字符串
[xx,fs]=audioread(fle);                  %读入声音文件
x=xx-mean(xx);                           %消除直流分量
x=x/max(abs(x));                         %幅值归一化
y=filter([1 -.99],1,x);                  %预加重
wlen=200;                                %设置帧长
inc=80;                                  %设置帧移
xy=enframe(y,wlen,inc)';                 %分帧
fn=size(xy,2);                           %求帧数
Nx=length(y);                            %数据长度
time=(0:Nx-1)/fs;                        %时间刻度
```

```
frameTime=frame2time (fn,wlen,inc,fs) ;                  %每帧对应的时间刻度
T1=0.1;                                                  %设置阈值 T1 和 T2 的比例常数
miniL=20;                                                %有声音段的最小帧数
p=9; thr1=0.75;                                          %线性预测阶数和阈值
[voiceseg,vosl,SF,Ef]=pitch_vad1 (xy,fn,T1,miniL) ;      %端点检测
Msf=repmat (SF',1,3) ;                                   %把 SF 扩展为 fn×3 的数组
formant1=Ext_frmnt (xy,p,thr1,fs) ;                      %提取共振峰信息
Fmap1=Msf.*formant1;                                     %只取有声音段的数据
findex=find (Fmap1==0) ;                                 %如果有数值为 0,设为 nan
Fmap=Fmap1;
Fmap (findex) =nan;
nfft=512;                                                %计算语谱图
d=stftms (y,wlen,nfft,inc) ;
W2=1+nfft/2;
n2=1:W2;
freq= (n2-1) *fs/nfft;
warning off
% 作图
figure (1)                                               %画信号的波形图和能熵比图
subplot 211; plot (time,x,'k') ;
title ('\a-i-u\三个元音的语音波形图') ;
xlabel ('时间/s') ; ylabel ('幅值') ; axis ([0 max (time)  -1.2 1.2]) ;
subplot 212; plot (frameTime,Ef,'k') ; hold on
line ([0 max (time) ],[T1 T1],'color','k','linestyle','--') ;
title ('归一化的能熵比图') ; axis ([0 max (time)  0 1.2]) ;
xlabel ('时间/s') ; ylabel ('幅值')
for k=1 : vosl
    in1=voiceseg (k) .begin;
    in2=voiceseg (k) .end;
    it1=frameTime (in1) ;
    it2=frameTime (in2) ;
    line ([it1 it1],[0 1.2],'color','k','linestyle','-.') ;
    line ([it2 it2],[0 1.2],'color','k','linestyle','-.') ;
end
figure (2)                                                %画语音信号的语谱图
imagesc (frameTime,freq,abs (d (n2,:) ) ) ;  axis xy
m = 64; LightYellow = [0.6 0.6 0.6];
MidRed = [0 0 0]; Black = [0.5 0.7 1];
Colors = [LightYellow; MidRed; Black];
colormap (SpecColorMap (m,Colors) ) ; hold on
plot (frameTime,Fmap,'w') ;                               %叠加上共振峰频率曲线
title ('在语谱图上标出共振峰频率') ;
xlabel ('时间/s') ; ylabel ('频率/Hz')
```

运行结果如图 5.4 和图 5.5 所示。图 5.4 得到了语音对应的端点检测结果，图 5.5 把共振

峰频率叠加在声谱图中以便更加直观地显示结果，可以看到两个图中展示了比较正确的特征及结果。

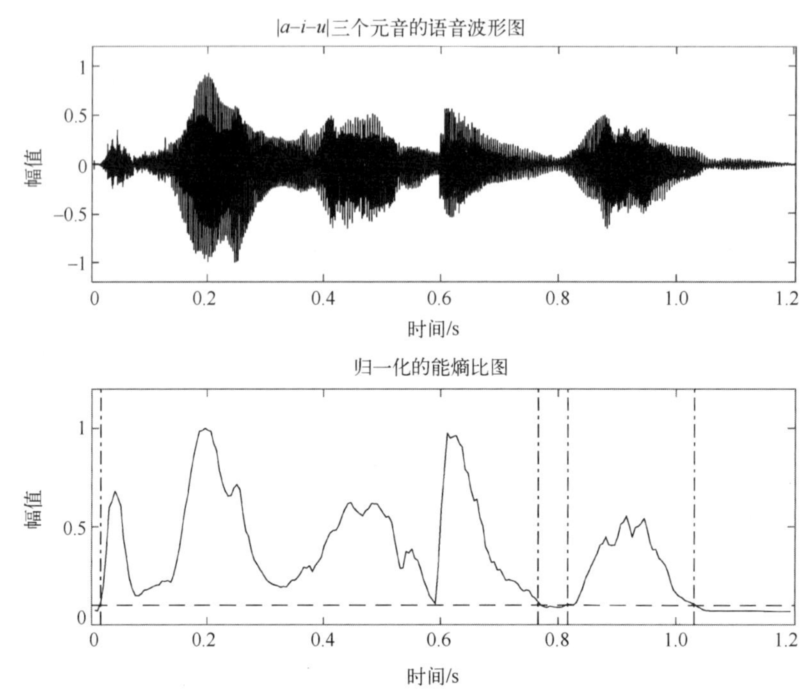

图 5.4　语音数据的波形和端点检测结果

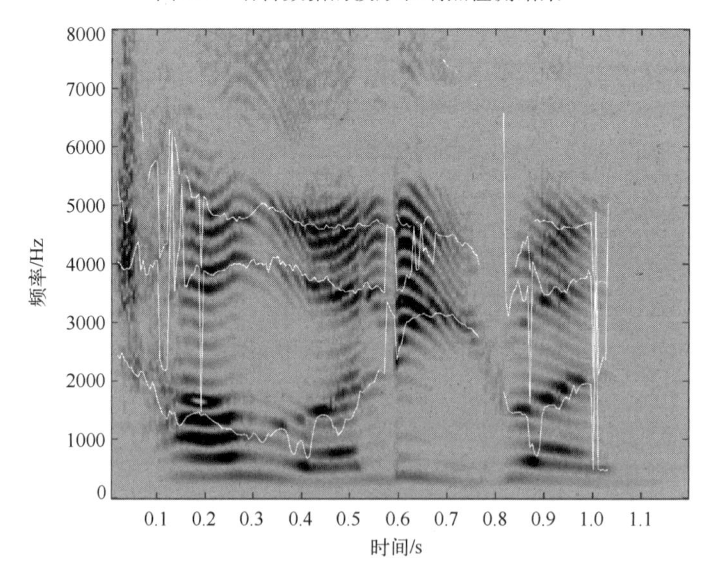

图 5.5　在语音数据的语谱图上叠加共振峰的轨迹

从上面两个例子可以看出，得到线性预测谱之后，可以进一步进行共振峰估计。本章节给出的两个例子使用线性预测求根法对连续语音求共振峰轨迹的检测。当然，还有除使用线性预测外的方法进行共振峰检测的例子，在此不做进一步的讨论。

练　习　题

1．概述声音信号的线性预测原理。
2．分别叙述线性预测分析自相关和协方差的解法。
3．常用的基音周期检测方法有哪些？叙述它们的工作原理与框图。
4．试论述共振峰合成的原理及其在语音合成中的应用。
5．试阐述线性预测如何用于共振峰的估计。

第 6 章

语音编码 «‹

声音信号处理的数字传输一直是通信技术发展的重要方向之一。与模拟通信相比，数字通信具有效率更高的特点。这主要体现在以下几个方面：首先，数字通信具有更好的语音质量；其次，数字通信具有更强的抗干扰性，且易于加密；此外，数字通信可以节省带宽，更有效地利用网络资源；最后，数字语音更容易存储和处理。最简单的数字化方法是直接对声音信号进行模拟到数字的转换，只需要满足一定的采样率和量化要求，就可以得到高质量的数字语音。然而，这种方法产生的数据量仍然很大，因此在传输和存储之前通常需要进行压缩处理，以减少传输码率或存储量，即进行压缩编码。传输码率也被称为数字化率或编码速率，表示每秒传输所需的比特数。语音编码的目标是在保证语音音质和可懂度的前提下，采用尽可能少的比特数来表示声音信号。

语音编码技术的研究始于 20 世纪 30 年代末期。近年来，随着数字通信领域的需求不断增加和计算机技术的快速发展，语音编码技术取得了许多突破性的进展，并得到了广泛应用，形成了一套相对完善的理论和技术体系。目前全球存在着许多国际标准和地区性标准，涵盖了各种语音编码方法，该领域也成为国际标准化工作中最活跃的研究领域之一。

最早提出的语音编码标准是 64kbps 的 PCM 波形编码器，而在 20 世纪 90 年代中期出现了许多被广泛采用的语音编码国际标准，如 5.3/6.4kbps 的 G.723.1 和 8kbps 的 G.729 等。此外，还存在一些尚未成为国际标准但具有更低码率的成熟编码算法，其中有些算法的码率甚至可以达到 1.2kbps 以下，但仍然能提供可懂的语音。

根据码率可将语言编码方法分为五大类：高速率（32kbps 以上）、中高速率（16～32kbps）、中速率（4.8～16kbps）、低速率（1.2～4.8kbps）和极低速率（1.2kbps 以下）。根据编码方法，又可以分为波形编码、参数编码和混合编码。波形编码是根据声音信号的波形生成相应的数字编码，其目的是尽量保持波形不变，使接收端能够再现原始语音。波形编码具有良好的抗噪性能和语音质量，但需要较高的码率，一般为 16～64kbps。参数编码也称为声码器技术，通过对声音信号进行分析，提取参数进行编码，接收端可以使用解码后的参数重构声音信号。参数编码主要从听觉感知的角度重现语音，而不是保持波形一致，因此对码率的要求相对波形编码的较低。混合编码是上述两种方法的有机结合，同时从波形编码和参数编码两个方面构建语音编码，既提升了语音的自然度和语音质量，又实现了较低的码率。

声音信号经过多倍压缩后仍然能够保持可懂性，这是因为声音信号中存在大量的冗余信息，而语音编码利用各种技术减少冗余度。此外，语音编码还充分利用了人耳的听觉掩蔽效应，在去除被掩蔽的声音信号以实现数据压缩的同时，控制量化噪声使其低于掩蔽阈值，即使在较低码率的情况下也能获得高质量的语音。

本章将介绍几种常用的波形调制和编码技术，分别为脉冲编码调制，差分脉冲编码调制，增量调制，以及线性预测编码。

6.1　脉冲编码调制

6.1.1　均匀量化脉冲编码调制

对声音信号进行数字化的最直接方法是进行 A/D 转换，包括采样和量化两个过程。在采样过程中，采样频率应高于信号中最高频率的两倍，以避免混叠失真。因此，通常在采样之前需要进行抗混叠滤波，即低通滤波，以控制信号的最高频率。在量化过程中，对采样得到的样本的幅度使用均匀量化的方法，即表示为二进制数字信号，相当于使用一组二进制脉冲序列来表示各个量化后的采样值。因此，声音波形信号被表示为一组用数字编码的脉冲序列。这种编码方法被称为脉冲编码调制（Pulse Code Modulation，PCM），其编码原理如图 6.1 所示。

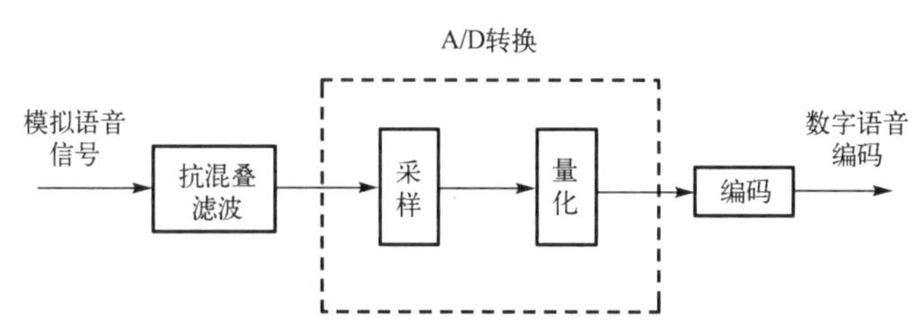

图 6.1　脉冲编码调制的编码原理图

量化过程难免产生误差，将误差 $\boldsymbol{e}(n)$ 定义为

$$\boldsymbol{e}(n)=\bar{\boldsymbol{x}}(n)-\boldsymbol{x}(n) \tag{6.1}$$

其中，$\bar{\boldsymbol{x}}(n)$ 为量化之后的量化信号，$\boldsymbol{x}(n)$ 为量化之前的采样信号。

量化误差通常也被称为量化噪声。对于均匀量化编码器而言，量化噪声的功率仅取决于量化间隔，而与输入信号的功率和概率分布无关。

6.1.2　非均匀量化脉冲编码调制

非均匀量化编码器的一个主要问题是对编码速率要求较高。为了满足一定的信噪比要求，量化间隔不能太大。当声音信号具有较大的动态变化范围时，为了避免信号超出量化范围导致过载，必须使用较高的量化比特数。为了解决这个问题，可以根据声音信号的幅度统计分布特性进行非均匀量化。在声音信号中，样本的幅度值分布并不均匀，而是大量集中在小幅度值上。通过对小幅度样本使用较小的量化间隔，可以实现精确量化；而对于大幅度样本，使用较大的量化间隔既可以提高信噪比，又可以避免大信号的过载。均匀量化和非均匀量化的特性可以参考图 6.2。

最常用的非均匀量化方法是对数压缩扩展方法。在编码过程中，根据声音信号的幅度统计特性，对幅度进行对数变换以实现压缩，然后进行均匀量化。在解码过程中，则进行逆向的扩展变换。在实际应用中，存在多种不同的变换方法，如 μ 律变换、A 律变换等。假设 $\boldsymbol{x}(n)$ 表示语音波形的采样值，则 μ 律压缩可以被定义为

$$y(n)=F_{\mu}[x(n)]=X_{\max}\frac{\ln\left[1+\mu\dfrac{x(n)}{X_{\max}}\right]}{\ln(1+\mu)}\operatorname{sgn}[x(n)] \tag{6.2}$$

通过对声音信号 $x(n)$ 进行压缩变换，得到 $y(n)$，然后进行均匀量化编码。在这个过程中，$X_{\max}$ 是 $x(n)$ 的最大幅值，μ 是一个常数，用于调节压缩的程度。当 μ 为 0 时，表示不进行压缩，μ 的取值通常为 100～500。图 6.3 展示了不同 μ 值下的 μ 律压缩扩展特性曲线。

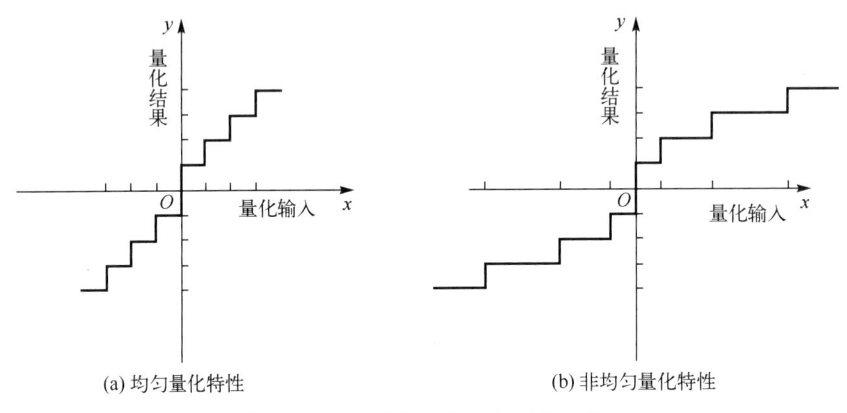

图 6.2　均匀量化与非均匀量化特性

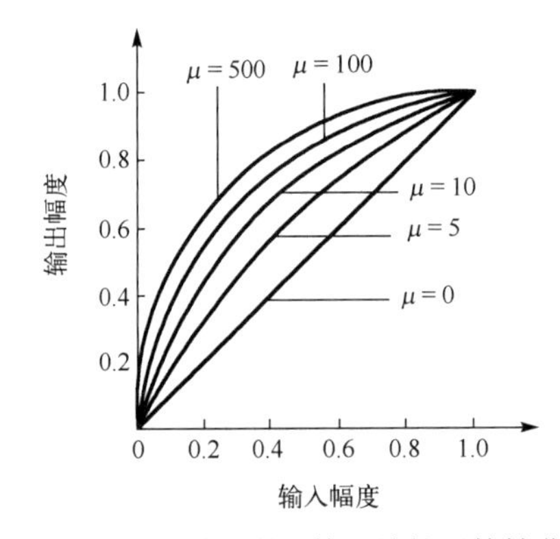

图 6.3　不同 μ 值下的 μ 律压缩扩展特性曲线

A 律压缩方式和 μ 律的类似，即

$$y(n)=F_{A}[x(n)]=\begin{cases}\dfrac{A|x(n)|}{1+\ln A}\operatorname{sgn}[x(n)]\left(0\leqslant\dfrac{|x(n)|}{X_{\max}}<\dfrac{1}{A}\right)\\ X_{\max}\dfrac{1+\ln[A|x(n)|/X_{\max}]}{1+\ln A}\operatorname{sgn}[x(n)]\left(\dfrac{1}{A}\leqslant\dfrac{|x(n)|}{X_{\max}}<1\right)\end{cases} \tag{6.3}$$

目前，在世界各地的数字电话网中均广泛应用了非均匀量化的脉冲编码调制。北美和日本主要采用 μ 律压缩，而我国则采用 A 律压缩。

6.1.3　自适应量化脉冲编码调制

除了前面介绍的非均匀量化方法，还可以通过自适应量化方法来提高信噪比。由于声音信号的特性随时间变化，能量也随之变化，因此可以采用自适应方法来根据短时能量的大小选择合适的量化间隔进行量化。对于短时能量较大的信号，采用较大的量化间隔；而对于短时能量较小的信号，则采用较小的量化间隔。这样可以减少量化噪声，提高量化后信号的信噪比。这种方法被称为自适应量化脉冲编码调制（Adaptive PCM，APCM）。在自适应量化器中，除了使用量化间隔作为量化器特性，还可以使用放大增益来调节量化器特性。实现时，在固定的量化器之前加入一个自适应的增益控制，对于能量较大的信号采用较小的放大增益，而对于能量较小的信号，则采用较大的放大增益。这种自适应调整放大增益的方法与自适应调整量化间隔的方法是等效的。显然，APCM 编码器除了需要发送量化结果，还需要发送自适应调整参数作为辅助信息，以便解码端得知当前采样点的量化器特性。

可以通过式（6.4）计算自适应参数的取值

$$\begin{cases} \Delta(n) = \Delta_0 \cdot \sigma^2(n) \\ G(n) = G_0 / \sigma^2(n) \end{cases} \tag{6.4}$$

其中，$\Delta(n)$ 和 $G(n)$ 分别表示第 n 个采样点的量化间隔和放大增益。这里，$\sigma^2(n)$ 表示输入声音信号的方差。式（6.4）表明，$\Delta(n)$ 与输入信号方差 $\sigma^2(n)$ 成正比。通常认为，时变的方差 $\sigma^2(n)$ 与信号的短时能量成正比，因此 $\Delta(n)$ 也与信号的短时能量成正比。而 $G(n)$ 则与信号的方差和短时能量成反比。

APCM 的自适应方案可以分为前馈自适应和反馈自适应两种。在前馈自适应方案中，$\Delta(n)$ 和 $G(n)$ 是根据输入信号本身估计得出的；而在反馈自适应方案中，它们是根据量化器的输出来估计的，即根据信号前面的情况估计信号后面的短时能量和方差。因此，前馈自适应方案可以获得更好的信噪比，但需要一定的编码延迟，而反馈自适应方案则不需要传输辅助信息。

采用自适应量化可以提供更高的信噪比，通常可以获得约 4～6dB 的编码增益。

6.2　差分脉冲编码

6.2.1　差分脉冲编码原理

语音编码的目标是通过减少声音信号中的信息冗余来实现数据压缩。声音信号中存在的主要冗余是采样信号之间的高度相关性。研究表明，在采样频率为 8kHz 时，相邻采样值之间的自相关系数通常在 0.85 以上。我们可以利用这种相关性来减小量化字长，从而降低编码速率。由于相邻采样值之间的差值远小于采样值本身，因此可以设计一种编码方法，将差值进行编码，而不是直接对采样值进行编码。这种编码方法被称为差分脉冲编码（Difference Pulse Code Modulation，DPCM）。

最简单的产生差分信号的方法是先直接存储前一次的采样值，然后用当前采样值减去前一次的采样值来计算差值，并进行量化得到数字语音编码。解码端则进行相反的处理，恢复原始信号。其原理如图 6.4 所示。图中 $\boldsymbol{x}(n)$ 表示输入语音，$\boldsymbol{d}(n)$ 表示差值信号，$Q[\cdot]$ 表示量化器，$\boldsymbol{c}(n)$ 表示编码后的语音，$\bar{\boldsymbol{x}}(n)$ 表示解码后的语音。

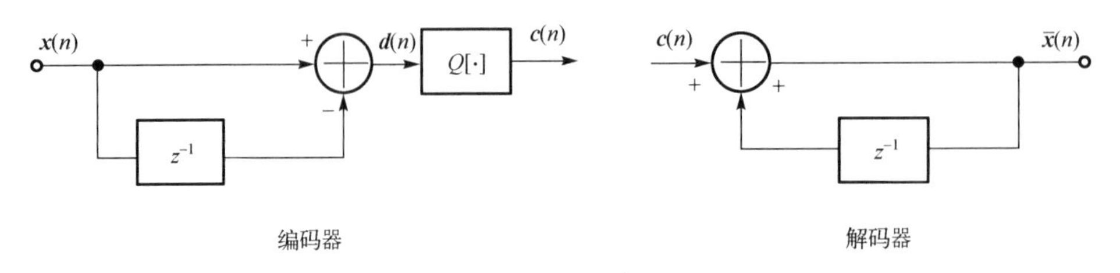

图 6.4　差分脉冲编码原理图

通过对各点信号的时域关系进行 z 变换分析，可以得到式（6.5）和式（6.6）。

$$C(z)=X(z)(1-z^{-1})+E(z) \tag{6.5}$$

$$\bar{X}(z)=\frac{C(z)}{1-z^{-1}}=X(z)+\frac{E(z)}{1-z^{-1}} \tag{6.6}$$

式中，$E(z)$ 表示量化器量化噪声 $\boldsymbol{e}(n)$ 的变换。

由式（6.6）可以看出，量化器所产生的量化噪声会被累积叠加到输出信号中，也就是说，每次的量化噪声信号都会被记录下来，并叠加到下一次的输出中。如果量化噪声一直是同一个方向，那么输出信号会逐渐偏离正常信号。为了解决这个问题，编码器应该使用前一次解码后的采样值来替代前一次的输入采样值，用于生成差分信号。如图 6.5 所示，编码器通过反馈的方式，利用差分编码来重构前一次的采样值。

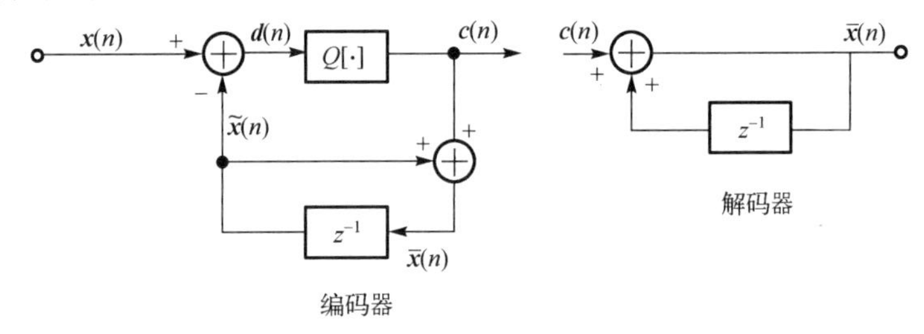

图 6.5　实际差分脉冲编码结构图

在使用图 6.5 所示的结构后，如果一个采样点的量化噪声信号为正，那么重构的采样值 $\bar{\boldsymbol{x}}(n)$ 将大于 $\boldsymbol{x}(n)$。在下一个时刻，由于使用重构的采样值来计算差分，差分信号会变小，从而抵消上一次量化噪声的影响。从 z 变换的角度进行分析也可以得出相同的结论，从 z 变换的角度观察图 6.5 可得式（6.7）。

$$\tilde{X}(z)=\frac{C(z)z^{-1}}{1-z^{-1}} \tag{6.7}$$

编码结果为

$$C(z)=X(z)-\tilde{X}(z)+E(z) \tag{6.8}$$

将式（6.7）代入式（6.8）中得

$$C(z)=(X(z)+E(z))(1-z^{-1}) \tag{6.9}$$

进一步可得

$$\bar{X}(z)+\frac{C(z)}{1-z^{-1}}=X(z)+E(z) \tag{6.10}$$

可以观察到，积累的量化噪声已经被消除。上述方法描述了差分脉冲编码的一种简单形式，它仅利用了相邻采样值之间的相关性。实际上，当前输入的采样值不仅与上一时刻的采样值相关，而且还与前面的若干采样值相关，充分利用这些相关性可以获得更多的编码增益。我们可以利用线性预测分析方法来实现一般形式的差分脉冲编码。根据线性预测分析的原理，可以利用过去的一些采样值的线性组合来预测和推断当前的采样值，并得到一组线性预测系数。预测所产生的误差 $\boldsymbol{e}(n)$ 的动态范围和平均能量都比信号 $\boldsymbol{x}(n)$ 的要小得多。线性预测的阶数越高，预测误差就越小，对应的编码速率也就越低。图 6.6 显示了采用线性预测的差分脉冲编码的一般结构图，图 6.6 中的 $P(z)$ 表示线性预测多项式。

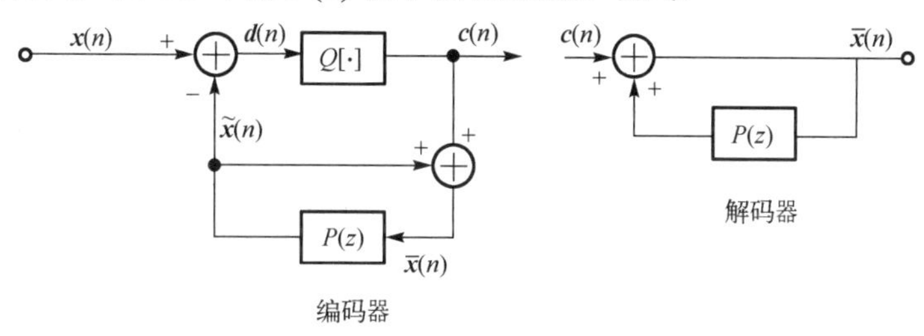

图 6.6　采用线性预测的差分脉冲编码的一般结构图

$P(z)$ 的表达式为

$$P(z)=\sum_{i=1}^{p}a_i z^{-i} \tag{6.11}$$

其中，a_i 为线性预测系数，p 为预测阶数。当线性预测的阶数为 $p=1$ 且 $a_i=1$ 时，即为前文提到的简单形式的差分脉冲编码器。差分脉冲编码器使用差分（预测误差）信号进行编码。由于差分信号的能量远小于原始输入信号的能量，因此量化限幅电平可以设定得更小。在保持量化电平数不变的情况下，差分量化器的量化间隔可以比原始输入信号的量化间隔更小，从而减少了量化噪声。因此，差分编码的信噪比比直接对原始信号进行编码的脉冲编码调制信号高，这就得到了差分增益或预测增益，其值等于原始信号能量和差分信号能量之比。

从另一个角度来说，在保持信噪比不变的情况下，差分编码器可以通过减少量化字长（减少量化电平数）的方式来降低编码速率。分析表明，1 阶预测差分脉冲编码的差分增益为 5dB，可以减少 1bit 的编码长度，即编码速率可以降低到 56kbps。3 阶预测差分脉冲编码可以减少 1.5～2bits 的编码长度，编码速率可以降低到 48kbps。

6.2.2　自适应差分脉冲编码

1. 自适应差分脉冲编码的原理

差分脉冲编码器的编码速率主要取决于其预测精度，即预测误差的大小。在前文中提到的差分脉冲编码中，采用的是固定系数的线性预测器。然而，由于声音信号的非平稳性，固定系数预测器无法保证始终是最佳的预测器，从而导致预测误差的增大。较好的方法是在编码过程中采用自适应技术来动态调整预测器系数。此外，利用自适应量化技术对差分信号进行量化也可以进一步降低编码速率。一般将采用自适应量化和高阶自适应预测的差分脉冲编码称为自适应差分脉冲编码（ADPCM）。

前馈型自适应差分脉冲编码器的原理图如图 6.7 所示。与前文中的差分脉冲编码器相比，两者核心部分是相同的，但 $P(z)$ 的系数受到自适应逻辑的控制。此外，增加了自适应量化的功能。

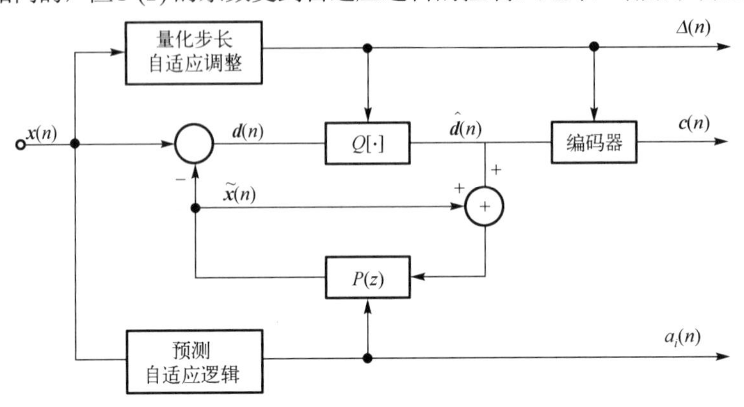

图 6.7　前馈型自适应差分脉冲编码器的原理图

从图 6.7 可以看出，当采用前馈自适应时，编码器的输出包括以下三类信息。

（1）预测误差信号编码码字 $\boldsymbol{c}(n)$ 。

（2）预测器系数 a_i 。

（3）量化间隔 $\Delta(n)$ 或者增益因子 $G(n)$ 。

如果采用反馈自适应的方法，编码器就不需要传送 $\Delta(n)$ 和 $G(n)$ ，而是由解码端根据先前的信号估算得到。

自适应线性预测是以帧为单位进行的，根据当前帧的语音波形的时间相关性确定预测系数，以使预测误差信号的方差最小化。可以使用自相关函数等方法来计算线性预测系数。自适应线性预测又可以分为前向预测和反向预测两种。前向预测使用当前帧的采样值来计算预测值，而反向预测使用反向滤波器来计算预测值。

在自适应差分脉冲编码中，可以使用自适应线性预测来获得预测器系数，并计算出当前帧的预测信号，然后对得到的预测误差信号进行编码。这种方法具有较高的预测精度，并可以实现较低的编码速率，但代价是引入了一帧时间的算法时延。

另一种方法是反向预测，它使用上一帧的样本值来计算预测器系数，并以此预测器计算当前帧的预测信号。反向预测具有没有算法时延的优势，但预测精度较低。

2. G.726 语音编码

ADPCM 是 ITU-T（原 CCITT）在 1988 年制定的国际标准。该标准将 1984 年和 1986 年分别制定的 G.721 和 G.723 ADPCM 标准进行了合并，并删除了这两个旧标准。G.726 标准提供了 4 种不同的数码率选项：40kbps、32kbps、24kbps 和 16kbps。这些选项的语音质量相当于 64kbps 的脉冲编码，并且具有良好的抗误码性能。

G.726 编码器的流程图如图 6.8 所示。编码器的输入是 8 位的 A 律或 μ 律脉冲信号，首先通过转换器转换为 14 位的均匀量化脉冲编码。然后，从线性预测器输出的预测信号 $\boldsymbol{x}_e(n)$ 中减去，得到预测误差信号 $\boldsymbol{d}(n)$，再经过非均匀自适应量化器得到编码信号 $\boldsymbol{c}(n)$ 。编码信号 $\boldsymbol{c}(n)$ 一方面传送给解码器，另一方面输入反向自适应量化器进行 D/A 转换，从而还原得到模拟量化差分信号，用于反馈回路生成重构信号和预测信号。

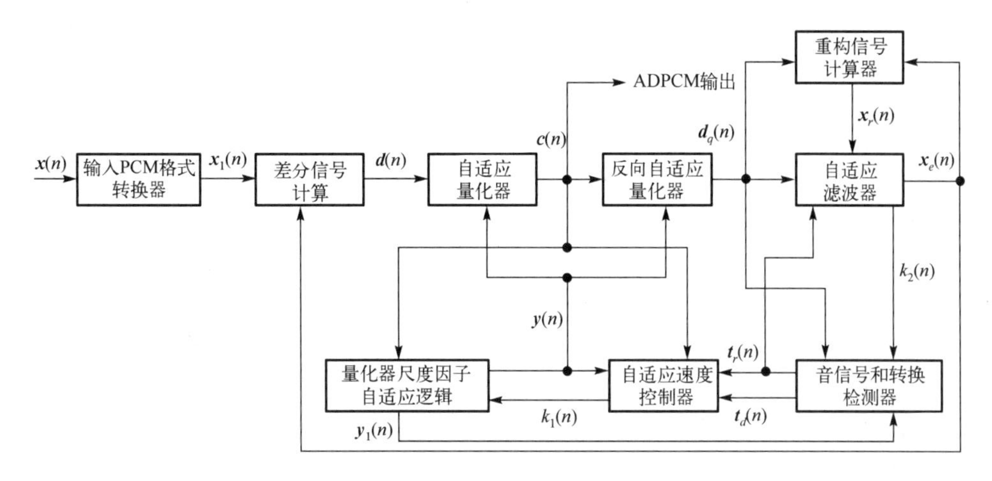

图 6.8 G.726 编码器的流程图

自适应量化器和反向自适应量化器都受尺度因子 $\boldsymbol{y}(n)$ 控制，其量化特性的变化与信号的动态范围相匹配。自适应量化速率控制器采用双模式自适应，对幅度变化较大的声音信号进行快速处理，其尺度因子为 $\boldsymbol{y}_u(n)$；对幅度变化较小的带内数据和信令进行慢速自适应处理，其尺度因子为 $\boldsymbol{y}_1(n)$。总的尺度因子 $\boldsymbol{y}(n)$ 是 $\boldsymbol{y}_u(n)$ 和 $\boldsymbol{y}_1(n)$ 的线性组合，即

$$\boldsymbol{y}(n)=k_1(n)\boldsymbol{y}_u(n-1)+[1-k_1(n)]\boldsymbol{y}_1(n-1) \tag{6.12}$$

其中，$k_1(n)$ 是自适应控制参数，取值范围为 0～1，由自适应速率控制器根据差分信号的变化率确定。对于语音数据，$k_1(n)$ 趋近于 1；对于带内数据或信令，$k_1(n)$ 趋近于 0。$\boldsymbol{t}_r(n)$ 和 $\boldsymbol{t}_d(n)$ 是声音信号检测信号，由声音信号和转换检测器生成，用于自适应控制模块中的模式转换。

自适应预测器用一个二阶全极点滤波器和一个六阶全零点滤波器实现用量化差分信号 $\boldsymbol{d}_q(n)$ 计算预测信号 $\boldsymbol{x}_e(n)$。G.726 采用反馈型自适应和反向预测的方法，编码中仅包括预测误差信号的编码，不包含预测系数、自适应量化器的量化间隔或增益因子等参数。G.726 解码器的流程图如图 6.9 所示，其中同步编码调整模块的作用是防止在同步级联情况下产生累积失真，调整 PCM 输出编码以消除后续 ADPCM 级的量化失真。

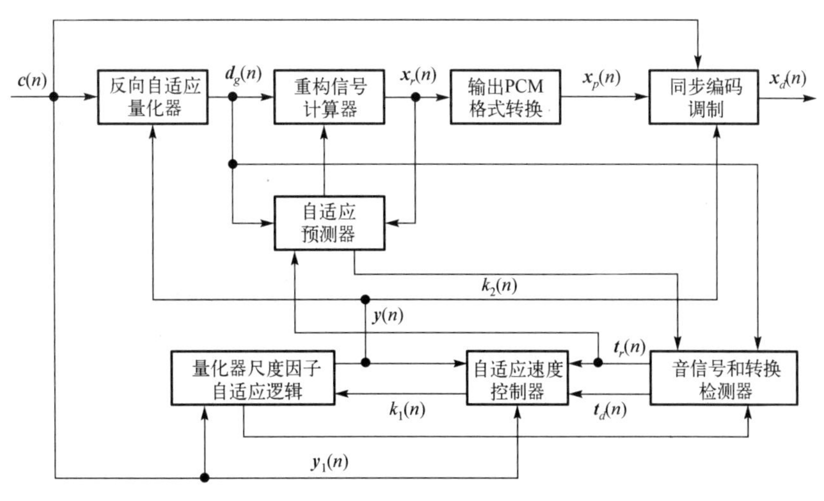

图 6.9 G.726 解码器的流程图

3. 长时预测和噪声整形

通过在 ADPCM 系统中引入长时预测和噪声整形机制，可以进一步改善编码质量。在 ADPCM 中，线性预测器利用之前相邻若干样本的采样值来预测当前样本的采样值，这被称为短时预测。实际上，对于短时预测所得到的预测误差信号，我们可以再次进行长时预测，得到功率更小的差分信号，从而获得更高的编码增益。浊音信号是准周期信号，其周期相当于基音周期，因此相邻周期的样本之间具有很大的相关性。经过短时预测后，预测误差序列仍然保持着这种相关性，显示出明显的周期性。利用这种周期性再次进行预测，可以进一步减小预测误差的功率，从而提高编码效果。同时，通过噪声整形机制，可以对误差信号进行一定的平滑处理，进一步减小编码中的噪声成分，提高音频质量。长时预测和噪声整形机制的引入使得 ADPCM 系统能够更好地适应信号的特性，提供更高的编码效率和音频还原质量。

其中，利用浊音信号的周期性进行预测的预测器函数为

$$P(z) = \beta z^{-D} \tag{6.13}$$

在基于周期性的预测中，预测系数为 β，基音周期为 D。这意味着我们使用前一个基音周期的采样值来预测当前周期的采样值。利用这种方式，通过预测信号计算得到的差分信号会因去除了周期性而具有较低的功率，从而可以进一步压缩量化字长。为了与短时预测的概念区分开，我们通常将基于基音周期的预测称为长时预测。

在语音编码中，量化器会产生量化噪声，这是不可避免的。这种量化噪声可以近似看成高斯白噪声，即噪声谱是平坦的。然而，由于人耳在整个频谱上的听觉灵敏度并不均匀分布，因此方差最小的量化噪声信号并不一定会被人耳感知为最小的噪声。如果我们能够对噪声谱进行整形，使其在人耳感觉灵敏的频段内噪声能量较低，并在人耳不灵敏的频段内噪声能量较高，无疑会使噪声更不容易被察觉，从而提高语音质量。噪声整形的工作原理如图 6.10 所示。

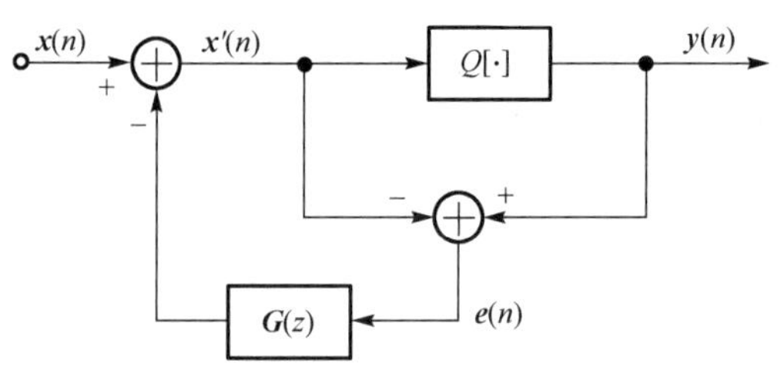

图 6.10 噪声整形的工作原理图

量化噪声可以通过噪声整形滤波器 $\boldsymbol{G}(z)$ 进行负反馈处理。设 $\boldsymbol{E}(z)$ 为整形前的量化误差 $\boldsymbol{e}(n)$ 的 z 变换，$\boldsymbol{E}'(z)$ 为整形后的量化误差。量化器的输出可以表示为

$$\boldsymbol{Y}(z) = \boldsymbol{X}'(z) + \boldsymbol{E}(z) = \boldsymbol{X}(z) - \boldsymbol{E}(z)\boldsymbol{G}(z) + \boldsymbol{E}(z) \tag{6.14}$$

$$\boldsymbol{E}'(z) = [1 - \boldsymbol{G}(z)]\boldsymbol{E}(z) \tag{6.15}$$

量化噪声可以通过噪声整形滤波器 $\boldsymbol{G}(z)$ 进行负反馈处理。按照$[1-\boldsymbol{G}(z)]$的频谱调整 $\boldsymbol{E}(z)$，得到整形后的量化误差的频谱。噪声整形技术的关键在于选择合适的噪声整形滤波器 $\boldsymbol{G}(z)$，以获得较小的噪声谱。以下介绍了三种常用的选取 $\boldsymbol{G}(z)$ 的方法。

（1）利用人耳的听觉掩蔽效应，使噪声谱的包络形状跟随语音频谱的包络变化，将量化噪声的能量集中在信号的高能量区域，如共振峰处。通过声音信号来掩盖噪声，获得更好的主观听觉效果。

（2）对噪声谱进行整形使其符合人耳的听觉灵敏度曲线，将噪声能量集中在听觉不敏感的区域内。国际标准化组织认可的人耳听觉灵敏度曲线包括 E-计权曲线、F-计权曲线等。

（3）通过对量化噪声进行低频衰减和高频提升，将大部分量化噪声转移到信号频带以外，从而提高量化信号的信噪比。这可以通过降低量化噪声在低频区域的能量，同时提升在高频区域的能量来实现。

6.3　增量调制

6.3.1　增量调制原理

增量调制（Delta Modulation，DM）是差分脉冲编码调制的一种特殊形式。根据采样定理，采样频率必须高于奈奎斯特频率。当系统的采样频率远高于奈奎斯特频率时，相邻采样值之间的相关性会变得非常强，差分信号的幅值会在一个很小的动态范围内变化，因此可以用正负两个固定的电平来表示差分信号。在增量调制中，仅使用一个比特来量化差分信号，即只需指示极性。所采用的固定电平值被称为量化阶梯。在接收端，通过上升和下降的阶梯波形来逼近声音信号。

基本的增量调制使用固定的量化阶梯。当差分信号的幅值大于某个阈值时，量化为 0；当差分信号的幅值小于某个阈值时，量化为 1；当差分信号的绝对值小于某个阈值时，可以选择 0 或 1。通常应让 0 和 1 交替出现。选择适当的阈值需要考虑两个因素：一方面，如果阈值选择得太小，那么当声音急剧变化时会产生较大的误差；另一方面，如果阈值选择得太大，那么会产生较大的量化误差。因此，选择适当的阈值是一个需要权衡的问题。

6.3.2　自适应增量调制原理

然而，使用固定阈值会导致一些问题，其中包括斜率过载失真和颗粒噪声。斜率过载失真是指固定阈值导致声音信号的陡峭变化部分被截断或失真。声音信号中的瞬时变化通常包含了重要的语音信息，而固定阈值可能无法适应这些变化。因此，当声音信号的斜率超过固定阈值时，会出现斜率过载失真，导致信号的动态范围受限，使得重要的语音细节丢失或变形。固定阈值还可能导致颗粒噪声问题。颗粒噪声是指当固定阈值应用于声音信号时，信号被量化为离散级别，并产生离散的量化误差。这些误差通常以颗粒状的噪声形式存在于输出信号中。由于固定阈值在整个信号中保持不变，因此颗粒噪声的分布也相对固定，这可能会在编码后产生噪声感知的问题。为了解决固定阈值所导致的斜率过载失真和颗粒噪声问题，可以采用自适应增量调制（Adaptive Delta Modulation，ADM）技术。自适应增量调制的基本原理是根据信号的平均斜率来调整阈值，当斜率较大时，阈值自动增大；相反，当斜率较小时，阈值自动减小。这样，阈值可以自适应地跟随输入波形的变化，从而将斜率过载失真和颗粒噪声降至最小。自适应增量调制通常采用反馈自适应的方式，以避免发送额外信息。

具体来说，自适应增量调制可以通过不同的自适应算法来调整阈值，以更好地适应信号的动态特性。以下是 4 种常见的自适应调整阈值的方法。

（1）自适应阈值调整算法：自适应阈值调整算法根据编码误差来动态调整阈值的大小。编码误差是预测值与实际值之间的差异。当编码误差较大时，表示预测不准确，此时可以增大阈值以适应更大的变化。

（2）双阈值调整算法：双阈值调整算法使用两个阈值来进行自适应调整。一个阈值用于增加阈值，另一个阈值用于减小阈值。当编码误差超过增加阈值时，阈值会增加一定的步长。当编码误差低于减小阈值时，阈值会减小一定的步长。这样可以根据信号的动态范围自适应地调整阈值。

（3）变速自适应算法：变速自适应算法通过观察信号的变化速度来调整阈值。如果信号变化较快，阈值会相应地增加，以适应大幅度的变化。如果信号变化较慢，阈值会减小，以提高编码精度。

（4）统计自适应算法：统计自适应算法通过对信号进行统计分析来调整阈值。可以使用均值、方差、自相关函数等统计量来判断信号的动态特性，并根据统计结果来自适应地调整阈值。

以上仅是一些常见的自适应调整阈值的方法，实际应用中还可以根据具体情况设计更加复杂和精细的自适应算法。自适应增量调制通过动态调整阈值可以更好地适应信号的变化，提高编码效率和声音质量。

通过自适应调整阈值，自适应增量调制能够更好地适应信号的动态范围和变化特性，从而提供更好的信号质量和音频重建效果。

6.4　基于线性预测编码的声码器

在声音信号分析中，可以应用信号模型化的方法。通过一个数字滤波器 $H(z)$，用有限个参数来逼近信号模型常用的为自回归信号模型（AR 模型），此时，$H(z)$ 为一个含递归结构的全极点模型，即

$$H(z)=\frac{G}{1-\sum_{i=1}^{p}a_i z^{-i}}=\frac{G}{A(z)} \tag{6.16}$$

其中，$A(z)$ 为逆滤波器。设 $A(z)$ 的输入和输出分别为 $s(n)$ 和 $e(n)$，则有

$$e(n)=s(n)-\hat{s}(n)=s(n)-\sum_{i=1}^{n}a_i s(n-i) \tag{6.17}$$

可以看出，线性预测分析的过程就是求解预测系数 a_i，使得均方误差 $E\left[e(n)\right]^2$ 最小。

6.4.1　LPC-10 声码器

LPC-10 是一种 10bits 的线性预测编码声码器，用于将声音信号进行压缩和编码，常用于低比特率的语音通信和存储应用。

6.4.1.1 LPC-10 发端

如图 6.11 所示，原始语音输入经过低通滤波器后，输入 A/D 变换器，然后每 180 个样点分为一帧，以帧为处理单元，提取语音特征参数并且编码传送。分两个支路同时进行，一个支路用于提取基音周期和清浊音校正，另一个支路用于提取声道参数。

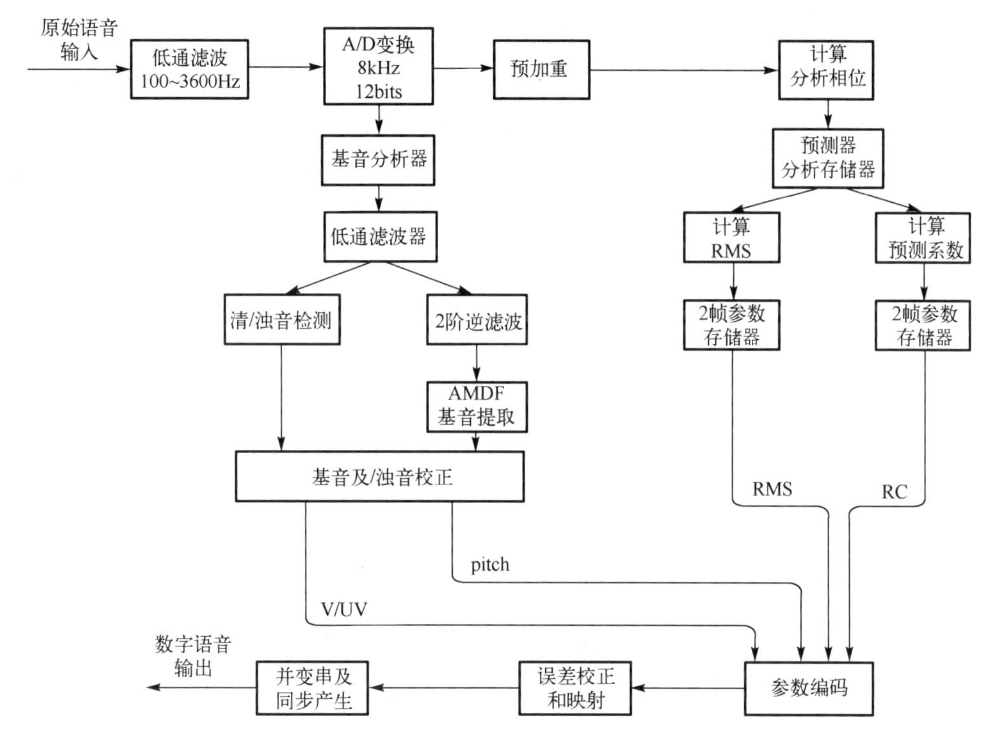

图 6.11 LPC-10 发端编码器框图

在提取基音周期和清浊音校正支路中，使用**平均幅度差函数**（Average Magnitude Different Function，AMDF）计算基音周期，经过平滑、校正得到该帧的基音周期。与此同时，对低通滤波后输出的数字语音进行清浊音标记。

在提取声道参数支路中，先进行预加重处理，预加重滤波器的传输函数为

$$H_{pw}(z)=1-0.9375z^{-1} \tag{6.18}$$

声道滤波参数 RC 和增益 RMS 用准基因同步相位法计算。

计算声道滤波器参数 RC：采用 10 阶线性预测分析滤波器，利用协方差法对 LP 逆滤波器计算预测系数 $\{a_i\}(i=1,2,\cdots,P)$，然后转换为反射系数 RC，或部分相关系数 PARCOR 来代替预测系数进行量化编码。LPC 分析采用“半基音同步”算法，即浊音帧的分析帧取 130 个样本以内的基音周期整数倍来计算 RC 和 RMS，清音帧则取以长度为 22.5 的整帧中点为中心的 130 个样本形成分析帧来计算 RC 和 RMS。

计算增益 RMS：用式（6.19）计算 RMS。

$$\mathrm{RMS}=\sqrt{\frac{1}{M}\sum_{i=1}^{M}x^2(i)} \tag{6.19}$$

其中，$x(i)$ 为经过预加重的数字语音，M 为分析帧的长度。

提取基音周期：输入语音经 3dB 截止频率为 800Hz 的 4 阶 Butterworth 低通滤波器，滤波后信号再经二阶逆滤波。采样频率降低至原来的 1/4，再计算延迟时间为 20～156 个样点的 AMDF，由 AMDF 的最小值确定基因周期。计算 AMDF 的公式为

$$\text{AMDF}(\tau)=\sum_{m=1}^{130,4}\left|S_m - S_{m+\tau}\right| \tag{6.20}$$

清/浊音判决：是利用模式匹配技术，基于低带能量、平均幅度差函数 AMDF 函数最大值与最小值之比、过零率做出的。对于基因值、清/浊音判决结果用动态规划算法：在 3 帧范围内进行平滑和错误校正，从而给出当前帧的基音周期、清/浊音判决参数。每帧清/浊音判决结果用两位码表示 4 种状态：00 表示稳定的清音；01 表示清音转浊音；10 表示浊音转清音；11 表示稳定的浊音。

6.4.1.2 LPC-10 参数编码

在 LPC-10 传输数据流中，将 10 个 PARCOR 系数、增益 RMS、基音周期 Pitch、清/浊音 V/U、同步信号 Sync。表 6.1 是浊音帧和清音帧的比特分配。

1. *反射系数的编码、解码*

用对数面积比 g_i 表示 PARCOR 系数 k_i 方法编码，其关系为

$$g_i = \lg\frac{1+K_i}{1-K_i},\quad i=1,2,\cdots,P \tag{6.21}$$

表 6.1 浊音帧和清音帧的比特分配

内容	浊音	清音	内容	浊音	清音
Pitch/Voicing	7	7	k(6)	4	
RMS	5	5	k(7)	4	
Sync	1	1	k(8)	4	
k(1)	5	5	k(9)	3	
k(2)	5	5	k(10)	2	
k(3)	5	5		54	33
k(4)	5	5	误差校正	0	20
k(5)	4				

再查表量化。

编码方法如下。

（1）符号转换：对于浊音，k_i 被向+1 偏置。

（2）k_1 和 k_2 作对数面积比后，查表 6.2 编码。

（3）浊音帧：$k_3 \sim k_{10}$ 分别乘以 2^{14}，然后根据表 6.3 减去各自的偏置值，再分别乘表 6.4 中各自的比例因子并量化为 7bits，其中最高位为符号位，最后根据表 6.2 的比特分配数削去多余的比特数。

解码方法如下。

（1）浊音帧：用表 6.5 对接收的 k_1 和 k_2 解码，对 $k_3 \sim k_{10}$ 加一个量化偏置以补偿量化的影

响，然后发送端相反的相应操作取偏置和去比例因子。根据 k_1 和 k_2 的征服给予符号标志，负数取 1，正数取 0；对 k_1 和 k_2 的绝对值除以 2^9，若大于或等于 63，则取 63，否则取原值。查表 6.2 得 4bits 码字再附上符号位，得 5bits 码为编码输出。$k_3 \sim k_{10}$ 取整后除以 2，然后根据表 6.3 加上各自的偏置值，再分别乘表 6.4 中各自的比例因子的 2 倍后取整（其值在−127～127 内），用 8 减去按表 6.1 分配的比特数的位数右移，剩下的比特数即编码输出，其中含 1 位符号位。

表 6.2　对数面积比编码

对数面积比	编码	对数面积比	编码	对数面积比	编码	对数面积比	编码
0-5	0	27-33	4	79-52	8	60	12
6-12	1	34-38	5	53-55	3	61	13
13-19	2	39-43	6	56-57	10	62	14
20-26	3	44-48	7	58-59	11	63	15

表 6.3　PARCOR 参数的配置表

参数	K(3)	K(4)	K(5)	K(6)	K(7)	K(8)	K(9)	K(10)
偏置	−1152	+2816	+1536	+3584	+1280	+2432	-768	+1920

表 6.4　PARCOR 参数的比例因子

参数	K(3)	K(4)	K(5)	K(6)	K(7)	(8)	K(9)	K(10)
比例因子	0.0056	0.0063	0.0068	0.0072	0.0074	0.0073	0.0084	0.0102

表 6.5　对数面积解码表

编码	对数面积比	编码	对数面积比	编码	对数面积比	编码	对数面积比	编码	对数面积比
0	2	6	23	13	43	19	55	25	60
1	6	7	27	14	46	20	57	27	61
2	9	8	30	15	48	21	58	28	62
3	13	9	33	16	50	22	59	30	63
4	16	10	36	17	52	23	59	31	63
5	19	11	39	18	54	24	60		

（2）对于非浊音帧：仅发送 $k_1 \sim k_4$，用（8,4）哈明码检错、纠错。设 4 位信息码为 $m = m_0 m_1 m_2 m_3$，发送码字 $v = v_0 v_1 v_2 v_3 v_4 v_5 v_6 v_7$，则编码方程为

$$
\begin{cases}
v_0 = m_0, v_4 = m_0 \oplus m_1 \oplus m_2 \\
v_1 = m_1, v_5 = m_0 \oplus m_1 \oplus m_3 \\
v_2 = m_2, v_6 = m_0 \oplus m_2 \oplus m_3 \\
v_3 = m_3, v_7 = m_1 \oplus m_2 \oplus m_3
\end{cases}
\tag{6.22}
$$

2. RMS 的编码、解码

RMS 用查表法进行编码、解码。

用对分法查表，在表 6.6 内找到序号后，序号 l 除以 2 即为发送比特，计算公式为

$$l = 20(\log \text{RMS} - \log 2) / 0.773 \tag{6.23}$$

表 6.6 RMS 编码表

序号	RSM 值	序号	RSM 值	序号	RSM 值	序号	RSM 值	序号	RSM 值	序号	RSM 值	序号	RSM 值	序号	RSM 值
0	0	8	4	16	8	24	16	32	32	40	66	48	135	56	275
1	0	9	4	17	8	25	17	33	35	41	72	49	147	57	300
2	1	10	5	18	9	26	19	34	39	42	79	50	164	58	328
3	1	11	5	19	10	27	21	35	42	43	86	51	176	59	359
4	2	12	6	20	11	28	23	36	46	44	94	52	192	60	392
5	2	13	6	21	12	29	25	37	51	45	103	53	210	61	428
6	3	14	7	22	13	30	27	38	55	46	113	54	230	62	468
7	3	15	7	23	15	31	30	39	60	47	123	55	251	63	512

3. 基音、清/浊音的编码、解码

编码方法：按照表 6.7，60 个基音值用码字重量 3 或 4 的 7 bits Gray 码编码，清音/过渡帧用矢量 0000000/1111111 表示。

表 6.7 基音周期编码表

Gray 码	十进制值	Pitch	Gray 码	十进制值	Pitch	Gray 码	十进制值	Pitch
0010011	19	20	0110101	53	40	1001101	77	80
0001011	11	21	0110001	49	42	1001001	73	84
0011011	27	22	0110011	51	44	1001011	75	88
0011001	25	23	0110010	50	46	1001010	74	92
0011101	29	24	0110110	54	48	1001110	78	98
0010101	21	25	0110100	52	50	1000110	70	100
0010111	23	26	0111100	60	52	1000111	71	104
0010110	22	27	0111000	56	54	1000011	67	108
0011110	30	28	0111010	58	56	1100011	99	112
0001110	14	29	0011010	26	58	1100001	97	116
0001111	15	30	1011010	90	60	1110001	113	120
0000111	7	31	1011000	88	62	1110000	112	124
0100111	39	32	1011100	92	64	1110010	114	128
0100110	38	33	1010100	84	66	1100010	98	132
0101110	46	34	1010110	86	68	1101010	106	136
0101010	42	35	1010010	82	70	1101000	104	140
0101011	43	36	1010011	83	72	1101100	108	144
0101001	41	37	1010001	81	74	1100100	100	148
0101101	45	38	1010101	85	76	1100101	101	152
0100101	37	39	1000101	69	78	1001100	76	156

解码方法：若码字重量为 3 或 4，按照表 6.7 解码；若码字重量为 0 或 1 时，则判定接收帧为清音帧；若码字重量为 7 或 6，则判定接收帧为过渡帧；若码字重量为 2 或 5，则判定接收帧为无效帧；最后按照表 6.8 的比特顺序，组成发送比特流发往线路。

表 6.8　发送比特流

bit	浊音	清音	bit	浊音	清音	bit	浊音	清音	bit	浊音	清音
1	K(1),0	同左	15	T,2	同左	29	K(7),0	K(3),5	43	K(5),2	K(1),7
2	K(2),0	同左	16	K(4),1	同左	30	K(8),0	R,5	44	K(6),2	K(2),7
3	K(3),0	同左	17	K(1),3	同左	31	T,4	同左	45	K(10),1	D/c
4	T,0	同左	18	K(2),2	同左	32	K(4),4	同左	46	K(8),2	R,7
5	R,0	同左	19	K(3),3	同左	33	K(5),0	K(1),5	47	T,6	同左
6	K(1),1	同左	20	K(4),2	同左	34	K(6),0	K(2),5	48	K(9),1	K(4),7
7	K(2),1	同左	21	R,3	同左	35	K(7),1	K(3),6	49	K(5),3	K(1),8
8	K(3),1	同左	22	K(1),4	同左	36	K(10),0	K(4),5	50	K(6),3	K(2),8
9	T,1	同左	23	K(2),3	同左	37	K(8),1	R,6	51	K(7),3	K(3),8
10	R,1	同左	24	K(3),4	同左	38	K(5),1	K(1),6	52	K(9),2	K(4),8
11	K(1),2	同左	25	K(4),3	同左	39	K(6),1	K(2),6	53	K(8),3	R,8
12	K(4),2	同左	26	R,4	同左	40	K(7),2	K(3),7	54	sync	同左
13	K(3),2	同左	27	T,3	同左	41	K(9),0	K(4),6			
14	R,2	同左	28	K(2),4	同左	42	T,5	同左			

6.4.1.3　LPC-10 收端

解码参数结果延时一帧输出，输出数据在过去帧、当前帧和将来帧内平滑。每帧只传输一组参数，但一帧内可有不止一个基音周期，因此，要进行由帧块到基音块的转换和插值。

1. 参数插值原则

（1）对数面积比参数值每帧插值两次。

（2）RMS 参数值在对数域进行基音同步插值。

（3）基音参数值用基音同步的线性插值。

（4）在浊音和清音过渡时对数面积比不插值。

2. 激励源

（1）清音帧用随机数作为激励源。

（2）浊音帧用周期性冲击序列通过一个全通滤波器来生成激励源。

（3）语音合成滤波器输入激励源的幅度保持恒定不变，输出幅度受 RMS 参数加权。

3. 语音合成

（1）用 Levinson 递推算法将反射系数变换成预测系数。

（2）收端合成器应用直接型递归滤波器合成语音。

（3）对其输出进行幅度校正、去加重，并变换为模拟信号，最后经 3600Hz 的低通滤波器后输出模拟语音，如图 6.12 所示。

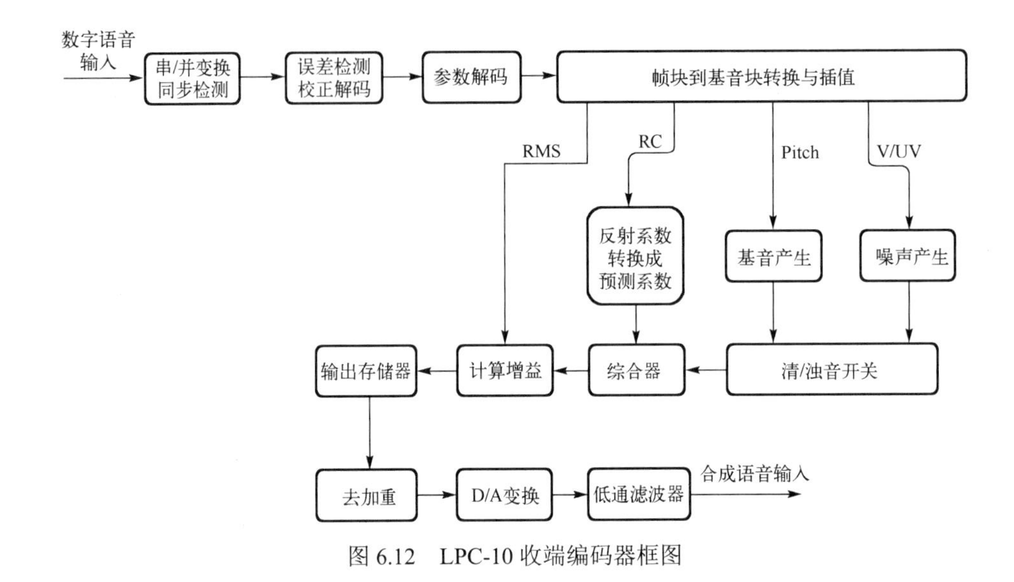

图 6.12　LPC-10 收端编码器框图

6.4.2　码激励线性预测编码

码激励线性预测（Code Excited Linear Prediction，CELP）编码技术是一种有效的中低速率语音压缩编码技术，采用分帧技术进行编码。CELP 以码本作为激励源，从码本中搜索出来的最佳码矢量乘以最佳增益，代替 LP 余量信号作为激励信源。CELP 具有速率低、合成语音质量高、抗噪性强及多次音频转接性能良好等优点。

6.4.2.1　CELP 模型

基于合成分析过程的 CELP 语音编码模型如图 6.13 所示。为了获得与原始声音信号的最佳匹配，CELP 编码模型需要频繁地修正时变滤波器参数和激励参数。系统的分析过程是按帧分序进行的，即首先确定时变滤波器的参数，然后确定激励参数。分析帧的长度和修正速率决定了编码方案的比特率。

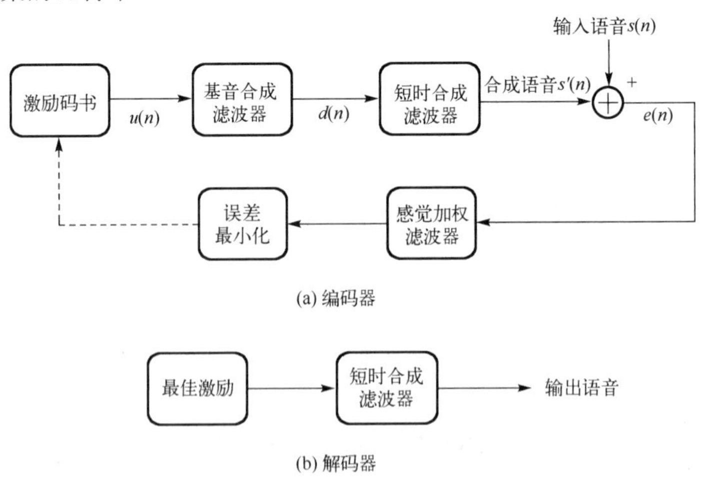

图 6.13　基于合成分析过程的 CELP 语音编码模型

此编码方案的基本步骤如下。

（1）初始化短时合成滤波器和基音合成滤波器的历史（通常初始化为零值或低电平随机噪声）。

（2）缓存一帧声音信号，然后对这帧声音信号进行线性预测，确定一组 LPA 系数。

（3）利用已经确定的 LPA 系数和线性预测误差滤波器 $A(z)$，计算未量化的残差信号。

（4）为了有效地确定激励参数，将 LPA 帧分为几个子帧。

（5）对于每个子帧，首先用开环方法或闭环方法确定基音预测器参数，则将基音合成滤波器和短时合成滤波器组合在一起形成一个级联的滤波器。其次，用激励码书中的某一矢量去激励这个级联滤波器，得到合成语音，再计算合成语音和原始语音之间的误差，经感觉特性进行加权后，选取均方误差最小的激励矢量作为最佳矢量。

（6）借助于滤波器的初始记忆内容，将最佳激励信号通过级联滤波器产生合成语音。

（7）对于每个子帧重复第（2）～（6）步。

在上述模型中，激励参数优化没有使用普通的均方误差最小准则，而利用感知加权均方误差最小准则。

根据模型分析可得，可以将合成激励看作两个激励的叠加：一个来自 $u(n)$，用固定码书表示；另一个激励信号来自过去的合成激励 $d(n-M)$，用自适应码书表示。从两个码书中搜索出来的最佳码矢量乘各自的最佳增益后相加，其和即 CELP 激励信号源。自适应码书和固定码书的搜索过程在本质上是一致的，为了减小计算量，一般采用两级码书顺序搜索的方法。第一级自适应码书的搜索目标是加权 LP 余量信号，第二级固定码书的搜索目标是第一级搜索的目标矢量减去自适应码本搜索得到的最佳码矢量激励综合加权滤波器的结果。两级码书结构的 CELP 语音编解码模型的原理如图 6.14 所示。

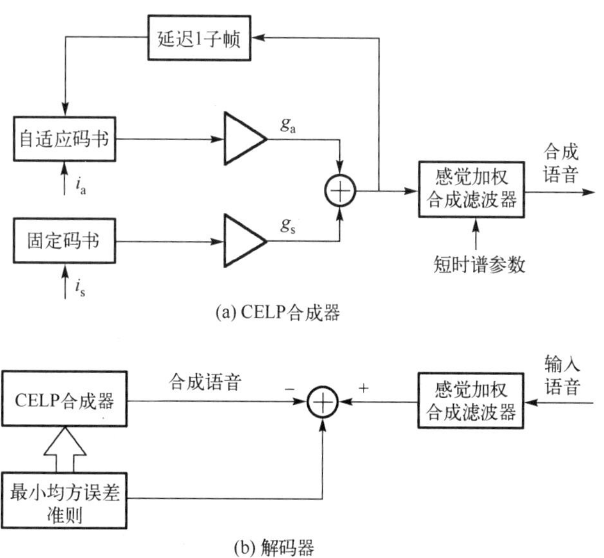

图 6.14　两级码书结构的 CELP 语音编解码模型的原理

6.4.2.2　CELP 语音编码器实例

1. FS1013 4.8 kbps CELP

FS1013 4.8 kbps CELP 是近几十年来最成功的语音编码，它用线性预测提取声道参数，用一个包含许多典型的激励矢量的码书作为激励参数，每次编码时都在这个码书中搜索一个最佳的激励矢量，这个激励矢量的编码值就是这个序列的码书中的序号。由于 FS1013 4.8 kbps CELP 引入了矢量量化，其激励来自一个码书，因此其复杂度较高，但它能在 4.8 kbps 以上的码率获得较高质量的语音。它的技术已被许多语音编码标准所采用。

图 6.15 给出了 FS1013 4.8 kbps CELP 的编解码器原理框图。表 6.9 给出了其比特分配情况。

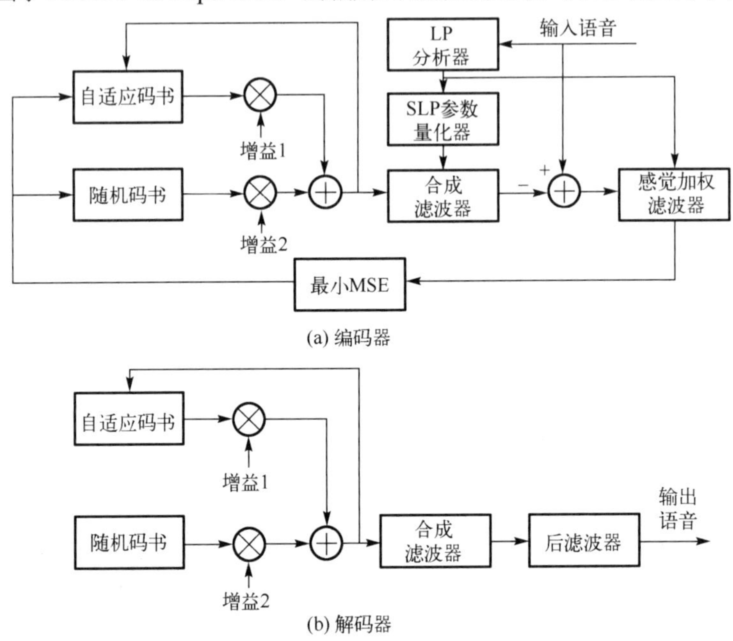

(a) 编码器

(b) 解码器

图 6.15 FS1013 4.8 kbps CELP 语音编解码模型

表 6.9 FS1013 4.8 kbps CELP 比特分配

参数	bit/每帧
LFS 参数	34（3，4，4，4，4，3，3，3，3，3）
自适应码书序号	8+6+8+6
自适应码书增益	5×4
固定随机码书序号	9×4
固定随机码书增益	5×4
比特率	138
剩余 6bit/帧	同步：1bit/帧，前向纠错：4bit/帧，未来扩展：1bit/帧

2. G.728 16 kbps LD-CELP

G.728 16 kbps 低时延码激励线性预测编码是世界上第一个标准化参数语音。这种算法以 CELP 算法为基础，采用后向自适应线性预测、50 阶合成滤波和短激励矢量等改进方法，达到了低时延的目的。G.728 16 kbps LD-CELP 短时延的要求决定了方案必须采用后向自适应方法，即从已处理的声音信号中提取自适应参数。图 6.16 给出了 LD-CELP 方案的编解码器原理框图。

3. IS54 8 kbps VSELP

矢量和激励线性预测编码是 CELP 算法的一个特例。这种算法采用三个码书作为激励信号，其中两个是随机码书，一个为自适应码书，最终的激励为三个激励矢量的和。TIA/EIA 选择 8 kbps VSELP 算法作为北美 TDMA 数字移动电话语音编码标准，它是过渡标准 IS54 的一部分。

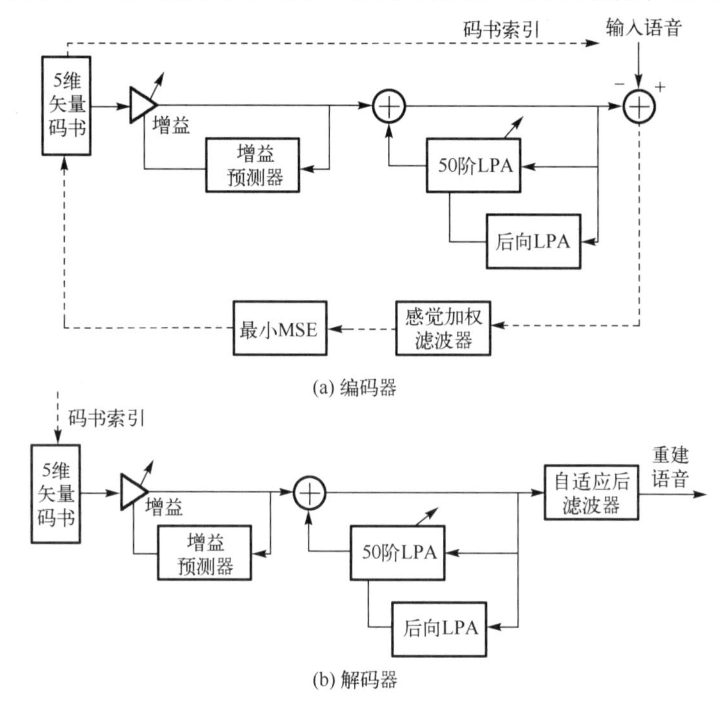

图 6.16　G.728 16 kbps LD-CELP 语音编解码模型

图 6.17 给出了 IS54 8 kbps VSELP 的编解码器工作原理框图。表 6.10 给出了其编码比特分配。

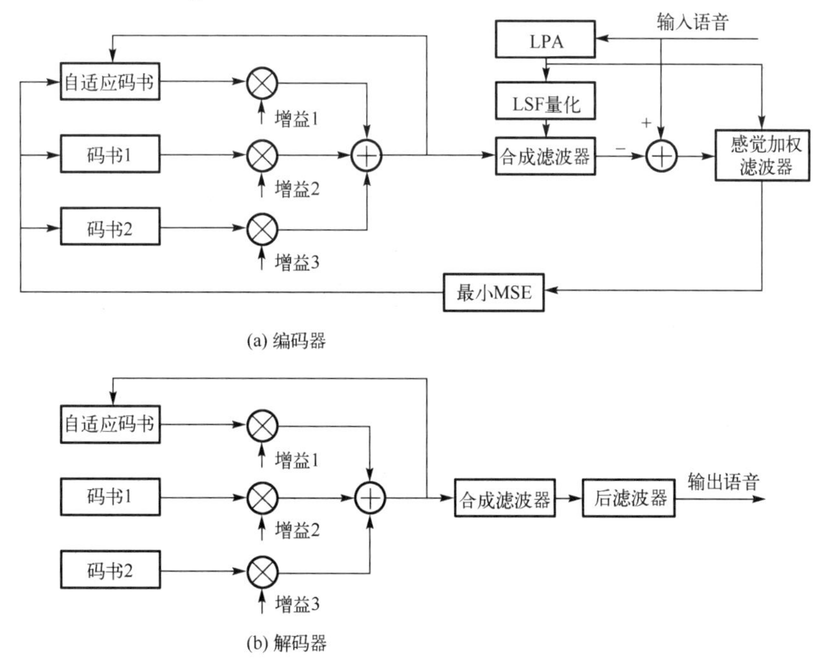

图 6.17　IS54 8 kbps VSELP 语音编解码模型

表 6.10 IS54 8 kbps VSELP 编码方案比特分配

参数	bit/帧
10 个 LPA 参数	38
平均帧能量	5
激励矢量标号	(7+7+7) ×4=84
激励矢量增益标号	8×4=32
保留	1
比特率	160

4. JDC 3.6 kbps PSI-CELP

这个编码器被 RCR 标准化，目的是使日本 TDMA 个人数字移动系统的容量增加一倍。基音同步更新码激励线性预测在传统 CELP 的基础上对激励做进一步改进。图 6.18 给出了 JDC 3.6 kbps PSI-CELP 编码器原理框图，表 6.11 给出了编码比特分配。

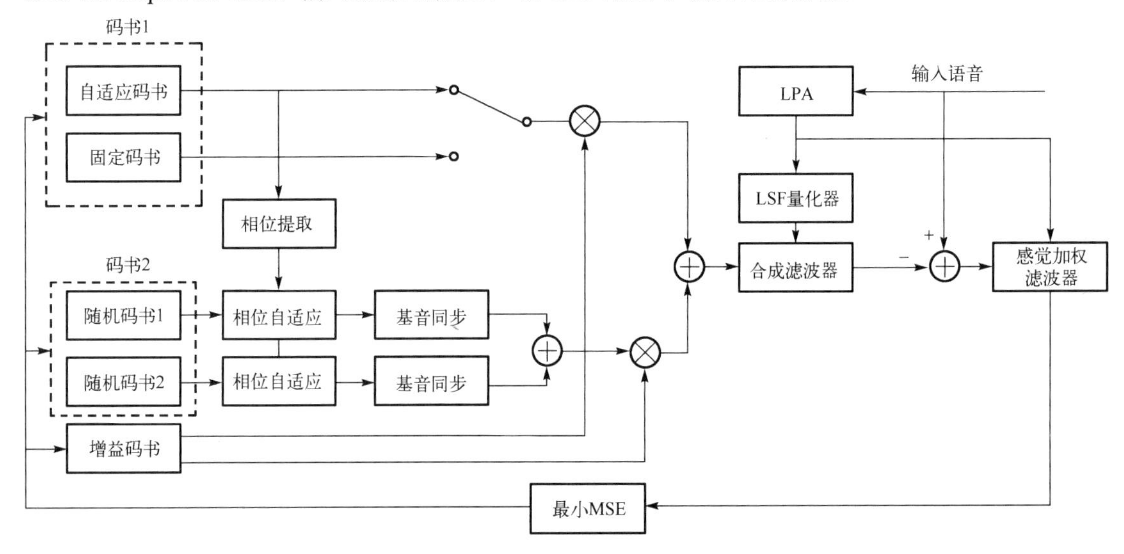

图 6.18 JDC 3.6 kbps PSI-CELP 语音编码模型

表 6.11 JDC 3.6 kbps PSI-CELP 编码方案比特分配

参数	bit/每帧
10 个 LSF 参数	30
绝对能量	6
码书 1 标号	8×4=32
码书 2 标号	12×4=48
增益码书	7×4=28
比特率	144

5. G.729 8 kbps CS-ACELP

8 kbps 共轭结构一代数码激励线性预测编码语音编码是基于 CELP 编码模型的。图 6.19 给出了 G.729 8 kbps CS-ACELP 的编解码器工作原理框图。表 6.12 给出了其编码比特分配。

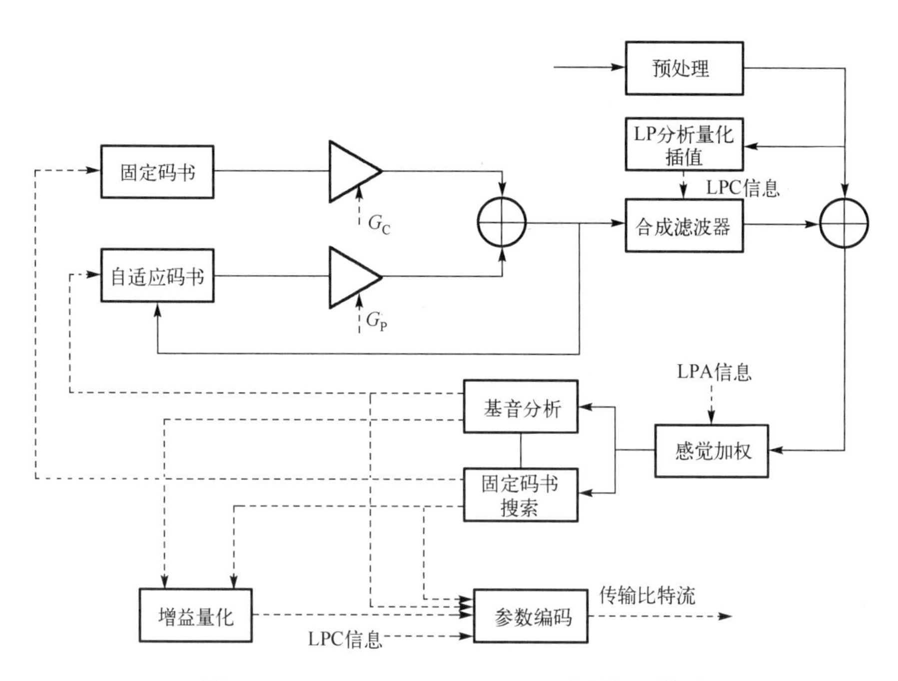

图 6.19　G.729 8 kbps CS-ACELP 语音编解码模型

表 6.12　G.729 8 kbps CS-ACELP 编码方案比特分配

参数	帧比特数
LSF	18
自适应码书延迟	13
基音延迟奇偶检验	1（第一子帧）
固定码书索引	13+13=26
固定码本符号	4+4=8
增益码书（第一级）	3+3=6
增益码书（第二级）	4+4=8
总数	80

练　习　题

1. 请简要说明语音编码的目标是什么。
2. 请简要说明语音编码可以根据编码方法的不同分为哪几类。
3. 请简要说明均匀量化 PCM 的步骤有哪些，能否用代码实现。
4. 请简要分析均匀量化 PCM 的量化误差与哪些因素有关。
5. 请简要说明非均匀量化 PCM 的原理。
6. 请简要分析与均匀量化相比，非均匀量化有哪些优点和缺点。
7. 请简要说明差分脉冲编码的原理。
8. 请简要分析差分脉冲编码有哪些优点。
9. 请简要分析与增量调制相比，自适应增量调制有哪些优点。

10．在实施 LPC 分析之前为什么要进行预加重？

11．反射系数与部分相关系数有什么关系？

12．为什么利用 LAR 方法进行 PARCOR 参数编码？

13．LPC-10 声码器存在什么问题？

14．在 CELP 语音编码方案中，为什么基音预测器对产生高质量的浊音语音发挥着重要作用?

15．在 CELP 语音编码方案中，为什么激励参数优化过程使用感觉特性加权均方误差准则而不是普通的均方误差最小准则?

第 7 章

声音合成与转换 ‹‹‹

声音合成主要分为语音合成和非语音合成。其中，语音合成系统通常由三个关键部分构成：文本分析、韵律生成以及语音合成。文本分析阶段的任务是将输入的文本信息按照特定的语法规则和语言学规律进行处理，以获取合成所需的上下文信息。这一过程包括处理多音字、文本分割、自动分词等操作。处理后的文本信息随后传递给韵律生成和语音合成模块。韵律生成模块负责根据设定的合成规则规划所期望的音高、音长、音量、停顿以及语调等音频参数。生成的这些参数被进一步传递到语音合成模块中。语音合成模块是核心部分，它根据合成语音的算法，通过计算和分析，生成满足要求的音节和波形等音频数据。随后，这些生成的数据由语音输出模块输出为可听的语音。这三部分协同工作，以实现高质量的语音合成。非语音合成主要是根据信号的频率、音量、音长等要素合成对应的乐器或其他声音，其算法复杂度低于语音合成的算法复杂度，可以看成语音合成的简化模式。

7.1 语音合成方法

声音合成是一个基于分析、存储、合成过程的技术。一般而言，合成的过程包括以下步骤：首先，选择适当的基本声音单位，然后以一定的参数编码或波形编码方式存储这些单位，从而构建一个声音库。在合成阶段，根据待合成的文本信息，从声音库中提取相应的基本单位进行拼接，最终将它们合成为声音信号。在声音合成中，为了实现存储，必须首先对声音信号进行分析或转换，因此在合成之前通常需要进行相应的反变换。声音库是合成的基本元素集合，包含了所有合成基本单位。根据不同的基本单位选择方式和存储形式，声音合成方法可以被概括为波形合成方法和参数合成方法。以下以语音合成为例进行说明。

波形合成方法是一种相对简单的语音合成技术。它直接存储人类语音的波形或经过简单的波形编码后存储，形成语音库。在合成时，根据待合成信息，从语音库中提取相应单位的波形数据，拼接或编辑它们，然后解码以还原为语音。在波形合成系统中，语音合成器的主要任务是存储和回放语音。如果选择更大的合成单位，如词组或句子，将能够合成高质量的语句，同时获得更自然的语音，但需要更多的存储空间。尽管波形合成方法可以使用波形编码技术（如 ADPCM、APC 等）来压缩存储，但由于存储容量有限，通常只适用于合成有限词汇量的语音，一般约为 500 个词以下，通常将语句、短语、词语或音节作为合成基本单位。

参数合成方法也称为分析合成方法，更为复杂。为了减小对存储空间的需求，必须对声音信号进行各种分析，以使用有限数量的参数来表示声音信号并实现存储容量的压缩。这些参数可以是线性预测系数、线谱对参数或共振峰参数等。这些参数通常比波形数据规范且占用更少的存储空间。参数合成方法的系统结构相对复杂，合成时提取参数或进行编码的过程中难免会引入逼近误差。此外，用有限数量的参数难以适应语音的微妙变化，因此利用参数合成方法的合成语音质量和清晰度通常较波形合成方法差一些。

目前的技术水平仍不足以使用“分析-存储-合成”方法合成任意语言的无限词汇量的语音。因此，研究人员正在努力开发一种另类的语音合成方法，即“按照语言学规则从文本到语音”的方法。这种方法旨在将高自然度的语音合成出来，尽管目前尚未取得这样的效果。规则合成方法是一种高级合成方法，其中词汇表可以动态生成，系统存储的是最小的声学参数单位。该方法以音素、双音素或音节为基本单位，根据各种规则构建语音单元，如音节、词汇、短语、句子，并控制音高、音节等韵律。规则合成方法的研究重点在于挖掘人类在说话时如何组织语音单元的规则，并将这些规则赋予机器，从而使机器能够按照规则合成与人类说话相似的语音。

实际上，无论是哪一种合成方法，在将基元做相应的拼接时，都要按照合成规则对基元做不同的调整，使合成语音达到一定的自然度。

上述三种方法中，波形合成方法和参数合成方法都进入了实用阶段，而类似规则合成这种以小单位进行合成的方法，是极其复杂的研究课题，目前应用还较少。表 7.1 给出了这三种方法的特点比较。

表 7.1　三种语音合成方法的特点比较

波形合成方法		参数合成方法		规则合成方法
基本信息		波形	特征参数	语音符号组合
语音质量	可懂度	高	高	中
	自然度	高	中	低
词汇量		少（500 字以下）	大（数千字）	无限
合成方式		PCM、ADPCM、APC	LPC、LSP、共振峰	LPC、LSP、复倒谱
数码率		9.6～64kbps	2.4～9.6kbps	50～75kbps
1MB 可合成语音长度		15～100s	100～420s	无限
合成单元		音节、词组、句子	音节、词组、句子	音素、音节
实现		简单	比较复杂	复杂

无论哪种声音合成方法，合成基本单元的选择都是一个关键问题。基本单元选择与声音合成所占用的存储空间、合成质量及所应用的规则数量等密切相关。除上述几种方法外，还包括波形拼接合成法。其将准备好的声音分段拼接在一起，再对韵律进行调整，可得到较好的音质。基音同步叠加（Pitch Synchronous Overlap and Add，PSOLA）方法是其中应用最广泛的一种。1985 年提出的 PSOLA 方法，使基于波形拼接的合成方法成为语音合成的主流。近年研究的语音合成方法还包括同态处理法、正弦模型法等。

对上面的各种声音合成方法，根据人工参与合成的程度，声音合成还可分为规则合成和数据驱动两类。其中规则合成是选择各种声音单元，利用已提取的韵律规则、相关具体声音规则及声音产生模型等。它需要人工分析、提取大量声音规则并保证规则正确，人工参与程度很高。

7.1.1　参数合成方法

参数合成又称分析-合成，采用了声码器技术以实现存储空间的高效利用。其核心思想是在合成过程中通过声音分析，提取关键语音参数，从而将声音信号进行高度压缩。最常用的参数提取方法包括线性预测编码（LPC）、线性谱对（LSP）系数以及偏自相关（PARCOR）系数。这些参数的人工控制对于合成过程至关重要。参数合成方法根据不同的系数选择方式，实现了高效的存储容量压缩。然而，在参数提取或编码的过程中，不可避免地会引入一定的误差，从而影响语音合成的音质表现。

一般来说，参数合成方法可以根据声道特性的不同描述方式分为线性预测合成方法和共振峰合成方法。这些方法在选择参数和声道建模方面存在差异，因此会对语音合成的质量和清晰度产生影响。

1. 线性预测合成方法

线性预测合成是一种广泛应用的语音合成方法，它基于全极点声道模型的假设，并采用线性预测分析原理来合成声音信号，通过具体的线性预测编码参数来控制声道特性。线性预测合成的广泛应用受益于其能够提取声音信号的全部谱特性，包括共振峰的频率、带宽和幅度等。此外，线性预测合成将音高和振幅特性的激励源与控制音素的声道滤波器相分离，使得许多韵律特性能够从分段语音信息中独立出来。

利用线性预测合成方法不仅提供了生成语音所需的总音高轮廓，还增强了语音存储的灵活性。同时，它也有助于合成已存储语音，使合成过程更为容易。这使线性预测合成方法成为一种有效的语音合成方法，特别适用于单词连接产生声音，为语音合成提供了更多的优势和适用性。

一般线性预测合成系统中不允许使用混合激励形式，清音激励全部采用白噪声序列，可以通过改变浊音激励来提高合成语音的质量。合成语音样本为

$$x(n)=\sum_{i=1}^{p}a_i x(n-i)+Gu(n) \tag{7.1}$$

实现式（7.1）的方法一般有两种：一种是用预测系数 a_i 构成直接形式的递归型合成滤波器，具体形式如图 7.1 所示。这种结构较为简单，合成一个语音样本需 p 次乘法和 p 次加法。另一种是采用反射系数 k_i 构成的格型合成滤波器，如图 7.2 所示，合成一个语音样本需 $2p-1$ 次乘法和 $2p-1$ 次加法。

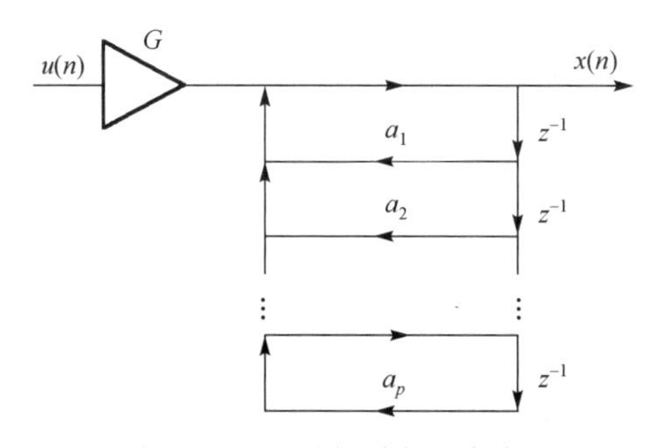

图 7.1　LPC 递归型合成滤波器

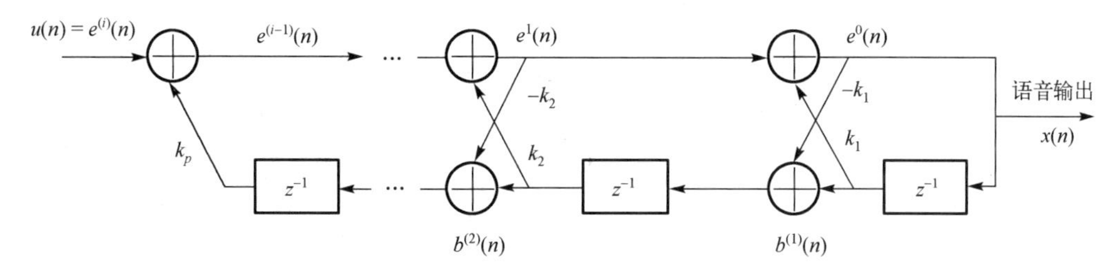

图 7.2　LPC 格型合成滤波器

图 7.2 中 k_i 表示反射系数；$e^{(i)}(n)$ 表示第 i 阶正向预测误差信号；$b^{(i)}(n)$ 表示第 i 阶反向预测误差信号。具体公式表示为

$$e^{(i)}(n)=x(n)-\sum_{j=1}^{i}a_j^{(i)}x(n-j) \tag{7.2}$$

$$b^{(i)}(n)=x(n-i)-\sum_{j=1}^{i}a_j^{(i)}x(n-i+j) \tag{7.3}$$

无论采用何种滤波器结构形式，线性预测编码合成模型的所有控制参数都需要不断修正以适应不同声音信号。对于清音语音段，每帧数据的参数可以简单地进行逐帧更改。对于浊音语音段，有两种主要的参数更改方式：基音同步合成和帧同步合成。基音同步合成表示在每个基音周期的起始位置改变控制参数，而帧同步合成在每帧的起始位置改变参数。

由于 LPC 参数分析是以帧为单位进行的，获得的参数是在每个帧时间间隔内的平均估计值。通常，分析帧的长度是固定的，通常大于两个基音周期，因此为了获得每个基音周期起始位置的控制参数，必须进行内插。在线性预测语音合成器设计中，由于硬件复杂性的限制，会产生截断误差，因此插值技术的引入变得尤为重要。此外，有时两帧参数之间的变化较大，通常也需要进行帧间的平滑插值处理，否则会影响声音质量。参数插值通常采用线性插值方法，这种方法较为简单，能够较好地逼近人类发音过程中的反射系数和声源参数的平滑特性，同时保证参数不会因插值而超出其数值范围，确保系统的稳定性。插值过程适用于各种 LPC 参数。

采用声音信号的线性预测分析存在一些缺点：根据声音信号产生机制，许多声音信号，尤其是清音和鼻音，其声道响应包含零点的影响。因此，从理论上讲，应该使用零极点模型而不是简单的全极点模型。此外，由于 LPC 谱估计的效果与声音的谐波结构密切相关，对于音调较高的女声信号，其频谱中的谐波成分间距要比男声信号大得多，因此反映出的声道谐振特性不如男声信号那么尖锐。因此，在用 LPC 谱逼近女声信号谱的共振特性时，其误差明显大于男声信号的，而儿童声音的效果更差。

代码示例如下。

```
clear all; clc; close all;
filedir=[];                                  %设置路径
filename='colorcloud.wav';                   %设置文件名
fle=[filedir filename];                      %构成完整的路径和文件名
[x, fs] = audioread(fle);                    %读入数据文件
x=x-mean(x);                                 %消除直流分量
x=x/max(abs(x));                             %幅值归一
xl=length(x);                                %数据长度
time=(0:xl-1)/fs;                            %计算出时间刻度
p=12;                                        %LPC 的阶数为 12
wlen=200; inc=80;                            %帧长和帧移
msoverlap = wlen - inc;                      %每帧重叠部分长度
y=enframe(x,wlen,inc)';                      %分帧
fn=size(y,2);                                %取帧数
```

```
%语音分析：求每帧的 LPC 系数和预测误差
for i=1 : fn
    u=y(:,i);                                        %取来一帧
    A=lpc(u,p);                                      %利用 LPC 求得系数
    aCoeff(:,i)=A;                                   %存放在 aCoeff 数组中
    errSig = filter(A,1,u);                          %计算预测误差序列
    resid(:,i) = errSig;                             %存放在 resid 数组中
end
%语音合成：求每帧的合成语音叠接成连续声音信号
for i=1:fn
    A = aCoeff(:,i);                                 %取得该帧的预测系数
    residFrame = resid(:,i);                         %取得该帧的预测误差
    synFrame = filter(1, A', residFrame);            %预测误差激励，合成语音
    outspeech((i-1)*inc+1:i*inc)=synFrame(1:inc);    %利用重叠存储法存放数据
%如果是最后一帧，则把 inc 后的数据补上
    if i==fn
        outspeech(fn*inc+1:(fn-1)*inc+wlen)=synFrame(inc+1:wlen);
    end

end;
ol=length(outspeech);
if ol<xl                                           %把 outspeech 补零，使其与 x 等长
    outspeech=[outspeech zeros(1,xl-ol)];
end
%发声
sound(x,fs);
pause(1)
sound(outspeech,fs);
%作图
subplot 211; plot(time,x,'k');
xlabel(['时间/s' 10 '(a)']); ylabel('幅值'); ylim([-1 1.1]);
title('原始声音信号')
subplot 212; plot(time,outspeech,'k');
xlabel(['时间/s' 10 '(b)']); ylabel('幅值'); ylim([-1 1.1]);
title('合成的声音信号')
```

运行结果如图 7.3 所示。

2. *共振峰合成方法*

语音感知的核心因素是声道共振峰，不同语音具有不同的共振峰模式。这些共振峰及其带宽参数可以用于构建共振峰滤波器。通过组合多个这种滤波器以模拟声道的传输特性，并对来自激励声源的信号进行调制，然后通过辐射即可获得合成语音。这就是共振峰语音合成器的基本原理。如果构建得当并选择适当的参数，共振峰合成器可以合成高音质和高可懂度的语音。长时间以来，这种方法一直占据主导地位。共振峰合成的核心任务是综合一个时变数字滤波器，其参数受共振峰的控制。由于声音信号的共振峰变化较慢，因此可以使用相对较低的编码速率。

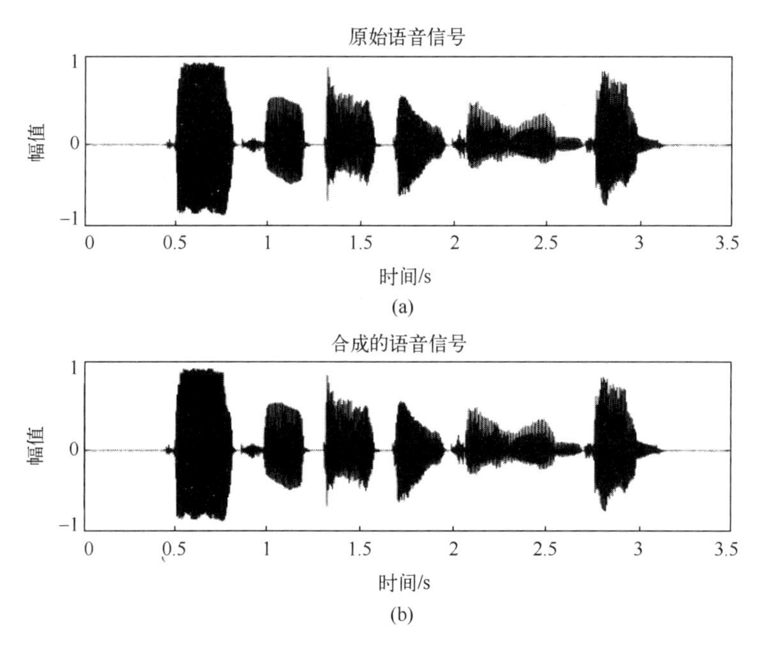

图 7.3　LPC 时域波形图

与 LPC 合成法相似，共振峰合成也是源-滤波模型的一种模拟，但它更注重声道的共振特性。该方法将声道视为一个谐振腔，其中腔体的共振特性决定了发出信号的频谱和共振峰特性。这些谐振腔特性可以通过数字滤波器轻松模拟，通过调整滤波器参数即可近似模拟实际声音信号的共振峰特性。然而，激励源和辐射模型与 LPC 合成方法相同。显然，这种方法具有强大的韵律调整能力，可以对时长、短时能量、基音轮廓线和共振峰轨迹进行灵活修改，这正是规则合成法所需的性能。实际上，语音学研究结果表明，决定语音感知的主要声学特征是语音的共振峰，因此如果合成器的结构和参数选择正确，这种方法可以生成高音质和高可懂度的语音。故长期以来，共振峰合成器一直占据主导地位。

多数共振峰合成器使用类似于图 7.4 的模型。其内部结构与发音过程不完全一致，但在终端处即语音输出上等效。图 7.4 中，激励源有三种类型：浊音时用周期冲激序列，清音时用伪随机噪声，浊擦音时用周期冲激调制的噪声。

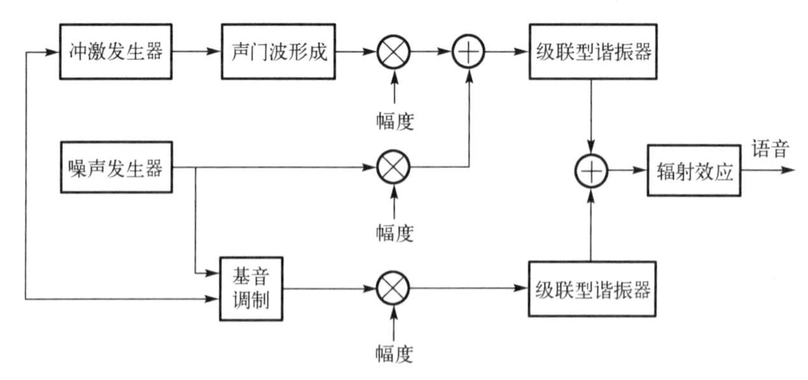

图 7.4　共振峰合成系统模型

激励源对合成语音的自然度有明显的影响，由于语音合成中所要求的语音质量一般比语音通信接收端的高，因此对激励源的考虑要细致些。一般在共振峰合成器中激励源有三种类型：合成浊音语音时用周期冲激序列；合成清音语音时用伪随机噪声；合成浊擦音时用周期冲激调制的噪声，下面进行进一步讨论。

在发浊音的情况下，声带的开闭产生了脉冲波的间隔。实际测量表明，这些脉冲波的波形呈现出一种类似于“斜三角脉冲”的序列。在波形的起始阶段，声门关闭时振幅为零，随后声门逐渐打开，振幅缓慢上升，然后迅速下降。当再次降至零时，存在一个导数不连续点，对应于声门的突然关闭。这种波形的频谱在高频部分呈现出–12dB/倍频程的衰减，而在口唇处的辐射影响则呈现出 6dB/倍频程的增加。这两种影响综合起来，导致了浊音语音段频谱的–6dB/倍频程衰减特性。

高级共振峰合成器具备合成高质量语音的能力，几乎与自然语音无异。然而关键在于如何获得合成所需的控制参数，如共振峰的频率、带宽和幅度等。这些参数必须在每帧内进行修正，以实现合成与自然语音的最佳匹配。这是因为合成模型通常过于简化，需要对通过分析或规则获取的参数进行调整。

在以音素为基元的共振峰合成中，可以存储各音素的参数，并根据连续发音时音素之间的相互影响，从这些参数中插值得到控制参数的轨迹。尽管共振峰参数在理论上是可计算的，但实践表明，使用这种方法生成的合成语音在自然度和可懂度方面通常不令人满意。

理想的方法是从自然语音样本出发，通过调整共振峰合成的参数，使合成语音与自然语音样本在频谱共振峰特性方面实现最佳匹配，即最小化误差。在这种情况下，所获得的参数可用作控制参数，这种方法被称为“分析-合成法”。实验证明，如果合成语音的频谱峰值与自然语音的频谱峰值之间的差异保持在几分贝内，同时基音和声强变化曲线也较精确地匹配，那么合成语音在自然度和可懂度方面几乎与自然语音无异。为避免邻近音素的连读影响，对于较为稳定的音素，如元音和摩擦音，控制参数可以从孤立发音中提取。而对于瞬时音素，如塞音，其特性受前后音素的显著影响，因此其参数值应根据不同的连接情况从自然语句中取平均值。

7.1.2　波形合成方法

在进行语音合成时，要实现清晰且自然的语音，必须同时考虑合成单元的音段特征和超音段特征，缺一不可。目前的合成技术中，参数合成技术在理论上是最合理的，因为它允许在语音合成过程中灵活地改变合成单元的音段特征和超音段特征。然而，由于参数合成技术过于依赖参数提取技术的进展，以及对语音产生模型的研究尚不够完善，因此合成语音的清晰度通常难以达到实际应用的水平。

与参数合成技术相反，波形拼接语音合成技术直接采用语音波形数据库中的波形片段来合成连续语音流。这种方法使用原始语音波形替代参数，这些波形源自自然语音的词汇或句子，包含了声调、重音和发音速度等影响因素。因此，波形拼接合成的语音表现出自然和清晰的特点，通常质量高于参数合成。

然而，在传统的波形拼接技术中，一旦确定了合成单元，就无法进行任何更改，因此不能根据上下文调整韵律特征。这导致在将该方法应用于合成任意文本的文语转换系统时，合成语音的自然度相对较低。在 20 世纪 80 年代末，F. Char Pentier 等提出了基音同步叠加技术（PSOLA），这项技术在波形拼接中保持了原始发音的主要音段特征，并在拼接时能够调节音高和音长等韵律特征，为波形拼接技术带来了新的发展。

PSOLA 算法是波形拼接技术的一种，其主要特点是在进行语音波形片段拼接之前，根据语义信息，调整拼接单元的韵律特征，以使合成波形既保留原始语音基元的主要音段特征，又使拼接单元的韵律特征与语义相符。在韵律特征的调整中，PSOLA 算法以基音周期为单位进行波形修改，而不是采用传统的固定帧长度。这种方法确保了波形和频谱的平滑连续性。PSOLA 算法推动了语音合成技术的实际应用。目前，越来越多的研究人员研究波形拼接语音合成技术，设计了相应的算法和系统。该方法已成功应用于多种语言的语音合成系统，如日本 NTT 公司的日语规则合成系统、ATR 的 y-TALK 语音合成系统以及法国 CNET 的法语文语转换系统等。在国内，中国科技大学、清华大学和中国科学院声学所等机构也采用 PSOLA 算法进行波形拼接语音合成，特别适用于汉语合成，因为汉语的音节具有较强的独立性，但韵律特征在连续语流中变化复杂，而 PSOLA 算法可以有效解决这一问题。

由于韵律修改所针对的侧面不同，PSOLA 算法可以有 TD（Time Domain）-PSOLA 和 FD（Frequency Domain）-PSOLA 等几种不同的算法。不论哪一种类型的 PSOLA 算法，一般都按照以下三个步骤实施。

（1）基音同步叠加分析：对原始声音信号做准确的基音同步标注，将原始声音信号与一系列基音同步的窗函数相乘，得到一系列有重叠的短时分析信号。一般地，窗函数采用标准海宁窗或海明窗，窗长为两个基音周期，相邻的短时分析信号之间有 50%的重叠部分。基音周期的准确性和起始位置非常重要，它将对合成语音的质量有很大的影响。

（2）对中间表示进行修改：首先根据原始语音波形的基音曲线和超音段特征与目标基音曲线和超音段特征修正的要求，建立合成波形与原始波形之间的基音周期的映射关系，再由此映射关系确定合成所需要的短时合成信号序列。

（3）基音同步叠加处理：将合成的短时信号序列与目标基音周期同步排列，并重叠相加得到合成波形。此时，合成的语音波形就具有所期望的超音段特征。

1. TD-PSOLA 算法

在这种算法中，为原始语音段加基音标注是算法执行的基础。基音同步标注点是与合成单元浊音段的基音保持同步的一系列位置点，它们必须能够准确反映基音的起始位置。PSOLA 算法中，短时信号的截取和叠加、时窗长度的选择都是依据同步标注进行的。浊音有基音周期，能够进行有效标注。对于清音，为了保持算法的一致性，一般标注为一个适当的常数。在用 PSOLA 算法对声音进行调整时，首先从语音库中提取出原始声音 $x(n)$ 进行基音同步标注，再由基音同步分析窗 $h_m(n)$ 对原始语音数据加权得到短时信号 $x_m(n)$，这时的短时信号可以表示为

$$x_m(n) = h_m(t_m - n)x(n) \tag{7.4}$$

其中，t_m 为基音标注点，$h_m(n)$ 一般选用海宁窗或海明窗。窗长要大于原始信号的一个基音周期，一般取原始信号基音周期的 2～4 倍，即 $h_m(n) = h[n/(lp)]$。其中，p 为基音周期，l 表明窗覆盖基音周期的比例因子。p 既可以选为分析的基音周期，也可以选为合成的基音周期。然后，对短时信号进行调整，根据待合成的声音信号的韵律信息，将短时分析信号 $x_m(n)$ 修改为短时合成信号 $\tilde{x}_q(n)$，同时原始信号的基音标注 t_m 也相应地改为合成基因标注 t_q。这种

转换包括三个基本操作：修改短时信号的数量；修改短时信号间的延时；修改每个短时信号的波形。这三种操作分别对应修改音长、修改基频及修改合成信号的幅值。

对短时分析信号进行调整，根据待合成声音信号的韵律信息，将短时分析信号修改为短时合成信号；同时原始信号的基音标注也相应地改为合成基音标注。这种转换包括三种操作，即分别修改短时信号的数量、延时和波形，对应于修改音长、基频和幅值。

首先，根据原始语音的基音曲线和超音段特征与目标基音曲线和超音段特征修正的要求，建立合成波形与原始波形间的基音周期映射关系，再由此确定合成所需的短时合成信号序列。

同步标记的插入或删除来改变合成语音的时长；通过对合成单元标记间隔的增大或减小来改变同步修改在合成规则的指导下调整同步标记，产生新的基音同步标记。即通过对合成单元合成语音的基频等。这些短时合成信号序列在修改时，与一套新的合成信号基音标记同步。时域 PSOLA 中，短时合成信号由相应的短时分析信号直接复制得到。

音长修改是找到分析信号基音同步标注点与合成信号基音同步标注点 t_m 与合成信号基音同步标注点 t_q 的对应关系；通常二者间为线性关系。

基频调整通过修改信号的延时实现，即短时分析信号 $x_m(n)$ 与短时合成信号 $\tilde{x}_q(n)$ 间满足

$$\tilde{x}_q(n) = x_m(n - \Delta_q) \tag{7.5}$$

式中，Δ_q 表示时延，即 $\Delta_q = t_q - t_m$。

2. FD-PSOLA 算法

FD-PSOLA 算法和 TD-PSOLA 算法具有相似之处，都包括基音同步叠加分析、中间表示的修改和基音同步叠加处理这三个主要步骤。然而，在 TD-PSOLA 算法中，因为它主要基于时域的变化，更适用于改变音段的长度。但当需要较大幅度地改变音调时，特别是基频的改变，TD-PSOLA 容易引发叠加单元混叠的问题。相比之下，FD-PSOLA 算法具有更多的灵活性，不仅可以调整时间标尺，还可以在信号的频域上进行适当的调整。关于时间标尺的调整，它是根据给定的时间调整参数的，用于确定短时分析信号与短时合成信号之间的关系，即原始基音标记序列与合成基音标记序列的对应关系。这可以采用基于“调素”理论的方式来改变音段的长度标尺。但在这里，我们主要关注的是 FD-PSOLA 算法在频域内所做的调整。FD-PSOLA 算法流程图如图 7.5 所示。

FD-PSOLA 算法的大致过程如下。

（1）对短时分析信号做离散傅里叶变换，得到该信号的分析傅里叶频谱。

（2）用同态滤波得到短时分析傅里叶频谱的谱包络和分析激励源频谱。

（3）对频谱进行压缩和拉伸。

（4）对短时合成谱进行傅里叶反变换，得到短时合成信号。

PSOLA 有良好的韵律调整能力，但基音频率修改过大时谱包络失真严重；即使不存在基音定位错误，在拼接不同语音段时也会存在以下问题。

（1）相位不匹配。即使基音周期估计正确，标注点位置的不匹配也会使输出产生毛刺。多带重合成叠加法通过时域 PSOLA 进行韵律调整，可解决相位不匹配问题。利用该算法将得到的基音周期设定为固定相位。这样可直接在时域对基音周期进行内插以实现谱平滑，且

对标注点检测方法的相位误差敏感性更低，鲁棒性更强。但其缺陷是合成语音中会产生主观可感觉到的加性噪声。

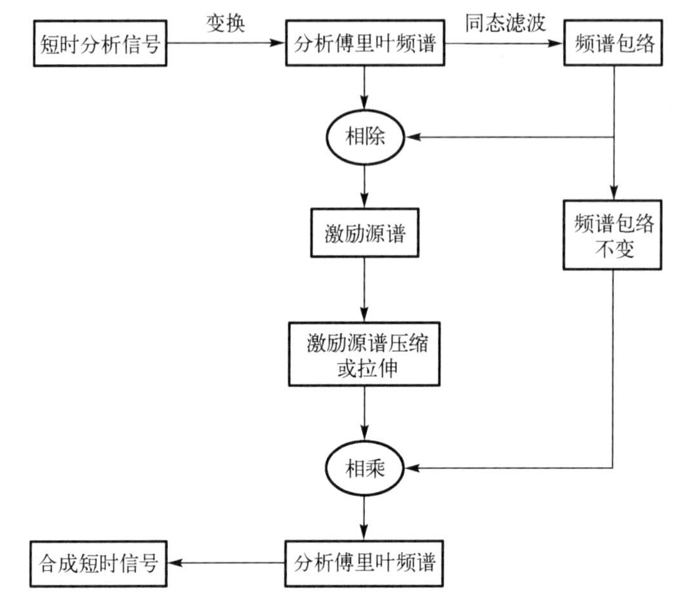

图 7.5　FD-PSOLA 算法流程图

（2）基音不匹配。即使没有基音或相位估计错误，也有基音不匹配现象。如两个语音段有相同的谱包络但基音不同，则估计得到的谱包络不同，此时就会发生拼接不连续的情况。

（3）幅度不匹配。不同语音段的幅度不匹配可利用适当的幅度因子进行修正，但计算较复杂。更重要的是语音音色会随响度的改变而变化。

（4）存储空间较大。波形拼接合成往往需要很大的语音库，占据了较大存储空间；不适合掌上计算机或小的终端设备。

代码示例如下。

```
clear all; clc; close all;
filedir=[];                                        %设置数据文件路径
filename='bluesky3.wav';                           %设置数据文件名称
fle=[filedirfilename]                              %构成路径和文件名的字符串
[xx,fs]=audioread(fle);                            %读取文件
xx=xx-mean(xx);                                    %去除直流分量
x=xx/max(abs(xx));                                 %归一化
N=length(x);
time=(0:N1)/fs;
[LowPass] = LowPassFilter(x, fs, 500);             %低通滤波
p = PitchEstimation(LowPass, fs);                  %计算基音频率
[u, v] = UVSplit(p);                               %求出有话段和无话段信息
lu=size(u,1); lv=size(v,1);

pm = [];
```

```
ca = [];
for i = 1 : length(v(:,1))
    range = (v(i, 1) : v(i, 2));                          %取一个有话段信息
    in = x(range);                                        %取有话段数据
%对一个有话段寻找基音脉冲标注
    [marks, cans] = VoicedSegmentMarking(in, p(range), fs);

    pm = [pm  (marks + range(1))];                        %保存基音脉冲标注位置
    ca = [ca;  (cans + range(1))];                        %保存基音脉冲标注候选名单
end
%作图
figure(1)
pos = get(gcf,'Position');
set(gcf,'Position',[pos(1), pos(2)-150,pos(3),pos(4)+100]);
subplot 211; plot(time,x,'k'); axis([0 max(time) -1 1.2]);
for k=1 : lv
    line([time(v(k,1)) time(v(k,1))],[-1 1.2 ],'color','k','linestyle','-')
    line([time(v(k,2)) time(v(k,2))],[-1 1.2 ],'color','k','linestyle','--')
end
title('声音信号波形和端点检测');
xlabel(['时间/s' 10 '(a)']); ylabel('幅值');
subplot 212; plot(x,'k'); axis([0 N -1 0.8]);
line([0 N],[0 0],'color','k')
lpm=length(pm);
for k=1 : lpm
    line([pm(k) pm(k)],[0 0.8],'color','k','linestyle','-.')
end
xlim([3000 4000]);
title('部分声音信号波形和相应基音脉冲标注');
xlabel(['样点' 10 '(b)']); ylabel('幅值');
```

解决拼接边界不连续问题的一种有效方法是将 PSOLA 技术与参数合成法相结合，这可以通过 LPC-PSOLA 来实现。在 LPC-PSOLA 中，当进行基频调整时，我们不使用内插得到的频谱，而是依赖 LPC 频谱的残差信号。这种方法有助于减少频谱不连续的问题，因为 LPC 谱更好地匹配了频谱包络，这在第 6.6 节中有详细介绍。此外，在语音生成的线性模型中，我们可以独立地调整激励源和声道滤波器，从而更灵活地控制合成语音的特性。

通过 LPC-PSOLA，我们可以对 LPC 参数在单元边界进行平滑处理，以提高语音质量。不过，直接平滑 LPC 参数可能导致语音不稳定，因此我们可以考虑使用替代参数，如 LSP、对数面积比和 PARCOR 等，来实现平滑处理。

需要注意的是，虽然 LPC-PSOLA 可以减少频带展宽，但它对语音质量的改进并不显著，因为语音质量更多地受到协同发音的影响。此外，使用过长的平滑窗会破坏自然语音中的频谱急剧变化的特性。因此，研究表明，在边界上使用长度为 20～50ms 的窗口效果较好。

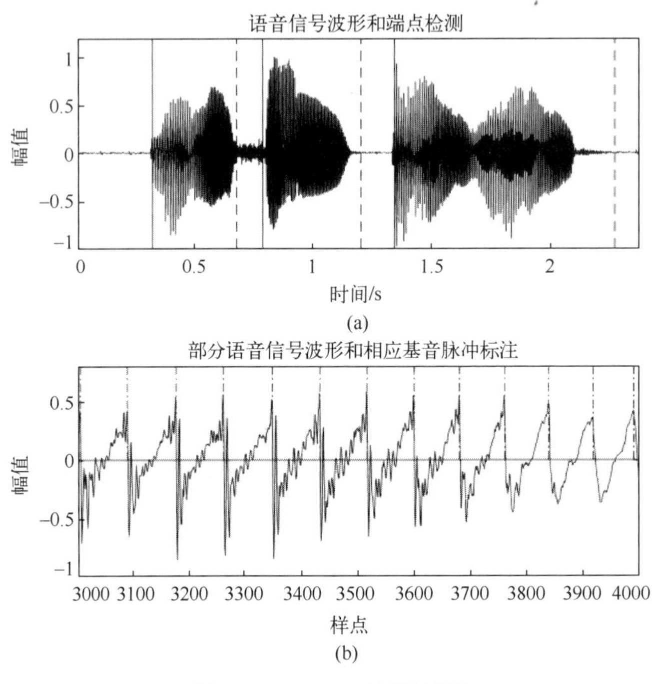

图 7.6 PSOLA 时域波形图

7.2 汉语基于音节的规则合成方法

无论采用哪种合成方式，都要实现自然和清晰的语音合成，且都需要在合成基元的拼接过程中按照一定的规则进行调整。最近，在进行大词汇量的语音合成时，出现了一种方法，它选择较小的合成基元，并通过庞大的规则库将它们组合成词语或句子。这种方法更加注重各种合成规则的研究，因此被称为按规则合成。

语音转换系统首先接收以一定格式输入的文本信息，然后根据语言学规则确定每个字的发音基元序列以及基元组合时的韵律特性，如音长、重音、声调、语调等。这进一步决定了生成整个文本所需的代码序列（也称为言语码）。最后，这些代码被用来控制机器从语音库中提取相应的语音参数，进行合成运算，以生成语音输出。

汉语是一种声调语言，拥有复杂的韵律结构。语音合成的音位层次为：音素→音节→词语→句子。声学基元指的是拼接的基本单元，可以是音素、双音素、三音素、半音节（首音、尾音）、音节、词语、句子等。基元越小，语音数据库越小，拼接越灵活，韵律特征的变化也越复杂。

为了产生自然而清晰的语音，语音合成系统还需要详细分析语音产生机制。选择合适的基本语音单元是语音生成模型的基础，需要综合考虑音质、数据库大小、合成程序复杂性以及硬件实施难度等因素。语音处理中通常可以使用各种基本单元，但音素通常不被视为基本语音单元，因为它们存在大量协同发音和缩减现象，而汉语的声调对整个音节产生调频效应，从而影响音素特征。因此，通常不将音素作为基本语音单元。

与其他语言相比，汉语音节的特点如下。

（1）音节是最自然和最基本的语音单位。基本上一个音节对应一个汉字，且具有一定的意义。

（2）在音节相连的语流中，虽然音节间也存在协同发音现象，但作用范围较小，音节的声学表现相对稳定。

（3）音节数较少。无调音节只有 412 个，考虑音调也只有 1282 个，还有一二百个儿化音节，总共不超过 1500 个。

因而以音节为基本单元所需的存储量并不大，且合成的词汇量不受限制。因此，多数汉语语音合成系统以音节为合成单元。为使合成的词语有连贯性，也可以单词为合成单元。

7.2.1　韵律规则合成

韵律规则在合成语音中扮演着重要的角色。对于许多以西方语言为母语的人来说，汉语听起来就像在歌唱一样，充满了抑扬顿挫、轻重变化、缓急交替以及明显的节奏感。这些特征是由音高、音长、强度等方面的变化在语音流中所表现出来的，通常被称为韵律特征，也叫超音段特征。这些特征反映了语音在基频、共振峰、能量及谱分布等方面的差异。即使是对于相同的语音基元，由于不同的语境和重音位置的不同，其声学特性也会有显著差异。通过调整语音数据的声学参数，如基频、音长和音强，可以模拟出重音和语调的变化，进而实现语速和音高的调整。韵律特征主要包括声调、语调、重音等。声调涉及音节层面的韵律，而语调则涉及句子层面，甚至语篇层面的韵律。韵律对于合成语音的自然度、流畅性及可懂度都有着极大的影响。

1. 重音规则

在研究韵律特征时，我们可以从重音这一要素入手，因为重音在语言交流中扮演着关键角色。在汉语中，通常所谓的重音指的是在说话或朗读时，某个音节或词语的发音较为突出或强烈，给人一种更为重要的印象。然而，与非声调语言不同，汉语的重音并不是指声音的音量或强度较大，而是指时间（音长）较长，音高（音程）较高。 换句话说，它并不是说得更响亮或更用力，而是说得更慢、更高。

一般来说，汉语的重音可以分为两大类，即词重音和句重音。词重音表现为某个词中的一个音节相对于其他音节更重要，它的主要标志是音节的时间长短，重音音节的音长较长。另一个重要的区别特征是声调的变化范围，重音音节的声调范围较大，这意味着需要更多的声音能量，但并不一定意味着声音的音量更大。

实际上，一个词的重音是经过长期的语言使用和语言学家的总结归纳后所形成的。从音系学的角度来看，我们可以将某一音节在一个词中的重要性划分为不同的程度，称之为重度。音节的重度可以分为 5 个级别，而声调则通过定义声调的变化范围来区分不同的调高符号，通常分为低、半低、中、半高和高 5 个级别，分别用 1、2、3、4、5 表示。

在语流中用词来组成短语时，各音节的重度分配受位置效应和音节数效应的支配，某音节的重度 S_d' 变化可以用具体的公式表示为 $S_d' = S_d - D_p - D_n$。其中，S_d 为该音节原来的重度，D_p 和 D_n 分别为位置效应减量和音节数效应减量，N 为音节数。D_p 和 D_n 分别为

$$D_p = \begin{cases} 0, & \text{短词首、词中、短词尾} \\ (S_d - 1)/3, & \text{词首} \\ 2(S_d - 1)/3, & \text{词尾} \end{cases}$$

$$D_n = 0.1 + 0.4(1 - \exp[-0.23(N-1)]) \tag{7.6}$$

2. 声调与变调

汉语属于一种声调语言。在使用汉语的交流过程中，区别词和词义的关键不仅仅是通过不同的声母和韵母（或元音和辅音）来实现的，还需要注意不同的声调，这是声调语言的特点之一。举例来说，字词“星”“形”“醒”“姓”都拥有相同的声母和韵母，但它们的意义却不同，这是因为它们的声调不同。同样地，“树木”与“书目”、“北京”与“背景”、“中药”与“重要”之间的区别也在于它们的声调。因此，汉语的声调具有区分词义的重要功能，和辅音、元音一样，在语音区别特征上具有重要地位。声调指的是音节的音高、音长和音强等方面的变化，它主要通过音节的基频随时间的变化来体现。声调的变化用音高或基频的改变来描述。此外，不同个体的声音特点也会影响声调，例如，妇女和儿童的声音较高，而老年男性的声音较低，而在不同情感状态下，声音也可能有所变化。

从现代音系学的观点来看，汉语的声调属于超音质特征，也被称为非线性特征，它作用在整个音节上，因此属于音节层次的韵律特征。声调特征可以从调类、调值和调型等方面进行考虑。

在连续的语音流中，由于相邻音节之间的相互影响以及语音韵律的需要，各音节的基频随时间的变化曲线会发生显著变化。特别是在多音节的词中，音节之间的相互影响可能导致一些音节的声调发生变化，这种现象称为音变。这种变化的主要趋势是音节之间的基频变化曲线在过渡时较为平滑。在连续的语流中，不仅声调的调值会发生变化，有时甚至调型也会发生变化，因此声调的调值是相对的。

对于声调变化的研究，通常着重研究普通话中的双音节和三音节连续变调。在汉语普通话中，双音节连续变调最为重要，因为双音节占据了整个汉语词汇的约 74.3%。当两个词连读时，无论是一个词还是一个意群，都会发生变调。这些调型原则上取决于两个词的原始单字调型的衔接，但由于连读的影响，这两个词的调型可能会发生变化。这一变化通常由后一个词的声调所影响，这就是所谓的“逆变规律”。在双音节连续变调中，声调的调值在动态语音流中会有较大的波动，但双音节音步词的连续调型变化相对稳定。

代码示例如下。

```
clear all; clc; close all;
filedir=[];                          %设置数据文件的路径
filename ='colorcloud.wav';          %设置数据文件的名称
fle=[filedir filename]               %构成路径和文件名的字符串
[xx,fs]=wavread(fle);
xx=xx-mean(xx);
x=xx/max(abs(xx));                   %幅值归一化
lx=length(x);
time=(0:lx-1)/fs;                    %求出对应的时间序列
wlen=240;                            %设定帧长
inc=80;                              %设定帧移的长度
overlap=wlen-inc;
tempr1=(0:overlap-1)/overlap:
tempr2=(overlap-1;-1;0)'/overlap;
n2=1:wlen/2+1;
```

```
X=enframe(x,wlen,inc)';                                  %按照参数进行分帧
fn=size(X,2);
T1=0.1;r2=0.5;                                           %端点检测参数
miniL=10;
mnlong=5;
ThrC=[10 15],
p=12;                                                    %设预测阶次
frameTime=frame2time(fn,wlen,inc.fs);                    %每帧对应的时间刻度
in = input('请输入基音频率升降的倍数：','s');               %输入基音频率增降比例
rate=str2num(in);
for i=1: fn                                              %求取每帧的预测系数和增益
u=X(:,1);
[ar,g]=1pc(u,p);
AR_coeff(:,i)=ar;Gain(i)=g;
end
%基音检测
[Dpitch,Dfreq.Ef.SF.voiceseg,vosl.vseg.vsl.T2]=...
Ext_F0ztms(x.fa.wlen.inc.Tl.r2.minil..mnlong.ThrC.0);
if rate>1, sign = li else sign=-1: end
lmin=floor(fa/450);                                      %基音周期的最小值
lmax=floor(fe/60);                                       %基音周期的最大值
deltaOMG = sign * 100 * 2 *pi/fa;                        %根值顺时针或逆时针旋转量 dθ
Dpitchm=Dpitch/rate;                                     %增减后的基音周期
Df reqa=Dfreq* rate;                                     %增减后的基音频率
tal=0;                                                   %初始化
zint=zeros(p,1);
for i=1:fn
   a=AR_coeff(: , i);                                    %取得本帧的 AR 系数
   sigma=sqrt(Gain(i));                                  %取得本帧的增益系数
if  SF(i)= =0                                            %无话帧
   excitation=randn(wlen.1);                             %产生白噪声
   [synt_frame,zint]=filter(sigma,a,excitation,zint);
else                                                     %有话帧
PT=floor(Dpitchm(i));                                    %把周期值变为整数
if PT<lain,PT=lain; end                                  %判断修改后的周期值有否超限
if PT>1max, PT = lmax; end
ft=roots(a);                                             %对预测系数求根
ftl=ft;
%增减共振峰频率，求出新的根值
For k=1:p
   if imag(ft(k))>0.
      ft1(k)=ft(k)*exp(j=deltaOMG);
   else if imag(ft(k))<0
      ft1(k) = ft(k) * exp( -j*deltaOMG);
   end
end
ai=poly(ft1);                                            %由新的根值重新组成预测系数
exc_synl=zeros(wlen+tal,1);                              %初始化脉冲发生区
```

```
exc_syn1(mod(1:tal+wlen.PT)==0)=1;              %在基音周期位置产生脉冲，幅值为1
exc_syn2 = exc_syn1(tal +1:tal +inc);           %计算帧移 inc 区间内的脉冲个数
index=find(exc_syn2==1),
excitation=exc_syn1(tal+1:tal+wlen);            %这一帧的激励脉冲源
if  isempty(index)                              %帧移 inc 区间内没有脉冲
tal=tal +inc;                                   %计算下一帧的前导零点
else                                            %帧移 inc 区间内有脉冲
   eal=length(index);                           %计算脉冲个数
   tal=inc-index(eal);                          %计算下一帧的前导零点
end
gain=sigma/sqrt(1/PT);                          %增益
[synt_frame,zint]=filter(gain,ai,excitation,zint);   %用激励脉冲合成语音
end
if i==1
   output=synt_frame;
else
   M=length(output);                            %重叠部分的处理
   output=[output(1:M-overlap);output(Moverlap+1:M),*tempr2+...
   synt_frame(1;overlap).* tempr1;synt_frame(overlap+1:wlen)];
  end
end
```

运行结果如图 7.7 和图 7.8 所示。

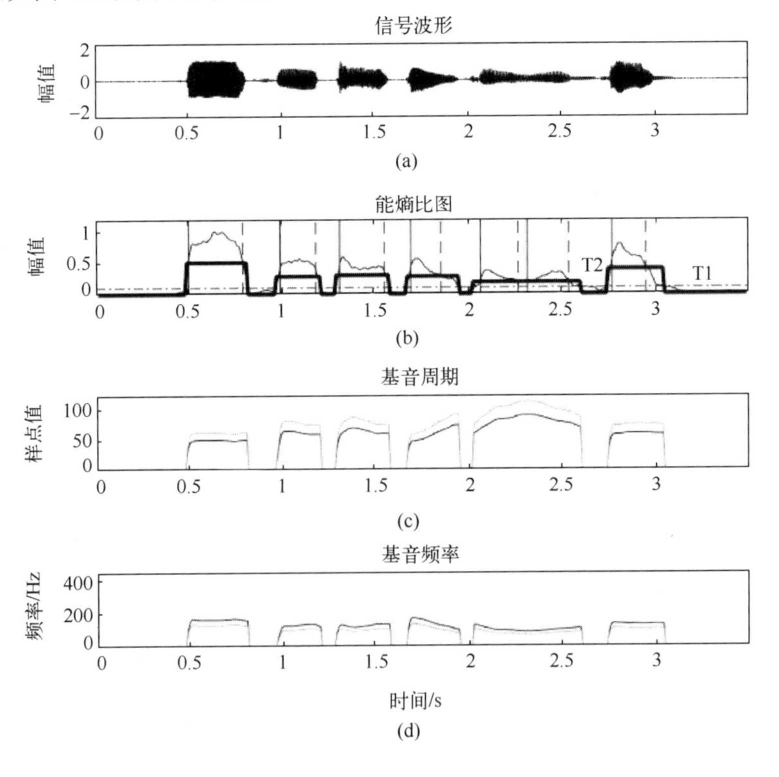

图 7.7　变调运行结果

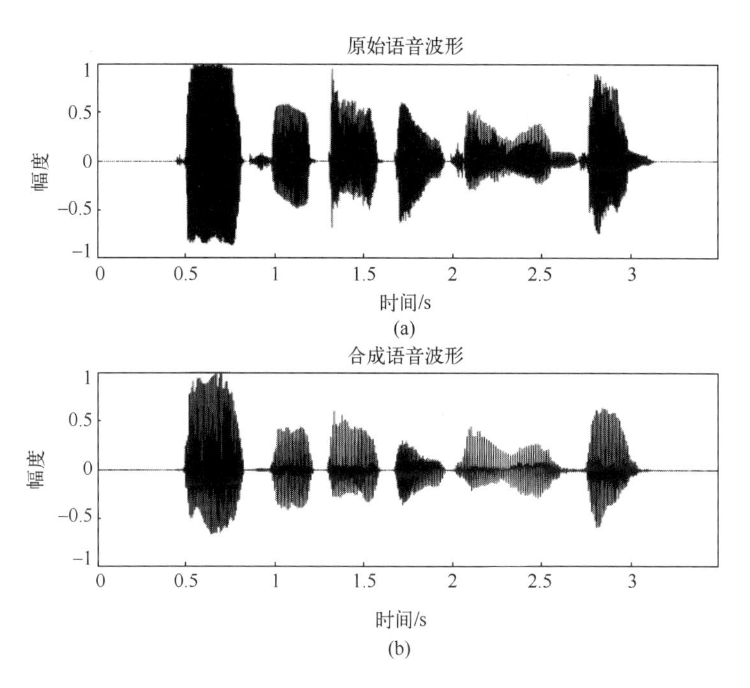

图 7.8　提升基音频率后合成语音的波形

3. 音长

音长是语音的一个关键特征，它对语音的清晰度和自然度产生重要影响。在汉语中，音长主要表现在韵母调型段的持续时间上。音长与声调密切相关，一般情况下，上声音节最长，阴平和阳平音节其次，去声音节最短。音长在连续的语音流中也会受到上下文的影响，例如，轻声音节的音长通常会比重读音节的音长短近一半。在双音节词语中，后一个音节的音长通常会比前一个音节稍短。在按规则合成汉语时，音长通常与声调保持一致，即平调和升调的音长适中，而降升调的音长较长，降调的音长较短，轻声音节的音长最短。相比而言，声母的音长相对较为稳定。此外，根据实验语音学的经验，句子的最后一个音节的音长通常会比平常情况下加长约 20%。除了音长，音节之间的间隔也会对合成语音的效果产生一定影响，适度的间隔可以让语音听起来更加生动。

在汉语语音合成系统中，语句中各音节的声母和韵母的音长是按照音长协调规则来分配的。具体规则如下。

（1）单音节按原始音长配给：将声母和韵母的原始音长按照同一比例因子 D 变化，该比例因子随着重度 S_d 的变化为

$$D = 0.5 + 0.125 \times S_d \tag{7.7}$$

（2）单音节声韵音长互补，即

$$D_{f1} = k \times D_{f0} \tag{7.8}$$

其中，D_{f0} 为原始韵母音长，D_{f1} 为补偿后韵母音长，k 为补偿系数。如擦音声母音节“和、绘、画”与送气塞擦音声母音节“去”等原来较长的音节，补偿后，韵母音长有不同程度的缩短。

（3）词处理：首先根据音长和重度的相关性，按下式修改声母和韵母的音长，修改前的声母和韵母的音长分别用 D_{i1} 和 D_{f1} 表示，而修改后的声母和韵母的音长分别为 D_{i2} 和 D_{f2}，则有

$$D_{i2} = D_{i1} \times (0.5 + 0.125 \times S_d) \tag{7.9}$$

$$D_{f2} = D_{f1} \times (0.5 + 0.125 \times S_d) \tag{7.10}$$

（4）短语处理：几个词组成短语后，各音节的重度再次变化，按式（7.7）计算音长。

（5）句子处理：成句后，首先要在各短语前加上适当的间隙；其次，在某些音节上有强调重音时，音长（特别是韵母）要随之增加；最后，对于句末的非轻声音节，其音节音长（尤其是韵母），会随该音节的声调不同而有所增加。

代码示例如下。

```
clear all; clc; close all;
filedir=[];                                          %设置数据文件的路径
filename='colorcloud.wav';                           %设置数据文件的名称
fle=[filedir filename]                               %构成路径和文件名的字符串
[xx,fs]=audioread(fle);                              %读取文件
xx=xx-mean(xx);                                      %去除直流分量
x=xx/max(abs(xx));                                   %归一化
N=length(x);
time=(0:N-1)/fs;
wlen=240;                                            %帧长
inc=80;                                              %帧移
overlap=wlen-inc;                                    %重叠长度
tempr1=(0:overlap-1)'/overlap;                       %斜三角函数 w1
tempr2=(overlap-1:-1:0)'/overlap;                    %斜三角函数 w2
n2=1:wlen/2+1;
X=enframe(x,wlen,inc)';                              %分帧
fn=size(X,2);                                        %帧数
T1=0.1; r2=0.5;                                      %端点检测参数
miniL=10;
mnlong=5;
ThrC=[10 15];
p=12;                                                %LPC 阶次
frameTime=frame2time(fn,wlen,inc,fs);                %计算每帧的时间刻度
in=input('请输入伸缩语音的时间长度是原语音时间长度的倍数:','s');
                                                     %输入伸缩长度比例
rate=str2num(in);
for i=1 : fn                                         %求取每帧的预测系数和增益
    u=X(:,i);
    [ar,g]=lpc(u,p);
    AR_coeff(:,i)=ar;
    Gain(i)=g;
```

```
end
%基音检测
[Dpitch,Dfreq,Ef,SF,voiceseg,vosl,vseg,vsl,T2]=...
    Ext_F0ztms(x,fs,wlen,inc,T1,r2,miniL,mnlong,ThrC,0);

tal=0;                                                  %初始化
zint=zeros(p,1);
%%LSP 参数提取
for i=1 : fn
    a2=AR_coeff(:,i);                                   %取本帧的预测系数
    lsf=ar2lsf(a2);                                     %调用 ar2lsf 函数求出 lsf
    Glsf(:,i)=lsf;                                      %把 lsf 存储在 Glsf 数组中
end
%通过内插把相应数组缩短或伸长
fn1=floor(rate*fn);                                     %设置新的总帧数 fn1
Glsfm=interp1((1:fn),Glsf',linspace(1,fn,fn1))';  %把 LSF 系数内插
Dpitchm=interp1(1:fn,Dpitch,linspace(1,fn,fn1)); %把基音周期内插
Gm=interp1((1:fn),Gain,linspace(1,fn,fn1));       %把增益系数内插
SFm=interp1((1:fn),SF,linspace(1,fn,fn1));        %把 SF 系数内插
%%语音合成
for i=1:fn1;
    lsf=Glsfm(:,i);                                     %获取本帧的 lsf 参数
    ai=lsf2ar(lsf);                          %调用 lsf2ar 函数把 lsf 转换成预测系数 ai
    sigma=sqrt(Gm(i));

    if SFm(i)==0                                        %无话帧
        excitation=randn(wlen,1);                       %产生白噪声
        [synt_frame,zint]=filter(sigma,ai,excitation,zint);
    else                                                %有话帧
        PT=round(Dpitchm(i));                           %取周期值
        exc_syn1 =zeros(wlen+tal,1);                    %初始化脉冲发生区
        exc_syn1(mod(1:tal+wlen,PT)==0)=1;  %在基音周期的位置产生脉冲，幅值为 1
        exc_syn2=exc_syn1(tal+1:tal+inc);   %计算帧移 inc 区间内的脉冲个数
        index=find(exc_syn2==1);
        excitation=exc_syn1(tal+1:tal+wlen);            %这一帧的激励脉冲源
        if isempty(index)                               %帧移 inc 区间内没有脉冲
            tal=tal+inc;                                %计算下一帧的前导零点
        else                                            %帧移 inc 区间内有脉冲
            eal=length(index);                          %计算有几个脉冲
            tal=inc-index(eal);                         %计算下一帧的前导零点
        end
        gain=sigma/sqrt(1/PT);                          %增益
        [synt_frame,zint]=filter(gain,ai,excitation,zint);%用激励脉冲合成语音
```

```
    end
    if i==1
        output=synt_frame;
      else
        output=length(output);                                    %重叠部分的处理
        output=[output(1:M-overlap); output(M-overlap+1:M).*tempr2+...
          synt_frame(1:overlap).*tempr1; synt_frame(overlap+1:wlen)];
      end
end
output(find(isnan(output)))=0;
bn=[0.964775   -3.858862   5.788174   -3.858862   0.964775]; %滤波器系数
an=[1.000000   -3.928040   5.786934   -3.789685   0.930791];
output=filter(bn,an,output);                                      %高通滤波
output=output/max(abs(output));                                   %幅值归一化
%通过声卡发音，比较原始语音和合成语音
sound(x,fs);
pause(1)
sound(output,fs);
```

运行结果如图 7.9 和图 7.10 所示。

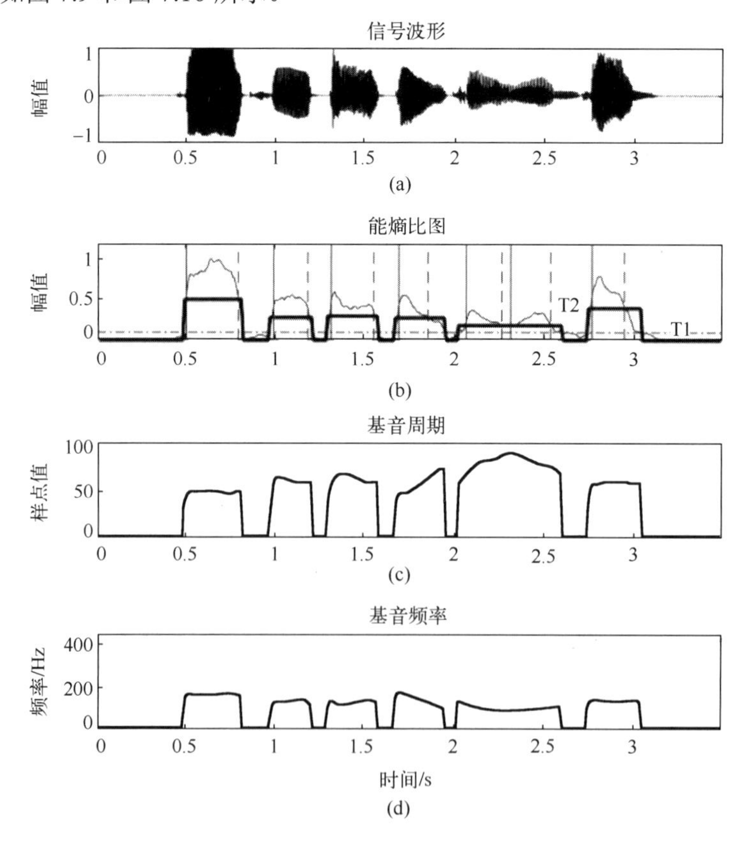

图 7.9　端点检测、元音主题检测、基音周期和基音频率图

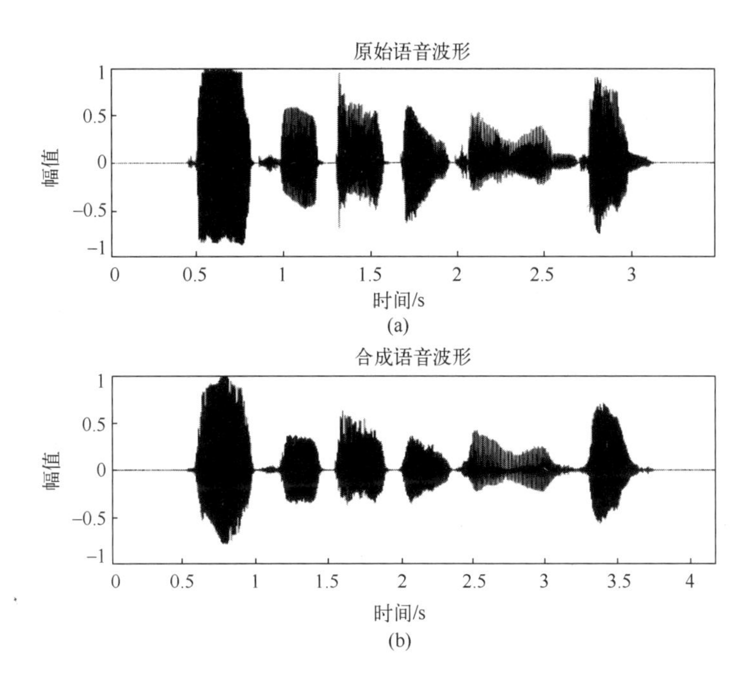

图 7.10　合成语音把原始语音拉长到 1.2 倍

7.2.2　多音节协同发音规则合成

协同发音是指与不同语音音段相连的发音过渡。在前面介绍的韵律规则合成中，涉及音节内部的协同发音，即转接和音渡现象。而在合成多音节词语时，关注的是音节之间的协同发音。

在合成多音节词语时，我们可以将音节间的协同发音效应总结成协同发音规则。这些规则允许我们根据需要添加或修改相应音段的合成参数，从而能够合成出音质更加自然、连贯的多音节词语。以下是一些具体的协同发音规则。

规则 1：增加后过渡段。如在一个多音节词中，某个音节后面还有其他音节，则该音节会出现后过渡段，音长为 T_6，目标值为 F_{v6}。在该后过渡段中，某个共振峰轨迹 $F(t)$ 按照下式从元音段的终点 t_5 处的共振峰频率 F_{v5} 向着相应的 F_{v6} 过渡，直到该音段的终点 t_6 时刻为止，即

$$F(t)=F_{v5}+F_{v6}[(t-t_5)/T_6]^2,\ \ t_5<t<t_6 \tag{7.11}$$

其中，$F_{v6}=\alpha\times(F_l-F_{v5})$。系数 α 和 F_l 随后接音节的声母类型而变，对于大多数类型来说，F_l 是后接辅音的音轨频率，即后音节的前过渡段的目标值。

规则 2：鼻韵尾被同化。如果某个带鼻韵尾 N_1 的音节，后接鼻声母 N_2，则鼻韵尾 N_1 将被同化为鼻声母 N_2。

规则 3：鼻韵尾丢失。如果某个带鼻韵尾 N_1 的音节，后接零声母音节，则鼻韵尾 N_1 将丢失，后音节元音段被鼻化。

规则 4：边音段有动态变化。如果某个有边音声母的音节，连在另一音节之后，则该边音段将出现频谱上的动态变化。当前音节的韵尾为元音时，该边音段动态变化的起始频率为规则 1 中的 F_{v6}，终点频率为边音段的极点频率；当前音节的韵尾为鼻音时，该边音段动态

变化的起始频率为鼻音的极点频率，终点频率为边音段的极点频率。

规则 5：元音段起点共振峰频率的改变。如果零声母音节为后音节，则元音段起点的共振峰频率 F_{vl} 会改变，其值等于规则 1 中的 F_{v6}。

7.2.3 轻声音节规则合成

在普通话中，几乎任何带 4 个正规声调之一的音节，在一定条件下都能转变为轻声。汉语轻声音节大多是固定的，主要有以下几类。

（1）单音节中有些结构助词、语气助词、方位词、趋向动词、词缀等读轻声。

（2）双音节词的轻声处于后音节，构成“重轻”格。

（3）三音节词中的中缀和后缀轻读。

（4）重叠式中的后面部分轻读。

对于规则合成来说，可以利用规则将非轻声音节的有关参数变为轻声音节的参数。下面分别讨论轻声音节在音长、音高、音强和音色等方面的合成规则。

1. 音长规则

轻声音节的音长为“重读音长度的一半左右”，所以合成时，设原声母段音长和原韵母段音长分别为 T_i 和 T_f，可以按照下面的公式计算缩短后声母段音长 T_i' 和韵母段音长 T_f'。

$$\begin{cases} T_i' = 0.5T_i \\ T_f' = 0.5T_f \end{cases} \tag{7.12}$$

2. 音高规则

传统语音学认为，在音高方面，轻声音节全部“失去本调”“调域为零”。声学分析表明，阴平、阳平和去声后的轻声音节的声调曲线呈下降趋势；上声后的声调曲线则先平后降。

3. 音强规则

轻声音节的音强比较弱，听起来不如重音音节响亮。合成时可按照下面公式分别降低清声源幅度 A_u 和浊声源的幅度 A_v 为 A_u' 和 A_v'：

$$\begin{cases} A_u' = A_u - 5\text{dB} \\ A_v' = A_v - 5\text{dB} \end{cases} \tag{7.13}$$

4. 音色规则

轻声音节在音色上与重读时是有差别的。在声母方面，最明显的是不送气清塞音和清塞擦音常常浊化；在韵母方面，轻声音节的主要元音被央化（即共振峰频率 F_1、F_2、F_3 向 /ə/ 的方向移动），复合元音韵母的动程也缩小，鼻韵尾也会消失。因此在合成这些音时，将韵母主要元音的共振峰频率目标值 F_i 进行央化处理，即

$$F_i' = F_i + \alpha(F_{\partial i} - F_i) \tag{7.14}$$

其中，$i=1、2、3$ 分别对应 F_1、F_2、F_3；α 是央化因子；$F_{\partial i}$ 是央化元音 /ə/ 的共振峰频率。当 $\alpha=1$ 时，原韵母的主要元音被完全央化；当 $\alpha=0$ 时，主要元音不被央化。

7.3　语音转换方法

随着声音信号处理技术的不断突破创新，声音信号处理在各个领域的应用也越来越广泛，由于语音本身具有独立的说话人身份信息，因此在不同说话人之间身份相互转换方面具有极大的应用前景，大量研究人员针对语音转换进行研究。语音转换是声音信号处理技术的一个分支，该技术主要研究在保证语义信息相同时，将源说话人的声音转换成另一个指定目标说话人的声音，是人工智能中一个重要领域，具有十分重要的研究意义和广泛的应用前景。

语音转换作为个性化语音生成的一种重要方式，涉及声音信号处理、模式识别、语音声学特征提取等多方面的人工智能学科领域，是当前语音处理研究领域的热点和难点，近年来越来越引起学者的重视。

声音信号包含了多种信息，其中包括最为重要的内容信息和说话人个性特征信息，以及情感特征和说话场景等其他信息。语声转换（Voice Conversion）就是要改变一个说话人即源说话人（Source Speaker）的语音个性特征信息，使之具有另一个人即目标说话人（Target Speaker）的个性特征信息，也就是转换后的语音保持内容信息不变，但听起来像是目标说话人说的语音。

最初的语音转换技术属于语音识别的技术范畴，作为说话人无关的语音识别系统的前端预处理模块，用于降低说话人变化对语音识别系统性能的影响，提高识别系统的健壮性。近年来，随着信号处理技术和机器学习的飞速发展，许多技术如高斯混合模型（GMM）、矢量量化（VQ）、隐马尔科夫模型（HMM）及人工神经网络（ANN）等相继应用于语音转换的处理过程，并不断进行改善和发展，使得语音转换技术获得了突飞猛进的进步。语音转换技术有着非常广泛的应用，在发音辅助、语音增强、信息安全等方面都起到了重要的作用。

语声转换系统具有多方面的应用。例如，媒体娱乐、语音识别、生物医学领域、语音增强技术、信息安全和反伪装技术等等。

7.3.1　语音转换系统的总体框架

语声转换系统通过改变声音信号的声学特征参数来调整语音的个性特征。一般语声转换系统都可以分为训练和转换两个阶段。图 7.11 是语音转换系统的总体框图。在训练阶段，系统分别提取源说话人语音和目标说话人语音的身份个性特征参数，对这两个特征参数空间进行训练，形成特征参数之间的匹配规则。在转换阶段，系统利用已经形成的匹配规则将源说话人语音的声学特征参数映射成目标说话人语音的声学特征参数。然后再利用这些参数进行语音合成，从而得到具有目标说话人个性特征而内容信息不变的语音。

语音转换方法分为基于平行语料的转换和基于非平行语料的转换，采用平行语料来训练转换模型一般都能实现较好的转换效果，并且在训练数据平行的情况下建立特征映射规则相对简单，所以基于平行语料的转换方法是早期的研究热点。然而在现实应用中，平行的语音数据不仅收集困难，而且获取成本高昂，再加上平行语音在用于训练前需要进行时间对齐（Dynamic Time Warping，DTW）的预处理，如果对齐不准确，则会降低语音转换的质量。为了克服平行语音转换的这一局限性，使语音转换能够获得更好的转换效果，目前学界的研究大都集中于非平行语音转换。

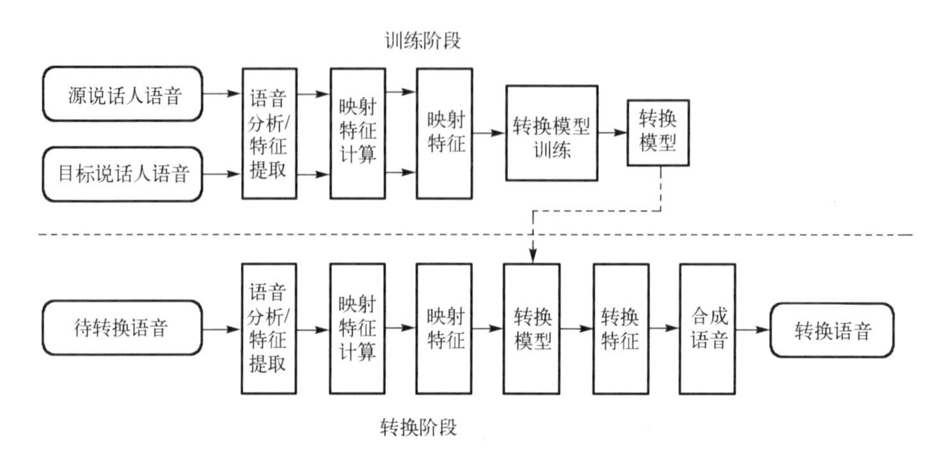

图 7.11　语音转换系统的总体框图

7.3.2　语音转换常见的特征参数

在语音转换过程中，对语音进行分析之后，可以使用一些技术提取出语音的特征，之后对语音特征进一步处理成映射特征，以便能够更好地表示语音。不同的特征包含不同的语音信息，表现形式也各不相同。语音特征种类繁多，一般可以大致分为韵律特征和频谱特征。比较常见的韵律特征包括能量、基频轨迹、强度和语音时长等。频谱特征包含梅尔倒谱系数（MFCC）、线谱频率（LSF）、感知线性预测系数（PLP）、线性预测系数（LPC）、线性预测倒谱系数（LPCC）、梅尔频谱等。此外，还可以通过声门参数、共振峰频率和共振峰带宽等特征来衡量声音的音质。

1. MFCC

MFCC 是最常用的倒谱参数，对其进行的分析是基于人的听觉机理，其依据主要有两个。

人的主观感知领域的划分并不是线性的，根据 Stevens 和 Volkman 的工作，则有

$$F_{\mathrm{mel}} = 1125\log\left(1+\frac{f}{700}\right) \tag{7.15}$$

式中，F_{mel} 是以 Mel 为单位的感知频率，f 是以 Hz 为单位的实际频率。

提取 MFCC 的步骤如下。

（1）进行预处理，使用一个高通滤波器来过滤声音信号，对语音的高频部分进行增强，达到平衡语音频谱的目的。将声音信号分成短时帧，并乘以一个窗函数，使声音信号更具有连续性。

（2）对加窗后的每帧声音信号进行傅里叶变换，得到语音频谱，进行绝对运算或者平方运算，最终得到频谱能量。

（3）对数谱经过 Mel 滤波器组过滤后映射到梅尔刻度得到 Mel 频谱。

（4）倒谱分析，对 Mel 对数谱进行离散余弦变换，变换完成后就可得到信号倒谱特征参数，即 MFCC。

具体求解见 4.4.1 节。

2. LSF

LSF 参数之间具有较高的相关性，这些参数也称为线谱对。由于 LSP 能够保证线性预测滤波器的稳定性，其小的系数偏差带来的谱误差也只是局部的，且 LSP 与频率的关系更密切，具有良好的量化特性和内插特性，这些特性使它们在使用统计方法时更加合适，因而得到广泛的应用。

设线性预测逆滤波器为

$$A(z)=1-\sum_{i=1}^{p}a_i z^{-i} \tag{7.16}$$

线谱对分析的基本出发点是将 $A(z)$ 的 p 个零点通过 $P(z)$ 和 $Q(z)$ 映射到单位圆上，使得这些零点可以直接用频率 ω 来反映，且 $P(z)$ 和 $Q(z)$ 各自提供 $p/2$ 个零点频率。

3. 共振峰

共振峰是反映声道谐振特性的重要特征，它代表了发音信息的最直接的来源，而且人在语音感知中利用了共振峰信息。共振峰已经广泛地用作语音识别的主要特征和语音编码传输的基本信息。共振峰信息包含在频率包络之中，因此共振峰参数提取的关键是估计自然语音频谱包络，一般认为谱包络中的最大值就是共振峰。然而，在复杂的声学系统中，可能会导致低语音质量。

4. 语谱特征

在声音信号处理中，信号的频域分析和处理占有重要地位，针对声音信号的短时平稳特性，提出短时傅里叶变换，其方法是先将声音信号分帧，再将各帧进行傅里叶变换，每帧声音信号都可以认为是从各个不同的平稳信号波形中截取出来的，各帧语音的短时频谱就是各个平稳信号波形频谱的近似。

5. 频谱包络

语音是一个由多种频率成分组成的复杂信号，每个不同的频率都具有不同的幅度。频谱包络的形状不是固定不变的，而是根据发出声音的不同而发生变化，声带振动生成的声波在声道中传播时会发生共振，在共振作用下，频谱中的某些区域得到加强。因此，不同说话人发出的声音的频谱包络线形状是不同的。通常而言，频谱包络线有多个波峰和波谷，其中的前三个共振峰所包含的语音信息是最丰富的，在声音信号有变化时，它们的幅度和频率也会产生变化。由此可知，每个说话者的频谱包络都是独特的，频谱包络包含了重要的说话人个性信息，是能够很好表征说话人身份的重要特征。

频谱包络获取步骤包括预加重、分帧和加窗、傅里叶变换、逆傅里叶变换和加窗截断。频谱包络提取流程如图 7.12 所示。

6. 线性预测系数

线性预测技术应用于声音信号处理领域，由于声音信号之间存在强相关性，如果已知一段特定时间内的语音样本，那么可以通过对这些样本线性组合来预测出未知的声音信号。使得预测信号逼近真实信号的唯一的一组预测系数，被定义为线性预测系数，是早期研究中最常见的语音特征之一，可以有效表现出声音信号的时域特性和频域特性。

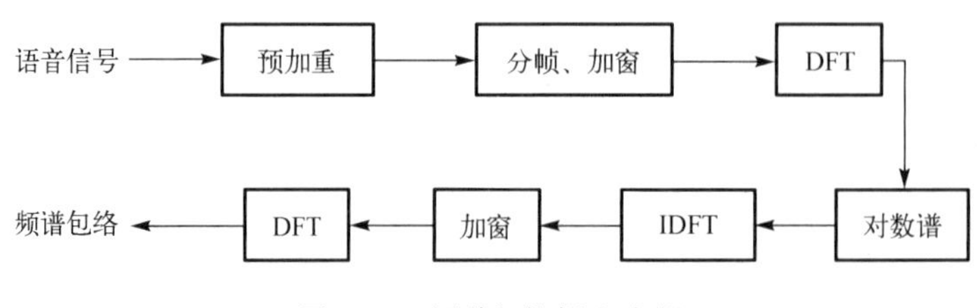

图 7.12　频谱包络提取流程

7. 基频

声音本质上是由声带振动产生的，声带最低频率振动发出的音被称为基音。基音分量的频率可以表示为基频，基频是声音的基础音调，决定了音频中音高的大小。基音频率与个人声带的结构有很大关系，能体现语音的音色，是常用的语音个性特征参数之一。人类能感知到的频率范围在 20～20000Hz 频率的声音，并且人们在感知 100Hz 和 200Hz 的声音差距时，会感觉与 200Hz 和 400Hz 的差距相同，由此可知，人们对基频的感知是遵循对数规律的。因此，在语音转换研究中，对数基频常被用作韵律特征。

目前在针对语音基频的研究中，获取基频的方法最常用的有时域法和频域法两种，而转换基频一般采取高斯归一化变换和基于平均基音周期的变换。

（1）高斯归一化变换

在提取出源和目标说话人的基频后，分别计算出两个说话人的语音在对数刻度上的基频的均值 μ_x、μ_y 和标准差 σ_x、σ_y，之后通过以下公式进行转换，即

$$\log(F_{0y}) = \mu_y + \frac{\sigma_y}{\sigma_x}(\log(F_{0x}) - \mu_x) \tag{7.17}$$

其中，F_{0x} 是源语音的基频，F_{0y} 是目标语音的基频。

（2）基于平均基音周期的变换

基音周期和基音频率是倒数关系，因此可以通过转换基音周期来转换基频。首先提取源语音和目标语音的基音周期，分别计算出平均值 $\overline{p}_x$、$\overline{p}_y$，之后再计算转换系数 α，即

$$\alpha = \frac{\overline{p}_y}{\overline{p}_x} \tag{7.18}$$

接下来，将源语音的基音周期均值与转换系数相乘，就能实现基音周期的转换，转换公式为

$$\overline{p}_t^{x\to y} = \alpha \cdot \overline{p}_t^x \tag{7.19}$$

其中，$\overline{p}_t^x$、$\overline{p}_t^{x\to y}$ 分别是源语音的平均基音周期和转换后语音的平均基音周期。

7.4　语音转换评价指标

对语音转换性能的测试和评价是语音转换研究的一个重要组成部分，设计一个可信高效的评价方案对于提高转换性能具有重要意义。目前，对语音转换性能优劣的测试和评价主要通过客观和主观两种手段来实现。

7.4.1　客观评价

客观评价通常是建立在语音数据失真测度的基础上，利用某种距离准则来度量转换后语音和原始的目标语音之间的相似程度。目前，客观评价指标主要有均方误差（Mean Square Error，MSE）和谱失真（Spectral Distortion，SD）等，均方误差和谱失真越小，说明语音转换的精度越高。

1. 梅尔倒谱距离

频谱特征是语音的重要声学特征之一，因此可以通过比较两个语音之间的特征距离，来评价两个语音的相似性。梅尔倒谱距离可以体现转换语音相对于目标语音的失真程度，是语音转换系统的性能主流衡量标准，MCD 值越低，说明两个语音之间在声学特征空间中的距离越小，转换语音与目标语音的匹配程度越高。MCD 的计算表达式为

$$\mathrm{MCD(dB)}=\frac{10\sqrt{2}}{\ln 10}\times\frac{1}{M}\sum_{m=1}^{M}\sqrt{\sum_{r=1}^{R}(y_m(r)-y'_m(r))^2} \tag{7.20}$$

其中，M 是语音的总帧数，R 是梅尔倒谱系数的维度，$y_m(r)$、$y'_m(r)$ 分别表示目标语音和转换语音的第 m 帧梅尔倒谱特征矢量的第 r 维系数。

2. MFCC 匹配

MFCC 是常用的语音特征，被广泛用于语音识别和说话人识别的研究中，能够很好地反映两个说话人语音之间的距离，因此可以将 MFCC 的匹配程度作为评价语音转换模型质量的客观指标。

MFCC 匹配评价方法的过程包括随机选取目标说话人语音、转换后的语音的多帧样本，提取出语音的 MFCC。定义目标语音的 MFCC 为横坐标，转换语音的 MFCC 参数值为纵坐标，在坐标系中绘制出每帧对应的点。观察绘制出的参数匹配图，如果两组 MFCC 匹配程度较高，则绘制出的点就会聚拢于横坐标轴与纵坐标轴的角平分线上，聚拢程度越高，说明两个语音越相似。

7.4.2　主观评价

主观评价是通过人的主观感受来对语音进行测试。由于声音信号是用来给人听的，因此人对语音转换效果好坏的感受是最为重要的评价指标。相对于客观评价，主观评价结果更具有可信度。主观方法对转换效果的评价一般从语音质量和说话人特征相似度两个角度进行，采用的方法主要是平均意见得分（Mean Opinion Score，MOS）和盲听测试（ABX Blind Text，ABX）。

MOS 测试的主要原理是让测评人对测试语音的主观感受进行打分，一般划分为 5 个等级。MOS 测试具体见 1.3.1 节的内容。

ABX 测试主要针对转换后语音的说话人特征相似度进行转换效果评价。该方法借鉴了说话人识别的原理。在测试过程中，测评人分别测听三段语音 A、B 和 X，并判断在语音的个性特征方面，语音 A 和语音 B 哪个更接近于 X。其中，X 是转换后得到的语音，而 A 和 B 分别为源语音和目标语音。最后统计所有测评人员的判决结果，计算出听起来像目标语音的百分比。

ABX 得分的计算表达式如式（7.21）表示，其中 M 是被测转换语音的数量，s_m 是每条语音的评分。

$$\mathrm{ABX}=\frac{\sum_{m=1}^{M}s_m}{M}\times 100\% \tag{7.21}$$

7.5 语音转换应用案例

语音转换技术主要分为平行语音转换和非平行语音转换两部分，传统技术主要使用平行语料进行转换，但平行语料的收集通常耗时耗力，因此目前主要的语音转换研究主要针对非平行语料进行非平行语音转换，下面首先介绍传统的平行语音转换方法，再介绍当前应用广泛的非平行语音转换方法。

7.5.1 平行语音转换方法

语音转换过程中通常是利用源特征向量和目标特征向量来训练源特征和目标特征之间的映射函数。从不同说话人语音特征空间把那些具有相同语义信息的特征参数进行匹配，然后利用这些配对参数设计和训练出转换模型，即进行时间规整。平行语料指的是源说话人和目标说话人包括相同语言内容的语句。平行语句确保了源和目标语音具有时序一致、内容相同的语义信息，只是在各音素的持续时间上呈现不同。平行语音转换主要方法包括矢量量化、高斯混合模型、非负矩阵分解等、隐马尔科夫模型等。

7.5.1.1 矢量量化

矢量量化（VQ）算法最早由 Abe 提出，该算法在说话人自适应的应用中取得了良好的效果，其基本思想是采用基于矢量量化的码书映射方法对源语音和目标语音的频谱包络进行映射建模。利用矢量量化算法来转换语音的原理图如图 7.13 所示。

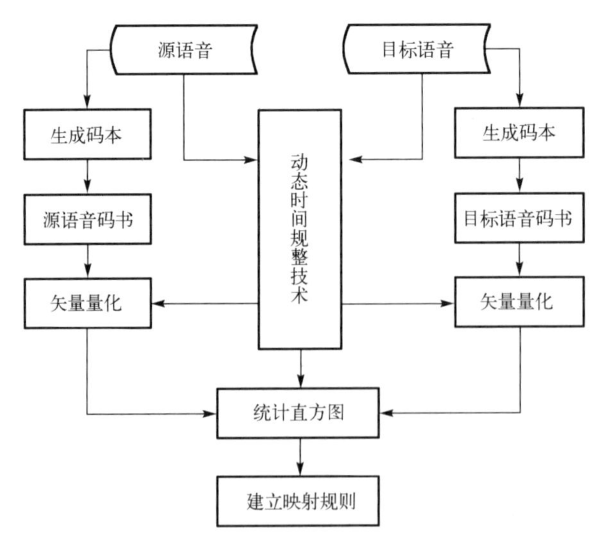

图 7.13 矢量量化语音转换原理

矢量量化本质上是将连续矢量空间映射到离散矢量空间，以帧划分连续的声音信号，然后将源语音帧和目标语音帧形成一一对应关系。在训练阶段，获取源说话人和目标说话人的语音数据库生成学习单词集，然后将单词分帧并对每帧进行矢量化，分别得到源语音对应的码书 $\boldsymbol{S}=\{s_1,s_2,\cdots,s_M\}$ 和目标语音对应的码书 $\boldsymbol{T}=\{t_1,t_2,\cdots,t_M\}$，两本码书的码矢数目都是 M，之后需要对两个说话人相同的单词矢量进行对齐操作，这一步通过动态时间规整（DTW）实现。最后将统计直方图的值作为权重来描述两本码书的矢量映射关系，找到最小失真映射后生成两个说话人的映射码书 $\boldsymbol{H}$（$\boldsymbol{H}$ 是 $M\times M$ 的矩阵）。

矢量量化语音转换能很好地保留语音中的说话人个性特征，但矢量量化将连续的声音信号分割离散化，造成转换后的语音缺失连续性，严重影响转换出的语音质量。

7.5.1.2　高斯混合模型

高斯混合模型（GMM）是语音转换研究的经典模型，它基于统计平均参数，改进了矢量量化算法中语音特征参数离散的缺点，提升了转换语音的质量。在实际应用中，高斯混合模型不仅可以处理声音信号，还可以用于抑制干扰和噪声等。高斯混合模型的算法是基于源语音的频谱包络和目标语音的频谱包络，符合联合高斯概率密度分布的假设，并对语音频谱特征参数进行概率密度建模，即

$$p\begin{pmatrix}x\\y\end{pmatrix}=\sum_{t=1}^{M}\alpha_t\boldsymbol{N}\left(\begin{pmatrix}x\\y\end{pmatrix},\boldsymbol{\mu}_t,\sum\nolimits_t\right) \tag{7.22}$$

$$\boldsymbol{\mu}_t=\begin{pmatrix}\mu_t^x\\ \mu_t^y\end{pmatrix},\sum\nolimits_t=\begin{pmatrix}\sum_t^{xx} & \sum_t^{xy}\\ \sum_t^{yx} & \sum_t^{yy}\end{pmatrix} \tag{7.23}$$

其中，M 是高斯分量的数量，$\sum_t$ 是第 t 个高斯分量的协方差，$\boldsymbol{N}\left(\begin{pmatrix}x\\y\end{pmatrix},\boldsymbol{\mu}_t,\sum_t\right)$ 是第 t 个高斯分量，$\boldsymbol{\mu}_t$ 是第 t 个高斯分量的平均值，α_t 是第 t 个高斯分量的加权系数，所有加权系数之和等于 1，即 $\sum_{t=1}^{M}\alpha_t=1$。

高斯混合模型的参数是通过期望最大算法（EM）来估计的，该算法的流程如图 7.14 所示。

高斯混合模型算法虽然解决了矢量量化算法存在的不连续问题，但由于其特点，仍存在一些缺点，由于使用了统计平均参数，因此会导致共振峰过平滑。同时在数据过多或者语音特征维度较高的情况下，计算量会变得庞大，迭代速度变慢，并且容易受噪声等干扰因素的影响，难以还原声音的变化过程。

7.5.1.3　非负矩阵分解

语音转换本质上是对大规模语音数据的处理与分析，非负矩阵分解（NMF）是实现这项工作的有效工具，常被应用于语音增强、语音降噪、语音估计等方面。众多学者的研究证明了在语音数据有限的情况下，基于非负矩阵分解的技术可以实现有效的语音转换，非负矩阵分解因此成为继矢量量化算法之后语音转换非参数方法的重要标志，其成功的应用包括了判别式嵌入图的非负矩阵分解方法、频谱转换的语音稀疏表示、单元选择等。

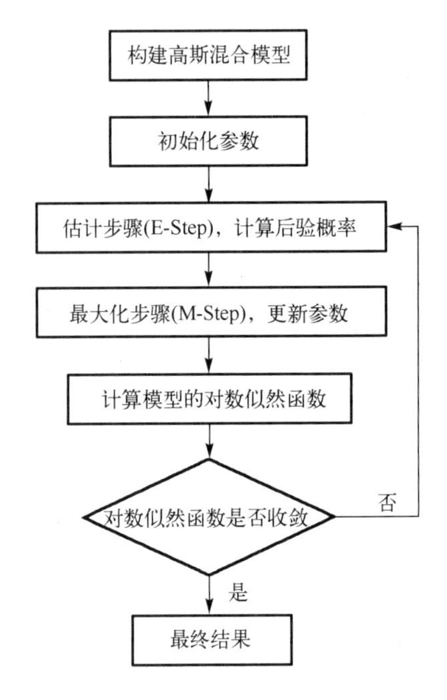

图 7.14　高斯混合模型参数估算流程

非负矩阵分解的含义是把一个说话人特征矩阵分解成说话人相关的字典、与说话人无关的激活矩阵，其中涉及的矩阵元素都是非负的。在该方法中，基于样例的稀疏表示是核心。基于样例的语音转换分为训练和转换两个阶段。

在训练阶段，首先提取源语言、目标语音的声学特征，并在时间单位上进行对齐，将对齐后的语音特征经过非负矩阵分解，即

$$\boldsymbol{X}_i = \boldsymbol{F}_1 g \boldsymbol{G}_i \tag{7.24}$$

$$\boldsymbol{Y}_i = \boldsymbol{F}_2 g \boldsymbol{G}_i \tag{7.25}$$

其中，源说话人与目标说话人的第 i 条语音的频谱特征分别用 $\boldsymbol{X}_i$ 、$\boldsymbol{Y}_i$ 表示，说话人的字典分别用 $\boldsymbol{F}_1$ 、$\boldsymbol{F}_2$ 表示，$\boldsymbol{G}_i$ 是激活矩阵。

在转换阶段，用源说话人的字典 $\boldsymbol{F}_1$ 分解源语音的频谱特征 $\boldsymbol{X}$ ，得到激活矩阵 $\boldsymbol{G}$ ，即

$$\boldsymbol{X} = \boldsymbol{F}_1 g \boldsymbol{G} \tag{7.26}$$

之后合成目标说话人的字典 $\boldsymbol{F}_2$ 与激活矩阵 $\boldsymbol{G}$ ，就得到转换后的语音频谱特征 $\hat{\boldsymbol{Y}}$ ，即

$$\hat{\boldsymbol{Y}} = F_2 g \boldsymbol{G} \tag{7.27}$$

7.5.1.4　隐马尔科夫模型

隐马尔科夫模型（HMM）是经典的统计分析模型，也是一种参数表示的生成模型。隐马尔科夫模型的过程是先由一个隐藏的马尔科夫链随机产生一个不可观测的状态序列，再通过状态序列产生对应的观测序列。隐马尔科夫模型在自然语音处理方面应用广泛，常被用于音素建模。

隐马尔科夫模型如图 7.15 所示。隐马尔科夫模型的隐藏状态序列为 $Q=\{q_1,q_2,\cdots,q_T\}$ ，对应的观测输出序列为 $O=\{o_1,o_2,\cdots,o_T\}$ 。

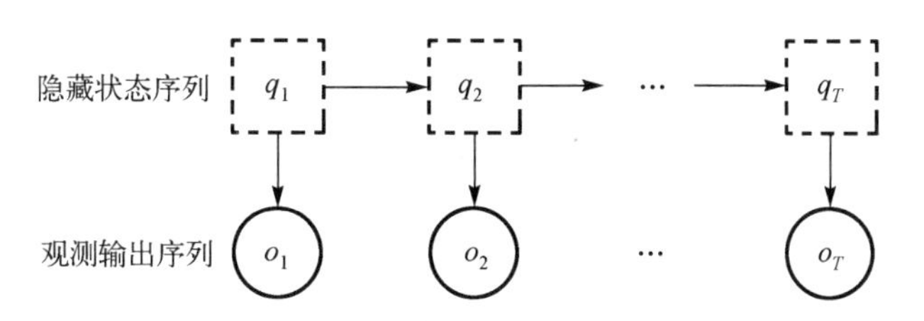

图 7.15　隐马尔科夫模型

隐马尔科夫模型的参数包括状态转移矩阵 $\boldsymbol{A}$ 、观测概率矩阵 $\boldsymbol{B}$ 和初始概率分布向量 $\boldsymbol{\pi}$ ，即

$$\boldsymbol{\pi} = (\boldsymbol{\pi}_t) \tag{7.28}$$

$$\boldsymbol{A} = [a_{ij}]_{n \times n} \tag{7.29}$$

$$\boldsymbol{B} = [b_{ik}]_{n \times m} \tag{7.30}$$

其中，$\boldsymbol{\pi}_t$ 是 $t = 1$ 时的概率向量，代表初始状态，a_{ij} 的含义是状态值从 q_i 转移到 q_j 的概率，b_{ik} 表示状态值 q_i 输出观测值 o_k 的概率。

7.5.2　非平行语音转换应用案例

对于非平行语料，由于语义信息不同或者语义信息虽有重叠，但时间顺序存在差异，因此在此情况下的时间对齐算法相对复杂得多。但由于非平行语料相对于平行语料更易获取，因此针对非平行语料的对齐研究也在不断深入。非平行语音转换的主要方法包括生成对抗网络及其衍生模型、变分自动编码器等一系列创新方法。

7.5.2.1　循环生成对抗网络

利用生成对抗网络（GAN）可以从大量数据中学习其分布规律，从而构建出合理的映射函数，在图像生成和语音生成领域应用广泛。其思想是生成器和鉴别器之间的博弈。生成器通过学习训练样本的数据分布，生成一个接近真实训练数据的假样本，期望能骗过鉴别器。而鉴别器的任务则是判断生成器的输出是否为真实样本，通过每次的判别误差来优化鉴别器，鉴别器的水平得到提升后，生成器就需要继续学习以生成更逼真的样本，二者在这样的对抗训练中不断循环优化，直至达到平衡。

传统的生成对抗网络对训练数据的匹配性有较大的依赖，如果数据无法满足要求，模型将会很难训练，并且生成的数据偏差较大。循环生成对抗网络（CycleGAN）在此背景下应运而生，它由两个传统生成对抗网络构成，能够实现两种风格之间的转换，而不需要一一对应的数据。循环生成对抗网络的结构如图 7.16 所示。

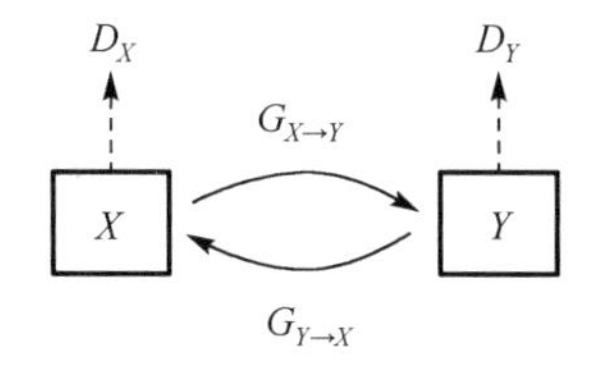

图 7.16　循环生成对抗网络结构

循环生成对抗网络由三个损失函数来指导其训练过程，即对抗损失、循环一致损失和身

份映射损失。

$$\boldsymbol{L}_{\text{full}}=\boldsymbol{L}_{\text{adv}}(\boldsymbol{G}_{X\to Y},\boldsymbol{D}_Y)+\boldsymbol{L}_{\text{adv}}(\boldsymbol{G}_{Y\to X},\boldsymbol{D}_X)+\lambda_{\text{cyc}}\boldsymbol{L}_{\text{cyc}}(\boldsymbol{G}_{X\to Y},\boldsymbol{G}_{Y\to X})+\lambda_{\text{id}}L_{\text{id}}(\boldsymbol{G}_{X\to Y},\boldsymbol{G}_{Y\to X}) \tag{7.31}$$

对抗损失是为了确保转换后的语音与目标语音足够相似，对抗损失越小，说明转换效果越好，其表达式为

$$\boldsymbol{L}_{\text{adv}}(\boldsymbol{G}_{X\to Y},\boldsymbol{D}_Y)=E_{y:P(y)}[\log \boldsymbol{D}_Y(y)]+E_{x:P(x)}[\log(1-\boldsymbol{D}_Y(\boldsymbol{G}_{X\to Y}(x)))] \tag{7.32}$$

$$\boldsymbol{L}_{\text{adv}}(\boldsymbol{G}_{X\to Y},\boldsymbol{D}_X)=E_{x:P(x)}[\log \boldsymbol{D}_X(x)]+E_{y:P(y)}[\log(1-\boldsymbol{D}_X(\boldsymbol{G}_{X\to Y}(y)))] \tag{7.33}$$

对抗损失只能保证转换语音与目标语音的说话人身份特征具有相似性，却不能保证语音的语言内容在转换过程中不丢失，因此需要循环一致损失来增加转换约束，确保转换前后的语音内容是一致的。

$$\boldsymbol{L}_{\text{cyc}}(\boldsymbol{G}_{Y\to X},\boldsymbol{G}_{X\to Y})=E_{x:P(x)}[\|\boldsymbol{G}_{Y\to X}(\boldsymbol{G}_{X\to Y}(x))-x\|_1]+E_{y:P(y)}[\|\boldsymbol{G}_{X\to Y}(\boldsymbol{G}_{Y\to X}(y))-y\|_1] \tag{7.34}$$

同时，如果 $\boldsymbol{G}_{X\to Y}$ 的输入是 $\boldsymbol{Y}$ ，为了确保生成器不对输入信号做任何修改，而是尽可能地还原 $\boldsymbol{Y}$ ，需要使用身份映射损失来限制生成器。

$$L_{\text{id}}(\boldsymbol{G}_{Y\to X},\boldsymbol{G}_{X\to Y})=E_{x:P(x)}[\|\boldsymbol{G}_{Y\to X}(x)-x\|]+E_{y:P(y)}[\|\boldsymbol{G}_{X\to Y}(y)-y\|] \tag{7.35}$$

7.5.2.2 星型生成对抗网络

循环生成对抗网络只能完成两个语音风格之间的转换，应用到语音转换领域，也只能对一对说话人进行转换，如果需要对 N 个说话人进行转换，就需要训练 $N(N-1)$ 个循环生成对抗网络模型。为了解决这个问题，引入了星型生成对抗网络（StarGAN）。在训练阶段，星型生成对抗网络增加了说话人标签来作为生成器的输入，相比传统的生成对抗网络，鉴别器也多了一项分类任务，需要判别真实样本来自哪个说话人，并给样本打上类别标签。

星型生成对抗网络的工作流程具体为以下三步。

（1）获取源语音特征、目标说话人的身份标签，并将其作为生成器的输入，生成器生成类目标语音的假样本。

（2）将生成的假样本和目标说话人的真实语音样本一起输入鉴别器，鉴别器判断样本是否真实，并输出样本类别概率。

（3）将生成的假样本和源说话人的身份标签一起作为生成器的输入，要求能输出重构语音，这与循环生成对抗网络的一致性约束是一样的。

星型生成对抗网络各部分的损失函数包括对抗损失 $\boldsymbol{L}_{\text{adv}}$ ，优化鉴别器的分类损失 $\boldsymbol{L}_{\text{cls}}^{r}$ 、优化生成器的分类损失 $\boldsymbol{L}_{\text{cls}}^{f}$ ，重构损失 $\boldsymbol{L}_{\text{rec}}$ ，具体的表达式为

$$\boldsymbol{L}_{\text{adv}}=E_x[\log \boldsymbol{D}_{\text{src}}(x)]+E_{x,c}[\log(1-\boldsymbol{D}_{\text{src}}(\boldsymbol{G}(x,c)))] \tag{7.36}$$

$$\boldsymbol{L}_{\text{cls}}^{r}=E_{x,c'}[-\log \boldsymbol{D}_{\text{cls}}(c'\mid x)] \tag{7.37}$$

$$\boldsymbol{L}_{\text{cls}}^{f}=E_{x,c}[-\log \boldsymbol{D}_{\text{cls}}(c\mid \boldsymbol{G}(x,c))] \tag{7.38}$$

$$\boldsymbol{L}_{\text{rec}}=E_{x,c,c'}[\|x-\boldsymbol{G}(\boldsymbol{G}(x,c),c')\|_1] \tag{7.39}$$

综前所述，可得模型训练所需的总体损失为

$$L_D = -L_{\text{adv}} + \lambda_{\text{cls}} L_{\text{cls}}^r \tag{7.40}$$

$$L_G = L_{\text{adv}} + \lambda_{\text{cls}} L_{\text{cls}}^f + \lambda_{\text{rec}} L_{\text{rec}} \tag{7.41}$$

7.5.2.3　变分自动编码器

语音由两部分构成，分别是与说话人无关的语音内容和与说话人相关的个性特征。而语音转换的目标就是改变说话人相关的部分，保留说话人无关的部分。变分自动编码器（Variational Auto Encoder，VAE）能够将语音的两个部分分离，并根据说话人无关的部分和转换后的说话人相关的部分重建语音波形，达到转换语音的目的。

变分自动编码器系统由编码器和解码器构成，系统流程如图 7.17 所示。假设在语音频谱帧上能够提取出说话人个性特征和音素特征，且这些特征能够通过解码器来合成新的语音频谱帧，那就可以使用变分自动编码器来解耦和重构特征向量。

图 7.17　VAE 系统流程

其中，$f_\phi(\bullet)$ 表示与说话人无关的编码器，在编码过程中并不关注输入频谱帧对应的说话人身份，因此源说话人和目标说话人的频谱帧可以统一用 $\boldsymbol{x}_n$ 表示，编码器的任务是将输入编码成独立于说话人的潜在变量 $\boldsymbol{z}_n$，即

$$\boldsymbol{z}_n = f_\phi(\boldsymbol{x}_n) \tag{7.42}$$

解码器 $f_\theta(\bullet)$ 是为了重构与说话人相关的帧，因此需要一个与目标说话人相关的潜在表示 $\boldsymbol{y}_n$，与 $\boldsymbol{z}_n$ 相连接作为解码器的输入，该过程使用如下公式表示

$$\hat{\boldsymbol{x}}_n = f_\theta(\boldsymbol{z}_n, \boldsymbol{y}_n) \tag{7.43}$$

基于变分自动编码器的语音转换方法通过分离和重建的方式来转换语音，对非平行数据的转换展示出了良好的效果，后来的学者们在此基础上进行研究，扩展了相当多的改进方法，如 VQVAE、AutoVC、Cotatron、VAE-GAN 等。

7.5.2.4　自适应实例规范化

目前在语音转换领域的研究，自适应实例规范化（Adaptive Instance Normalization VC, AdaIN-VC）通过使用实例规范化分离说话人和内容表示来实现语音转换。自适应实例规范化由说话人编码器、内容编码器和解码器组成。说话人编码器经过训练，将说话人信息编码到说话人表示中。内容编码器被训练为仅将语言信息编码到内容表示中。然后解码器的任务是通过组合这两种表示来合成语音。自适应实例规范化在内容编码器中使用不带仿射变换的实例归一化对控制全局信息的信道统计进行归一化。从由内容编码器编码的表示中移除全局信息。解码器中使用了自适应实例归一化，相应的仿射参数由说话人编码器提供。利用 AdaIN-VC 语言转换流程图如图 7.18 所示。

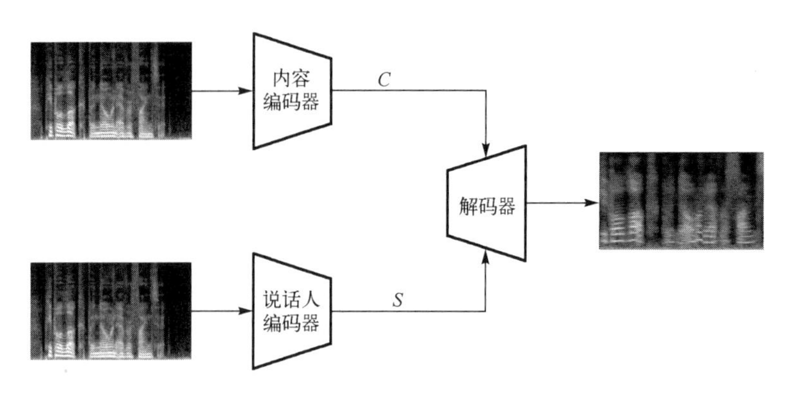

图 7.18　利用 AdaIN-VC 语音转换流程图

设 $\boldsymbol{x}$ 为声学特征段，$\boldsymbol{X}$ 为训练数据中所有声学段的集合，$\boldsymbol{E}_s$ 为说话人编码器，$\boldsymbol{E}_C$ 为内容编码器，$\boldsymbol{D}$ 为解码器。其中，$\boldsymbol{E}_s$ 生成说话人表示 $\boldsymbol{z}_s$，$\boldsymbol{E}_C$ 生成内容表示 $\boldsymbol{z}_C$。假设 $\boldsymbol{p}(\boldsymbol{z}_c \mid \boldsymbol{x})$ 是一个条件独立、单位方差的高斯分布，则有 $\boldsymbol{p}(\boldsymbol{z}_c \mid \boldsymbol{x}) = \boldsymbol{N}(\boldsymbol{E}_c(x), \boldsymbol{I})$。

重建损失表示为

$$\boldsymbol{L}_{\text{rec}}(\boldsymbol{\theta}_{\boldsymbol{E}_s}, \boldsymbol{\theta}_{\boldsymbol{E}_c}, \boldsymbol{\theta}_{\boldsymbol{D}}) = E_{\boldsymbol{x} \sim \boldsymbol{p}(\boldsymbol{x}), \boldsymbol{z}_c \sim \boldsymbol{p}(\boldsymbol{z}_c \mid \boldsymbol{x})}[\| \boldsymbol{D}(\boldsymbol{E}_s(\boldsymbol{x}), \boldsymbol{z}_c) - \boldsymbol{x} \|_1^1] \tag{7.44}$$

在训练过程中，从 $\boldsymbol{X}$ 均匀地采样声学段 $\boldsymbol{x}$，为了将后验分布 $p(\boldsymbol{z}_c \mid \boldsymbol{x})$ 与先验 $\boldsymbol{N}(0, \boldsymbol{I})$ 匹配，加入相对熵（Kullback-Leibler Divergence，KL）散度损失。由于假设为单位方差，相对熵散度降低为 L_2 正则化。相对熵散度损失项表示为

$$\boldsymbol{L}_{\text{KL}}(\boldsymbol{\theta}_{\boldsymbol{E}_c}) = E_{\boldsymbol{x} \sim \boldsymbol{p}(\boldsymbol{x})}[\| \boldsymbol{E}_c(\boldsymbol{x})^2 \|_2^2] \tag{7.45}$$

最后训练的目标函数是这两项与加权超参数 λ_{rec} 和 λ_{kl} 的组合，即

$$\boldsymbol{L}(\boldsymbol{\theta}_{\boldsymbol{E}_c}, \boldsymbol{\theta}_{\boldsymbol{E}_c}, \boldsymbol{\theta}_{\boldsymbol{D}}) = \lambda_{\text{rec}} \boldsymbol{L}_{\text{rec}} + \lambda_{\text{KL}} \boldsymbol{L}_{\text{KL}} \tag{7.46}$$

7.5.2.5　激活引导和自适应实例归一化

利用 AdaIN-VC 将说话人信息视为语音的全局风格，这应该是不变的。相反，由于内容信息的时变特性而被视为局部信息。从这个角度来看，AdaIN 中的实例规范化是 VC 的一部分，用于特征的解纠缠。与 AdaIN-VC 相比，激活引导和自适应实例归一化（Activation Guidance and Adaptive Instance Normalization，AGAIN-VC）仅使用单个编码器来提取说话人和内容表示。通过设计良好的模型架构，单个编码器在分离说话人和内容信息方面比使用两个不同的编码器进行解纠缠上具有更好的性能。更具体地说，整体结构上没有构建一个额外的说话人编码器，而是直接将实例规范化（IN）层内计算得到的平均值 μ 和标准偏差 σ 用作说话人嵌入。

此外，引入激活引导，通过不同的激活函数进行适当的激活从而形成信息瓶颈以防止内容嵌入泄漏说话人信息，而不通过降低维度或矢量量化形成信息瓶颈。通过额外的激活功能，内容嵌入的范围受到一定限制。通过实验得出一些激活函数如 ReLU 在过程中会破坏嵌入中编码的重要信息，但其他函数在不影响重建性能的情况下进行适度约束，成为一个良好的信息瓶颈。利用 AGAIN-VC 语音转换流程图如图 7.19 所示。

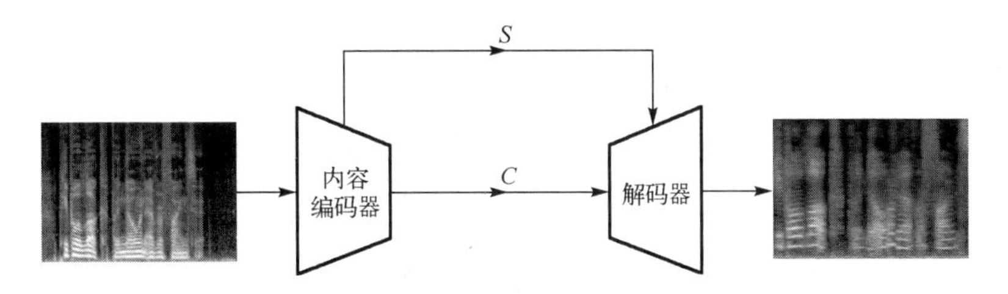

图 7.19　利用 AGAIN-VC 语音转换流程图

通过这个额外的瓶颈，模型必须从说话人嵌入中获取更多信息，而说话人嵌入仅由 μ 和 σ 组成。然而得到的 μ 和 σ 是不变的，因此无法表示随时间变化的内容，意味着内容信息不能由 μ 和 σ 携带。在这种情况下，该模型的全局说话人信息更容易学习。在某种程度上，以这种方式以引导自己学习更多的内容信息，因此说话人信息就不能再通过内容嵌入来传递，只能由内容嵌入同时携带。

设 $\boldsymbol{X} \in \mathbb{R}^{K \times T}$ 作为音频段的输入 Mel 谱图，其中 K 是每帧声学特征的频率区间数，T 表示该段的持续时间。AGAIN-VC 仅使用自重构损失，即

$$\boldsymbol{L}_{\text{rec}}(\boldsymbol{\theta}_E, \boldsymbol{\theta}_D) = E_{\boldsymbol{x} \sim p(\boldsymbol{x}), z \sim p(z|\boldsymbol{x})}[\| \boldsymbol{D}(\boldsymbol{E}_s(\boldsymbol{X}), \boldsymbol{z}) - \boldsymbol{X} \|_1^1] \tag{7.47}$$

相关源码如下所示。

```
定义模块:
class InstanceNorm(nn.Module):
    def __init__(self, eps=1e-5):
        super().__init__()
        self.eps = eps

    def calc_mean_std(self, x, mask=None):
        B, C = x.shape[:2]

        mn = x.view(B, C, -1).mean(-1)
        sd = (x.view(B, C, -1).var(-1) + self.eps).sqrt()
        mn = mn.view(B, C, *((len(x.shape) - 2) * [1]))
        sd = sd.view(B, C, *((len(x.shape) - 2) * [1]))

        return mn, sd

    def forward(self, x, return_mean_std=False):
        mean, std = self.calc_mean_std(x)
        x = (x - mean) / std
        if return_mean_std:
            return x, mean, std
        else:
            return x

class ConvNorm(torch.nn.Module):
    def __init__(self, in_channels, out_channels, kernel_size=1, stride=1,
```

```
                padding=None, dilation=1, groups=1, bias=True, w_init_gain=
'linear', padding_mode='zeros', sn=False):
        super(ConvNorm, self).__init__()
        if padding is None:
            assert(kernel_size %2 == 1)
            padding = int(dilation * (kernel_size - 1) / 2)
        self.conv = torch.nn.Conv1d(in_channels, out_channels,
                                    kernel_size=kernel_size, stride=stride,
                                    padding=padding, dilation=dilation,
                                    groups=groups,
                                    bias=bias, padding_mode=padding_mode)
        if sn:
            self.conv = nn.utils.spectral_norm(self.conv)
        torch.nn.init.xavier_uniform_(
            self.conv.weight, gain=torch.nn.init.calculate_gain(w_init_gain))
    def forward(self, signal):
        conv_signal = self.conv(signal)
        return conv_signal

class ConvNorm2d(torch.nn.Module):
    def __init__(self, in_channels, out_channels, kernel_size=1, stride=1,
                padding=None, dilation=1, bias=True, w_init_gain='linear',
padding_mode='zeros'):
        super().__init__()
        if padding is None:
            if type(kernel_size) is tuple:
                padding = []
                for k in kernel_size:
                    assert(k %2 == 1)
                    p = int(dilation * (k - 1) / 2)
                    padding.append(p)
                padding = tuple(padding)
            else:
                assert(kernel_size %2 == 1)
                padding = int(dilation * (kernel_size - 1) / 2)

        self.conv = torch.nn.Conv2d(in_channels, out_channels,
                                    kernel_size=kernel_size, stride=stride,
                                    padding=padding, dilation=dilation,
                                    bias=bias, padding_mode=padding_mode)

        torch.nn.init.xavier_uniform_(
            self.conv.weight, gain=torch.nn.init.calculate_gain(w_init_gain))

    def forward(self, signal):
        conv_signal = self.conv(signal)
```

```
        return conv_signal

class EncConvBlock(nn.Module):
    def __init__(self, c_in, c_h, subsample=1):
        super().__init__()
        self.seq = nn.Sequential(
                ConvNorm(c_in, c_h, kernel_size=3, stride=1),
                nn.BatchNorm1d(c_h),
                nn.LeakyReLU(),
                ConvNorm(c_h, c_in, kernel_size=3, stride=subsample),
                )
        self.subsample = subsample
    def forward(self, x):
        y = self.seq(x)
        if self.subsample > 1:
            x = F.avg_pool1d(x, kernel_size=self.subsample)
        return x + y

class DecConvBlock(nn.Module):
    def __init__(self, c_in, c_h, c_out, upsample=1):
        super().__init__()
        self.dec_block = nn.Sequential(
                ConvNorm(c_in, c_h, kernel_size=3, stride=1),
                nn.BatchNorm1d(c_h),
                nn.LeakyReLU(),
                ConvNorm(c_h, c_in, kernel_size=3),
                )
        self.gen_block = nn.Sequential(
                ConvNorm(c_in, c_h, kernel_size=3, stride=1),
                nn.BatchNorm1d(c_h),
                nn.LeakyReLU(),
                ConvNorm(c_h, c_in, kernel_size=3),
                )
        self.upsample = upsample
    def forward(self, x):
        y = self.dec_block(x)
        if self.upsample > 1:
            x = F.interpolate(x, scale_factor=self.upsample)
            y = F.interpolate(y, scale_factor=self.upsample)
        y = y + self.gen_block(y)
        return x + y
```

整体模型：

```
class Encoder(nn.Module):
    def __init__(
        self, c_in, c_out,
        n_conv_blocks, c_h, subsample
```

```
    ):
        super().__init__()
        self.inorm = InstanceNorm()
        self.conv1d_first = ConvNorm(c_in * 1, c_h)
        self.conv1d_blocks = nn.ModuleList([
            EncConvBlock(c_h, c_h, subsample=sub) for _, sub in zip(range
(n_conv_blocks), subsample)
            ])
        self.out_layer = ConvNorm(c_h, c_out)

    def forward(self, x):
        y = x
        y = y.squeeze(1)
        y = self.conv1d_first(y)

        mns = []
        sds = []

        for block in self.conv1d_blocks:
            y = block(y)
            y, mn, sd = self.inorm(y, return_mean_std=True)
            mns.append(mn)
            sds.append(sd)
        y = self.out_layer(y)
        return y, mns, sds

class Decoder(nn.Module):
    def __init__(
        self, c_in, c_h, c_out,
        n_conv_blocks, upsample
    ):
        super().__init__()
        self.in_layer = ConvNorm(c_in, c_h, kernel_size=3)
        self.act = nn.LeakyReLU()
        self.conv_blocks = nn.ModuleList([
            DecConvBlock(c_h, c_h, c_h, upsample=up) for _, up in zip(range
(n_conv_blocks), upsample)
        ])
        self.inorm = InstanceNorm()
        self.rnn = nn.GRU(c_h, c_h, 2)
        self.out_layer = nn.Linear(c_h, c_out)

    def forward(self, enc, cond, return_c=False, return_s=False):
        y1, _, _ = enc
        y2, mns, sds = cond
        mn, sd = self.inorm.calc_mean_std(y2)
```

```
        c = self.inorm(y1)
        c_affine = c * sd + mn
        y = self.in_layer(c_affine)
        y = self.act(y)
        for i, (block, mn, sd) in enumerate(zip(self.conv_blocks, mns, sds)):
            y = block(y)
            y = self.inorm(y)
            y = y * sd + mn

        y = torch.cat((mn, y), dim=2)
        y = y.transpose(1,2)
        y, _ = self.rnn(y)
        y = y[:,1:,:]
        y = self.out_layer(y)
        y = y.transpose(1,2)
        if return_c:
            return y, c
        elif return_s:
            mn = torch.cat(mns, -2)
            sd = torch.cat(sds, -2)
            s = mn * sd
            return y, s
        else:
            return y

class VariantSigmoid(nn.Module):
    def __init__(self, alpha):
        super().__init__()
        self.alpha = alpha
    def forward(self, x):
        y = 1 / (1+torch.exp(-self.alpha*x))
        return y

class NoneAct(nn.Module):
    def __init__(self):
        super().__init__()
    def forward(self, x):
        return x

class Activation(nn.Module):
    dct = {
        'none': NoneAct,
        'sigmoid': VariantSigmoid,
        'tanh': nn.Tanh
    }
    def __init__(self, act, params=None):
```

```
        super().__init__()
        self.act = Activation.dct[act](**params)
    def forward(self, x):
        return self.act(x)

class Model(nn.Module):
    def __init__(self, encoder_params, decoder_params, activation_params):
        super().__init__()
        self.encoder = Encoder(**encoder_params)
        self.decoder = Decoder(**decoder_params)
        self.act = Activation(**activation_params)

    def forward(self, x, x_cond=None):
        len_x = x.size(2)
        if x_cond is None:
            x_cond = torch.cat((x[:,:,len_x//2:], x[:,:,:len_x//2]), axis=2)
        x, x_cond = x[:,None,:,:], x_cond[:,None,:,:]
        enc, mns_enc, sds_enc = self.encoder(x) # , mask=x_mask)
        cond, mns_cond, sds_cond = self.encoder(x_cond) #, mask=cond_mask)
        enc = (self.act(enc), mns_enc, sds_enc)
        cond = (self.act(cond), mns_cond, sds_cond)
        y = self.decoder(enc, cond)
        return y

    def inference(self, source, target):
        original_source_len = source.size(-1)
        original_target_len = target.size(-1)
        if original_source_len %8 != 0:
            source = F.pad(source, (0, 8 - original_source_len %8), mode='reflect')
        if original_target_len %8 != 0:
            target = F.pad(target, (0, 8 - original_target_len %8), mode='reflect')
        x, x_cond = source, target
        x = x[:,None,:,:]
        x_cond = x_cond[:,None,:,:]
        enc, mns_enc, sds_enc = self.encoder(x) # , mask=x_mask)
        cond, mns_cond, sds_cond = self.encoder(x_cond) #, mask=cond_mask)

        enc = (self.act(enc), mns_enc, sds_enc)
        cond = (self.act(cond), mns_cond, sds_cond)
        y = self.decoder(enc, cond)
        dec = y[:,:,:original_source_len]
        return dec
```

训练模型:

```
if __name__ == '__main__':

    args = get_args()
```

```
    config = Config(args.config)
    same_seeds(args.seed)
    trainer = Trainer(config, args)
    trainer.train(total_steps=args.total_steps,
        verbose_steps=args.verbose_steps,
        log_steps=args.log_steps,
        save_steps=args.save_steps,
        eval_steps=args.eval_steps)
```

转换语音：

```
if __name__ == '__main__':

    args = get_args()
    config = Config(args.config)
    same_seeds(args.seed)
    args.dsp_config = Config(args.dsp_config)
    logger.info(f'Config file:  {args.config}')
    logger.info(f'Checkpoint:  {args.load}')
    logger.info(f'Source path: {args.source}')
    logger.info(f'Target path: {args.target}')
    logger.info(f'Output path: {args.output}')
    inferencer = Inferencer(config=config, args=args)
    inferencer.inference(source_path=args.source,target_path=args.target,
    out_path=args.output, seglen=args.seglen)
```

运行以上程序，得到源语音波形图及 Mel 谱图如图 7.20 所示，目标语音波形图及 Mel 谱图如图 7.21 所示，转换语音波形图及 Mel 谱图如图 7.22 所示。

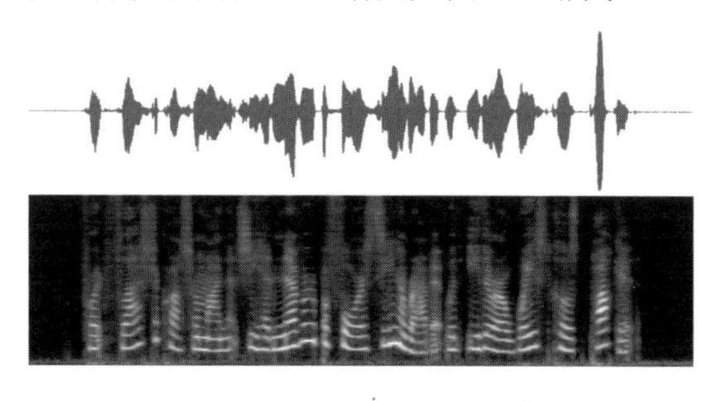

图 7.20　源语音波形图及 Mel 谱图（扫码见彩图）

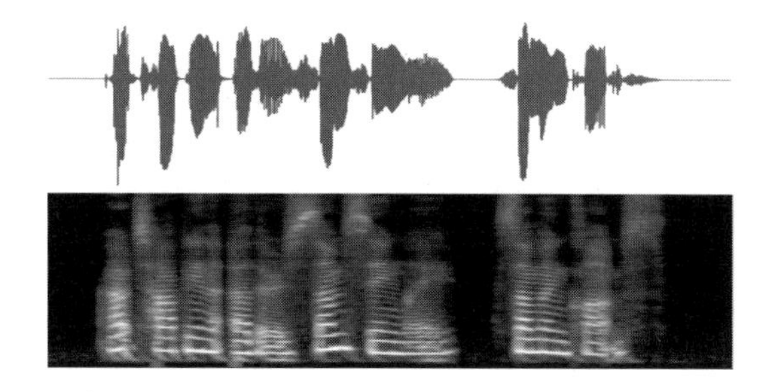

图 7.21　目标语音波形图及 Mel 谱图（扫码见彩图）

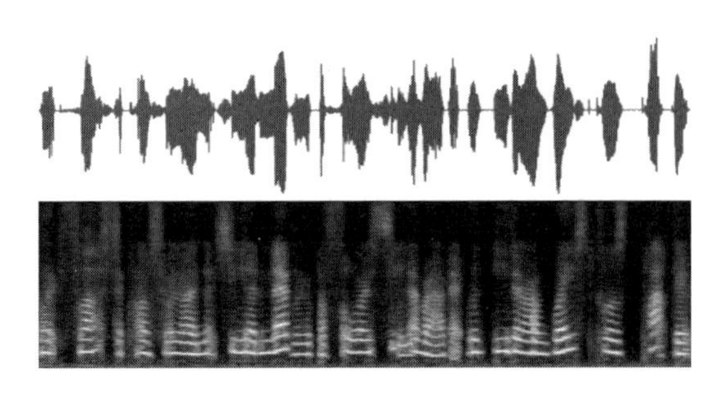

图 7.22 转换语音波形图及 Mel 谱图（扫码见彩图）

练 习 题

1．语音合成主要分为几类？什么是波形合成法、参数合成法和规则合成法？它们之间有什么区别及各自的优势是什么？

2．共振峰合成法与 LPC 合成法的原理是什么？二者合成语音的质量有什么不同？

3．PSOLA 合成有哪些实现方式？TD-PSOLA 和 FD-PSOLA 各自的实现过程是什么？

4．TTS 系统可应用于哪些领域？其由哪些部分组成？在 TTS 中，应如何进行语音合成中的韵律控制？

5．什么是语音转换，语音转换可以分为哪几类转换？

6．语音转换可以分为几个阶段，每个阶段具体有哪些流程？

7．语音转换常用的特征参数有哪些？

8．当前语音转换存在的难点有哪些？可以从哪些方面解决这些困难？

第 8 章

语 音 识 别 «

8.1 采用矢量量化的说话人识别

矢量量化是一种信号处理和数据压缩技术，常用于图像处理、语音处理等领域。在说话人识别中，矢量量化可以用于提取和表示说话人的声音特征，以便于后续的识别和验证任务。

在说话人识别中，矢量量化的基本思想是将声音信号的各帧表示为一个向量。这些向量可以是声学特征的统计信息，接着对这些向量进行聚类，形成一组代表性的矢量。当新的声音信号到来时，它会被分割成时间片段，并用与训练时相同的特征提取方法转换为向量。然后，通过计算输入向量与码本中各个矢量的距离，找到最匹配的码本向量，从而确定说话人的识别。

8.1.1 矢量量化的原理

将若干个标量数据组成一个矢量（或者是从一帧语音数据中提取的特征矢量）在多维空间给予整体量化，从而可以在信息量损失较小的情况下压缩数据量。矢量量化有效地应用了矢量中各元素之间的相关性，因此可以比标量量化有更好的压缩效果。

设从语音数据中提取了 N 个 K 维的特征矢量矩阵 $\boldsymbol{X}=\{\boldsymbol{X}_1,\boldsymbol{X}_2,\cdots \boldsymbol{X}_i,\cdots \boldsymbol{X}_N\}, i=1,2,\cdots N$，其中 $\boldsymbol{X}_i$ 表示声音信号某一帧的特征向量，$\boldsymbol{X}_i=\{x_1,x_2,\cdots,x_K\}$，将 K 维空间 R^K 无遗漏地划分成 J 个互不相交的子空间 $\boldsymbol{R}_1,\boldsymbol{R}_2,\cdots,\boldsymbol{R}_J$，这些子空间 $\boldsymbol{R}_j$ 称为胞腔，在每个子空间 $\boldsymbol{R}_j$ 中找一个代表矢量 $\boldsymbol{Y}_j$，则 J 个代表矢量可以组成矢量集：$\boldsymbol{Y}=\{\boldsymbol{Y}_1,\boldsymbol{Y}_2,\cdots \boldsymbol{Y}_j,\cdots \boldsymbol{Y}_J\}, j=1,2,\cdots,J$ 组成了矢量量化器，被称为**码本**（Codebook），$\boldsymbol{Y}_j$ 称为码字，J 称为码本的长度，不同的划分或不同的代表向量选取方法就可以构成不同的矢量量化器。

矢量量化器的设计主要有两个问题：一个是如何划分量化区域，使平均失真度最小化；另一个则是怎样保证在失真度最小的情况下寻求最优码本。

失真测度是输入矢量 $\boldsymbol{X}_i$ 用码字 $\boldsymbol{Y}_j$ 来表示时所产付出的代价，能够表示码字和各个码本之间的相似程度。失真测度选择的好坏会直接影响到说话人识别系统的性能。

当矢量量化器输入一个任意矢量 $\boldsymbol{X}_i \in \boldsymbol{R}^K$ 并对其进行矢量量化时，矢量量化器首先判断它属于哪个子空间 $\boldsymbol{R}_j$，然后输出该子空间的代表向量 $\boldsymbol{Y}_j$，$Q(\boldsymbol{X}_i)$ 表示量化器函数，则有

$$\boldsymbol{Y}_j=Q(\boldsymbol{X}_i),\quad 1\leqslant j\leqslant J,\quad 1\leqslant i\leqslant N \tag{8.1}$$

该函数完成了 K 维空间中的矢量 $\boldsymbol{X}_i$ 到有限子集 $\boldsymbol{Y}$ 的映射，以 $K=2$（实际中的 $K>2$）

为例来说明矢量量化过程。当 $K=2$ 时，所得到的是二维矢量。N 个特征矢量中第 i 个特征矢量记为 $\boldsymbol{X}_i=\{x_{i1},x_{i2}\}$，构成一个二维空间。

矢量量化区域划分如图 8.1 所示。矢量量化就是先把这个平面划分成 J 个互不相交的子区域 $\boldsymbol{R}_1,\boldsymbol{R}_2,\cdots,\boldsymbol{R}_J$，图 8.11 表示一个码本大小为 $J=7$ 的二维矢量量化器，码本为 $\boldsymbol{Y}=\{\boldsymbol{Y}_1,\boldsymbol{Y}_2,\cdots\boldsymbol{Y}_7\}$。

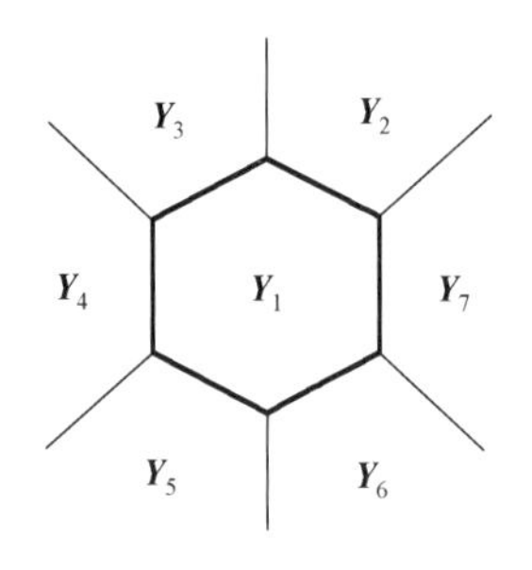

图 8.1　矢量量化区域划分

对 $\boldsymbol{X}_i=\{x_{i1},x_{i2}\}$ 进行量化时，设计码本要求首先要选择一个合适的失真测度，然后根据最小失真原理，分别计算用各码矢 $\boldsymbol{Y}_j$ 代替 $\boldsymbol{X}_i$ 所带来的失真，产生最小失真值时所对应的码矢即 $\boldsymbol{X}_i$ 的重构矢量，或称为 $\boldsymbol{X}_i$ 被量化成该码矢。

8.1.2　矢量量化的训练

矢量量化的说话人识别训练主要包含以下内容。

（1）从训练语音提取特征矢量，得到特征矢量集。

（2）选择合适的失真测度，并通过码本优化算法生成码本。

（3）重复训练修正优化码本。

（4）存储码本。

如果用距离 $d(\boldsymbol{X},\boldsymbol{Y})$ 表示训练用特征矢量 $\boldsymbol{X}$ 与训练出的码本的码字 $\boldsymbol{Y}$ 之间的畸变，那么最佳码本要求使得畸变的统计平均值 $D=E[d(\boldsymbol{X},\boldsymbol{Y})]$ 达到最小。这里，$E[\ ]$ 表示对 $\boldsymbol{X}$ 全体所构成的集合及码本的所有码字 $\boldsymbol{Y}$ 进行统计平均。为了实现这一目的，应该遵循以下两条原则。

根据 $\boldsymbol{X}$ 选择相应的码字 $\boldsymbol{Y}_1$ 时应遵循最近邻原则，可表示为

$$d(\boldsymbol{X},\boldsymbol{Y})=\min_j[d(\boldsymbol{X},\boldsymbol{Y}_j)] \tag{8.2}$$

设所有码字 $\boldsymbol{Y}_1$（所表示的区域）的输入矢量 $\boldsymbol{X}$ 的集合为 $\boldsymbol{S}_1$，那么 $\boldsymbol{Y}_1$ 应使此集合 $\boldsymbol{S}_1$ 中所有矢量与 $\boldsymbol{Y}_1$ 之间的畸变最小，如果 $\boldsymbol{X}$ 与 $\boldsymbol{Y}$ 之间的畸变值等于它们的欧氏距离，那么 $\boldsymbol{Y}_1$ 应为 $\boldsymbol{S}_1$ 中所有矢量的质心，即

$$\boldsymbol{Y}_1=\frac{1}{N}\sum_{\boldsymbol{X}\in\boldsymbol{S}_1}\boldsymbol{X} \tag{8.3}$$

这里，N 表示 $\boldsymbol{S}_1$ 中包含的矢量个数。根据这两条原则，可以得到一种码本设计的递推算法 LBG（Linde Buzo Gray）。整个算法实际上就是上述两个条件的反复迭代过程，即从初始码本中寻找最佳码本的迭代过程。它由对初始码本进行迭代优化开始，一直到系统性能满足要求或不再有明显的改进为止。LBG 算法的步骤如下。

（1）码本和迭代训练参数。设全部输入训练矢量 $\boldsymbol{X}$ 的集合为 $\boldsymbol{S}$；设置码本的尺寸为 J；迭代算法的最大迭代次数为 L；设置畸变改进阈值为 δ。

（2）初始化。初始 J 个码字的初值为 $\boldsymbol{Y}_1^{(0)},\boldsymbol{Y}_2^{(0)},\cdots,\boldsymbol{Y}_J^{(0)}$，初始畸变 $D^{(0)}=\infty$，迭代次数初始值 $m=1$。

（3）根据最近邻准则将 $\boldsymbol{S}$ 分成 J 个子集 $\boldsymbol{S}_1^{(m)},\boldsymbol{S}_2^{(m)},\cdots,\boldsymbol{S}_J^{(m)}$，当 $\boldsymbol{X}\in\boldsymbol{S}_1^{(m)}$ 时，对任意的 $i(i\neq 1)$ 下式成立：

$$d(\boldsymbol{X},\boldsymbol{Y}_L^{(m-1)}) \leqslant d(\boldsymbol{X},\boldsymbol{Y}_i^{(m-1)}) \tag{8.4}$$

（4）计算总畸变 $D^{(m)}$，即

$$D^{(m)} = \sum_{L=1}^{J} \sum_{\boldsymbol{X} \in \boldsymbol{S}_i} d(\boldsymbol{X},\boldsymbol{Y}_L^{(m-1)}) \tag{8.5}$$

（5）计算畸变改进量 $\Delta D^{(m)}$ 的相对值 $\delta^{(m)}$，即

$$\delta^{(m)} = \frac{\Delta D^{(m)}}{D^{(m)}} = \frac{|D^{(m-1)} - D^{(m)}|}{D^{(m)}} \tag{8.6}$$

（6）计算新码本的码，即

$$\boldsymbol{Y}_1^{(m)},\boldsymbol{Y}_2^{(m)},\cdots,\boldsymbol{Y}_J^{(m)}$$

$$\boldsymbol{Y}_1^{(m)} = \frac{1}{N_1} \sum_{\boldsymbol{X} \in \boldsymbol{S}_{Li}^{(m)}} \boldsymbol{X} \tag{8.7}$$

（7）判断 $\delta^{(m)}$ 是否小于 δ，若是则跳转到第（9）步，否则执行第（8）步。

（8）判断 m 是否小于 L，若是则令 $m=m+1$ 跳转到第（3）步，否则执行第（9）步。

（9）终止迭代，输出 $\boldsymbol{Y}_1^{(m)},\boldsymbol{Y}_2^{(m)},\cdots,\boldsymbol{Y}_J^{(m)}$ 作为训练成的码字码本，并且输出总畸变 $D^{(m)}$ 。

8.1.3 矢量量化说话人识别的实现

矢量量化说话人识别主要包含音频特征提取和计算所有码本距离，产生最小距离的码本即是声音最相像的人。这里使用 Python 编程，以提取 MFCC 特征为例，说话人数据集为自行录制的 50 人语音库，音频的时间长度均为 5s，接着进行预处理和端点检测之后，提取 MFCC 特征参数，对特征参数进行聚类，产生码本，记为 $\boldsymbol{Y} = \{\boldsymbol{Y}_1,\boldsymbol{Y}_2,\cdots\boldsymbol{Y}_{50}\}$，每个说话人的码本有 M 个码字，形成的码本输入系统，设 $\boldsymbol{X}_i = \{\boldsymbol{x}_1,\boldsymbol{x}_2,\cdots,\boldsymbol{x}_K\}$ 是某个待测说话人的特征向量，共有 K 帧。进入识别阶段，码本根据最小距离进行聚类，然后计算特征矢量与训练得到的各个码本的平均失真距离，找出平均失真距离最小的码本。具体程序如下。

```
import os
import numpy as np
from scipy.spatial.distance import cdist
from python_speech_features import mfcc

# 提取 MFCC 特征
def extract_mfcc_features(file_path):
    sample_rate, signal = wavfile.read(file_path)
    mfcc_features = mfcc(signal, samplerate=sample_rate)
    return mfcc_features

# 加载训练数据集
train_data_folder = 'path_to_train_data_folder'
```

```
    train_files = [os.path.join(train_data_folder, file) for file in
os.listdir(train_data_folder) if file.endswith('.wav')]

    # 提取训练数据的 MFCC 特征
    train_features = []
    for file in train_files:
        features = extract_mfcc_features(file)
        train_features.extend(features)

    # 转换为 NumPy 数组
    train_features = np.array(train_features)

    # 设置参数
    num_clusters = 50  # K
    num_frames = len(train_features)
    feature_dim = len(train_features[0])

    # 使用 KMeans 进行码本生成
    kmeans = KMeans(n_clusters=num_clusters, random_state=0)
    kmeans.fit(train_features)

    # 测试数据
    test_file = 'path_to_test_file.wav'
    test_features = extract_mfcc_features(test_file)

    # 计算测试特征与各个码本的距离
    distances = cdist(test_features, kmeans.cluster_centers_, metric='euclidean')
    average_distances = np.mean(distances, axis=0)

    # 找到平均失真距离最小的码本
    predicted_speaker_index = np.argmin(average_distances)
    predicted_speaker = train_files[predicted_speaker_index].split('/')[-1]

    print(f"Predicted speaker for {test_file}: {predicted_speaker}")
```

8.2 采用动态时间规整的孤立词识别

孤立词识别是语音识别中的一项重要任务，它涉及识别单个独立的词语。动态时间规整（Dynamic Time Warping，DTW）是一种常用于语音识别和时间序列匹配的算法，特别适用于处理时间轴上存在时间伸缩或略微变形的情况。

DTW 算法的基本思想是将两个时间序列进行时间轴的拉伸或压缩，使得它们之间的距离最小。在孤立词识别任务中，DTW 算法可以用于计算测试音频与模板音频之间的距离，从而确定测试音频所属的词语类别。

DTW 算法大多用于检测两条语音的相似程度，在声音信号中，需要比较相似性的两段时间序列的长度通常并不相等，即不同人的语速不同。因为声音信号具有相当大的随机性，即使同一个人在不同时刻发同一个音，也不可能具有完全的时间长度。而且同一个单词内的不同音素的发音速度也不同，如有的人会把“A”这个音拖得很长，或者把“i”发得很短。

如图 8.2(a)所示，上边缘和下边缘曲线分别是同一个孤立词“pen”的两个语音波形，它们整体上的波形形状很相似，但在时间轴上却是不对齐的；而在图 8.2(b)中，利用 DTW 可以通过找到这两个波形对齐的点，这样计算它们的距离才是正确的。

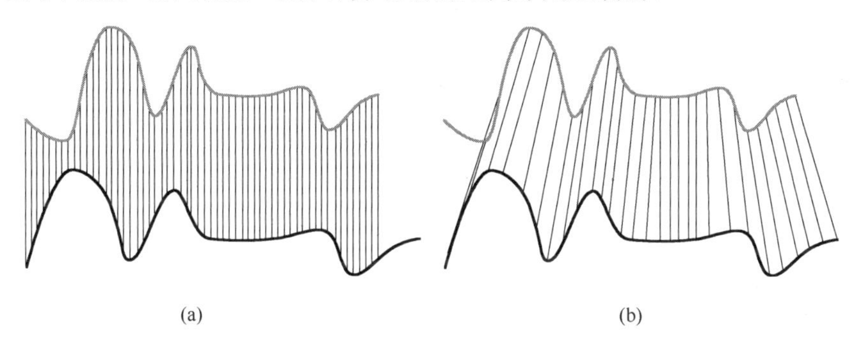

图 8.2　DTW 语音波形对齐

在比较相似度之前，需要将其中一个（或者两个）序列在时间轴下扭曲，以实现更好得对齐。而 DTW 就是实现这种扭曲的一种有效方法。利用 DTW 通过把时间序列进行延伸和缩短，来计算两个时间序列性之间的相似性。

为了对齐这两个语音波形，构造一个 $n \times m$ 的矩阵网格，矩阵元素 (i, j) 表示 q_i 和 c_j 两个点之间的距离的 $d(q_i, c_j)$，即

$$d(q_i, c_j) = (q_i - c_j)^2 \tag{8.8}$$

该距离表示语音序列 $\boldsymbol{Q}$ 上每个点和 $\boldsymbol{C}$ 上每个点的距离，距离越小则相似度越高。DTW 的目标是寻找一条通过此网格中若干格点的路径，路径通过的格点即为两个语音序列进行计算的对齐的点，如图 8.3 所示。

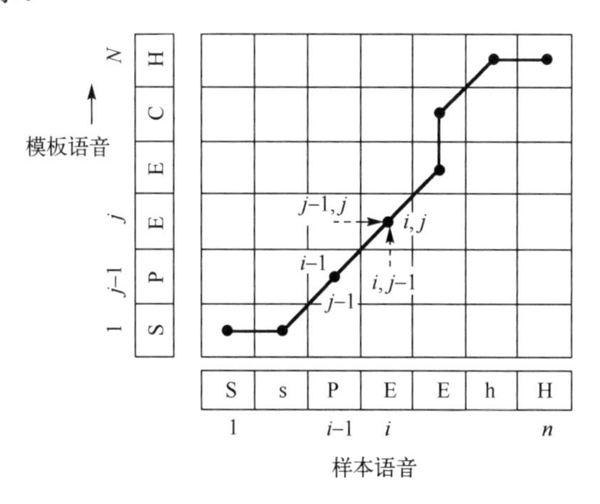

图 8.3　DTW 路径搜索

将这条路径定义为规整路径，并用 $\boldsymbol{W}$ 来表示，$\boldsymbol{W}$ 的第 k 个元素定义为

$$w_k = (i,j)_k \tag{8.9}$$

因此，$\boldsymbol{W}=\{w_1,w_2,\cdots,w_K\}$，$\max(m,n)<K<m+n-1$。

路径的选择应满足以下约束条件。

（1）边界条件：$w_1=(1,1),w_K=(m,n)$，任何一种语音的发音快慢都有可能变化，但是其各部分的先后顺序不可能改变，因此所选的路径必定是从左下角出发，在右上角结束。

（2）连续性：设 $w_{k-1}=(a',b')$，对于路径下一个点 $w_k=(a,b)$ 需要满足 $a-a'\leqslant 1$ 和 $b-b'\leqslant 1$，即不可跨越某一点去匹配，只能与自己相邻的点对齐。这样可以保证 $\boldsymbol{Q}$ 和 $\boldsymbol{C}$ 的坐标都在 $\boldsymbol{W}$ 中出现。

（3）单调性：$a-a'\geqslant 0$ 和 $b-b'\geqslant 0$，$\boldsymbol{W}$ 上面的点必须是随着时间单调进行的，以保证图 8.2(b)中的连线不会相交。结合约束条件，每个格点的路径就只有三个方向了。例如，如果路径已经通过了格点 (i,j)，那么下一个通过的格点只可能是下列三种情况之一：$(i+1,j)$，$(i,j+1)$，$(i+1,j+1)$。

在符合条件的多种路径中，选择规整代价最小的，即

$$\mathrm{DTW}(\boldsymbol{Q},\boldsymbol{C})=\min\left\{\frac{1}{K}\sqrt{\sum_{k=1}^{K}w_k}\right\} \tag{8.10}$$

系数 K 主要是用来对不同的长度的规整路径做补偿，把两个时间序列进行延伸和缩短，来得到两个时间序列性距离最短的扭曲，这个最短的距离也就是这两个时间序列的最后的距离度量。在这里，我们要做的就是选择一个路径，使得最后得到的总距离最短。

累积距离 $\gamma(i,j)$ 可以按下面的方式表示。假设累积距离 $\gamma(i,j)$ 为当前格点距离 $d(i,j)$，也就是点 q_i 和 c_j 的距离（相似性）与可以到达该点的最小邻近元素的累积距离之和，即

$$\gamma(i,j)=d(q_i,c_j)+\min\{\gamma(i-1,j-1),\gamma(i-1,j),\gamma(i,j-1)\} \tag{8.11}$$

下、左、斜下这三个方向的值可以依次递归求得，直到点(1,1)。

例如，假设标准模板 $\boldsymbol{R}$ 为字母 ABCDEF（6 个），测试模板 $\boldsymbol{T}$ 为 1234（4 个）。$\boldsymbol{R}$ 和 $\boldsymbol{T}$ 中各元素之间的距离已经给出，如图 8.4 所示。

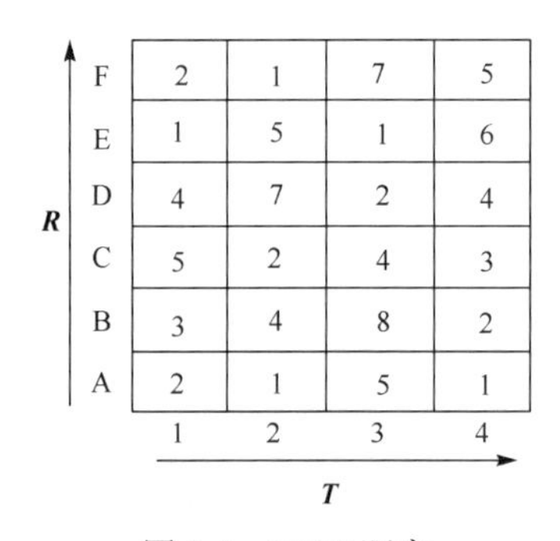

图 8.4　DTW 距离

计算出测试模板 $\boldsymbol{T}$ 和标准模板 $\boldsymbol{R}$ 之间的距离，当从一个方格 $(i-1,j-1)$ 或 $(i-1,j)$ 或 $(i,j-1)$ 中到下一个方格 (i,j)，如果是横着或者竖着，则其距离为 $d(i,j)$，如果是斜着对角线过来的，则是 $2d(i,j)$，其约束条件为

$$g(i_k,j_k)=g(i,j)=\min\begin{cases}g(i-1,j)+d(i,j)\\g(i-1,j-1)+2d(i,j)\\g(i,j-1)+d(i,j)\end{cases} \tag{8.12}$$

其中，$g(i,j)$ 表示两个模板都从起始分量逐次匹配，已经到了 $\boldsymbol{R}$ 中的 i 分量和 $\boldsymbol{T}$ 中的 j 分量，并且匹配到此步是两个模板之间的距离。并且都是在前一次匹配的结果上加 $d(i,j)$ 或者

$2d(i, j)$，然后取最小值。

最终计算结果如下，两个模板直接的距离为 26，通过回溯找到最短距离的路径，通过箭头方向反推回去，如图 8.5 所示。

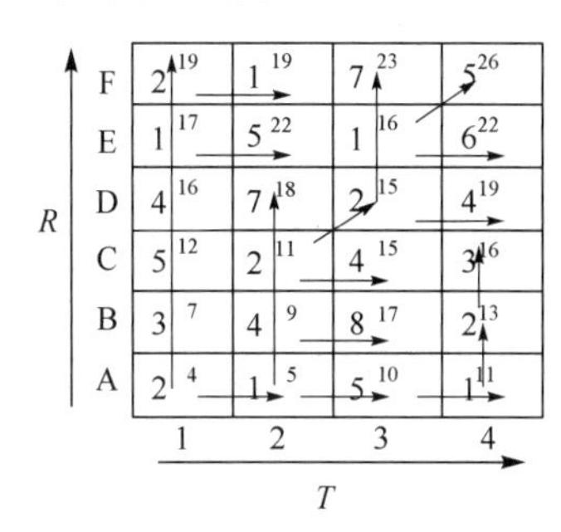

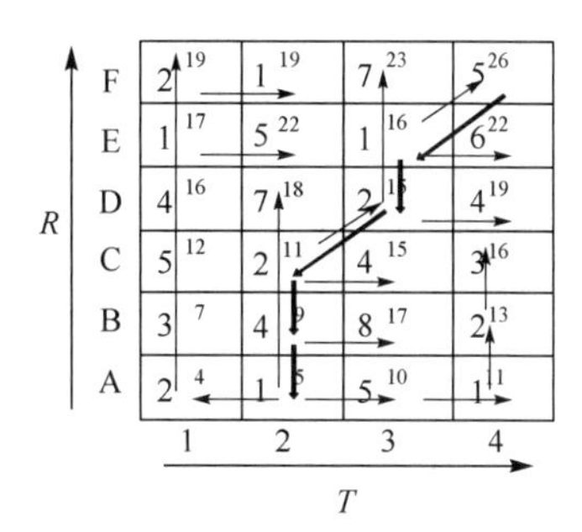

图 8.5　路径回溯

例 8.1　根据 DTW 的算法描述，请用代码进行实现。

解：代码如下所示。

```
import numpy as np
# We define two sequences x, y as numpy array
# where y is actually a sub-sequence from x
x = np.array([2, 0, 1, 1, 2, 4, 2, 1, 2, 0]).reshape(-1, 1)
y = np.array([1, 1, 2, 4, 2, 1, 2, 0]).reshape(-1, 1)
from dtw import dtw
euclidean_norm = lambda x, y: np.abs(x - y)
d, cost_matrix, acc_cost_matrix, path = dtw(x, y, dist=euclidean_norm)
print(d)
 # Only the cost for the insertions is kept
# You can also visualise the accumulated cost and the shortest path
import matplotlib.pyplot as plt
plt.imshow(acc_cost_matrix.T, origin='lower', cmap='gray', interpolation='nearest')
plt.plot(path[0], path[1], 'w')
plt.show()
```

用 Python 实现孤立词的 DTW 算法参考代码如下。

```
import os
import numpy as np
import librosa
from scipy.spatial.distance import euclidean

def dtw_distance(s1, s2):
    # 计算两个特征序列之间的距离
    dist_matrix = np.zeros((len(s1), len(s2)))

    for i in range(len(s1)):
        for j in range(len(s2)):
            dist_matrix[i][j] = euclidean(s1[i], s2[j])
```

```
    # 动态规划计算 DTW 距离
    dtw = np.zeros((len(s1) + 1, len(s2) + 1))
    dtw[0, 1:] = np.inf
    dtw[1:, 0] = np.inf

    for i in range(1, len(s1) + 1):
        for j in range(1, len(s2) + 1):
            cost = dist_matrix[i - 1][j - 1]
            dtw[i, j] = cost + min(dtw[i - 1, j], dtw[i, j - 1], dtw[i - 1, j - 1])

    return dtw[len(s1), len(s2)]
def extract_spectrogram(audio_path):
    y, sr = librosa.load(audio_path, sr=None)
    spectrogram = np.abs(librosa.stft(y))
    return spectrogram.T  # 转置以使时间轴为第一维

def recognize(test_path, templates):
    test_spec = extract_spectrogram(test_path)

    print("测试语音与模板库的匹配距离：")

    for label, template in templates.items():
        distance = dtw_distance(test_spec, template)
        print(f"Label: {label}, Distance: {distance}")

    best_distance = np.inf
    best_label = None

    for label, template in templates.items():
        distance = dtw_distance(test_spec, template)

        if distance < best_distance:
            best_distance = distance
            best_label = label

    return best_label

# 模拟模板语谱图和测试语谱图的路径（示例）
template_dir = "path/to/templates"
test_path = "path/to/test.wav"

# 提取模板语谱图
templates = {}

for template_file in os.listdir(template_dir):
```

```
        template_path = os.path.join(template_dir, template_file)
        template_spec = extract_spectrogram(template_path)
        templates[template_file] = template_spec

    # 进行识别
    recognized_word = recognize(test_path, templates)
    print("识别结果:", recognized_word)
```

8.3 基于隐马尔可夫模型的语音（语句）识别

实际声音信号序列的变化是随机的、不确定的，观测结果会随着它们状态的改变而改变，而状态是隐藏的，无法直接被观测到，状态序列和观测序列都是随机的，因此需要从语音数据的统计数据中进行学习，利用已有的数据拟合出一个最优的模型。其中，隐马尔可夫模型（Hidden Markov Model，HMM）是一种常用的模型。

8.3.1 HMM 模型

在许多实际应用中，我们只能观测到系统输出（观测序列），而对于系统内部的状态序列，无法直接观测到。通过 HMM，研究者可以利用观测序列推断最有可能的状态序列，从而对系统状态进行估计。

首先介绍利用隐马尔可夫链来建模离散状态的随机序列，状态之间的转换有一定概率，隐马尔可夫链如图 8.6 所示。

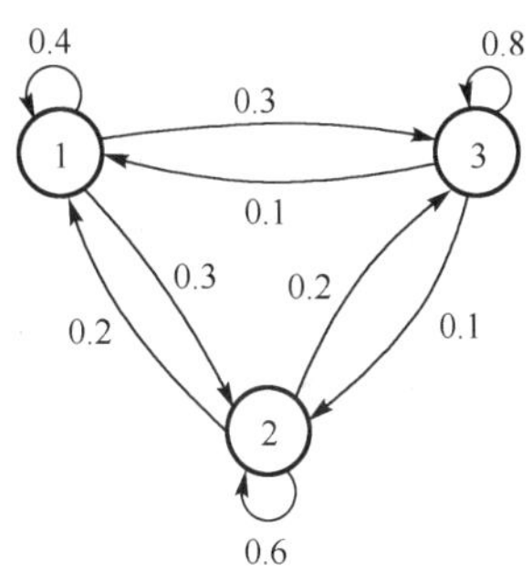

图 8.6 隐马尔可夫链

设声音信号序列的状态集合为 $\{x_1,x_2,\cdots x_t,\cdots x_T\}$，其中 x_t 表示 t 时刻的状态，所有状态的取值共有 T 个，则对于一阶隐马尔可夫链，状态转换概率只与前一时刻的状态有关，即

$$P(x_t=j\,|\,x_{t-1}=i,x_{t-2}=h,\cdots)\approx P(x_t=j\,|\,x_{t-1}=i) \tag{8.13}$$

用 a_{ij} 表示从 i 状态到 j 状态之间的转移概率，即

$$a_{ij}=P(x_t=j\,|\,x_{t-1}=i),\quad 1\leqslant i,j\leqslant N \tag{8.14}$$

用矩阵形式表示图 8.6 中所有的状态转移概率 a_{ij}，矩阵 $\boldsymbol{A}$ 称为**状态转移矩阵**，即

$$\boldsymbol{A}=\{a_{ij}\}=\begin{bmatrix}0.4 & 0.3 & 0.3\\ 0.2 & 0.6 & 0.2\\ 0.1 & 0.1 & 0.8\end{bmatrix} \tag{8.15}$$

除了考虑状态转移概率，一般 HMM 模型还需要考虑状态序列的初始状态和终止状态，定义 HMM 在 $t=1$ 时刻对每种状态 j 所对应的**初始概率**为

$$\boldsymbol{\pi}_j=P(x_1=j),\quad 1\leqslant j\leqslant N \tag{8.16}$$

同样，定义在 $t=T$ 时刻对每种状态 j 所对应的**终止概率**为

$$\boldsymbol{\eta}_i = P(x_T = i),\quad 1 \leqslant i \leqslant N \tag{8.17}$$

因此一般将一个完整的状态转移矩阵 $\boldsymbol{A}$ 应定义为

$$\boldsymbol{A} = \{\boldsymbol{\pi}_j, a_{ij}, \boldsymbol{\eta}_i\} = \{P(x_t = j \mid x_{t-1} = i)\},\quad 1 \leqslant i, j \leqslant N \tag{8.18}$$

以下表示一个包含初始状态 $\{\boldsymbol{\pi}_j\} = \{1,0,0\}$，终止状态 $\{\boldsymbol{\eta}_i\} = \{0,0,0.2\}$ 的扩展后的状态转移矩阵 $\boldsymbol{A}$，即

$$\boldsymbol{A} = \begin{bmatrix} 0 & 1 & 0 & 0 & 0 \\ 0 & 0.6 & 0.3 & 0.1 & 0 \\ 0 & 0 & 0.9 & 0.1 & 0 \\ 0 & 0 & 0 & 0.8 & 0.2 \\ 0 & 0 & 0 & 0 & 0 \end{bmatrix} \tag{8.19}$$

因此一个给定序列 $\boldsymbol{X}$ 在一个 HMM 模型 $\boldsymbol{M}$ 下的概率为

$$\boldsymbol{P}(\boldsymbol{X} \mid \boldsymbol{M}) = \left(\prod_{t=1}^{T} a_{x_{t-1}x_t}\right)\boldsymbol{\eta}_{x_T},\quad a_{x_0 x_1} = \boldsymbol{\pi}_{x_1} \tag{8.20}$$

HMM 模型通过隐马尔可夫链来建模状态序列，然后发射随机观测值，如图 8.7 所示为一个全连接的 HMM 状态拓扑结构，状态 i 发射的每个离散的随机观测值 o_t 都来自一个有限的集合 $k \in \{1,2,\cdots,K\}$ ，用 $b_i(o_t)$ 表示在状态 i 下观测到 o_t 的概率，称为**发射概率**，即

$$b_i(o_t) = P(o_t = k \mid x_t = i) \tag{8.21}$$

将发射概率 $b_i(\boldsymbol{o}_t)$ 构成的矩阵称为**发射矩阵**，记为 $\boldsymbol{B}$ ，由此得到

$$\begin{aligned} \boldsymbol{A} &= \{\boldsymbol{\pi}_j, a_{ij}, \boldsymbol{\eta}_i\} = \{P(x_t = j \mid x_{t-1} = i)\},\quad 1 \leqslant i, j \leqslant N \\ \boldsymbol{B} &= \{b_i(k)\} = \{P(o_t = k \mid x_t = i)\},\quad 1 \leqslant i \leqslant N,\quad 1 \leqslant k \leqslant K \end{aligned} \tag{8.22}$$

则共有 N 种状态和 K 种观测值。状态转移矩阵 $\boldsymbol{A}$ 和发射矩阵 $\boldsymbol{B}$ 构成了 HMM 模型的参数集合，记为 $\boldsymbol{\lambda} = \{\boldsymbol{A}, \boldsymbol{B}\}$ 。图 8.8 是 HMM 模型的示意图，横轴表示语音帧对应的观测值，纵轴表示隐状态。

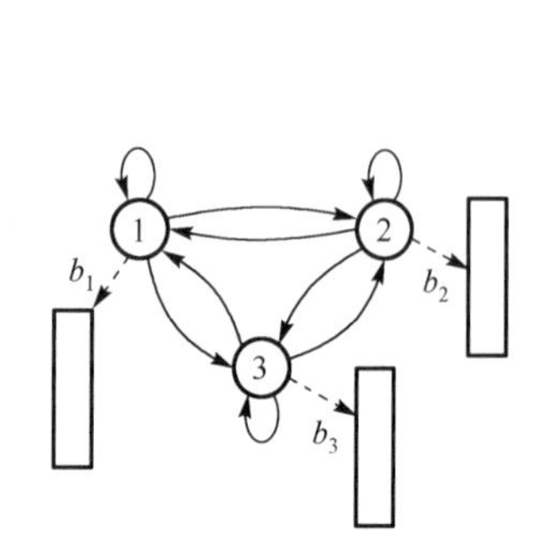

图 8.7　一个全连接的 HMM 状态拓扑结构

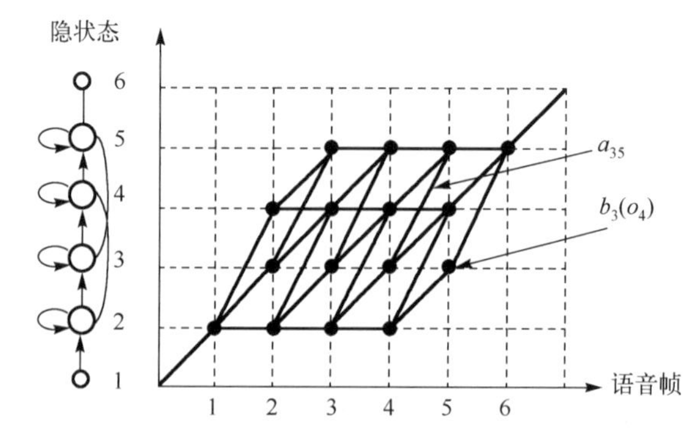

图 8.8　HMM 模型示意图

HMM 涉及三个基本问题，这些问题都是在给定模型和观测序列的情况下，我们想要得

到的关键信息。HMM 涉及的三个基本问题如下。

（1）概率求解问题：在给定模型参数 $\boldsymbol{\lambda}=\{\boldsymbol{A},\boldsymbol{B}\}$（状态转移矩阵 $\boldsymbol{A}$ 包含初始状态概率 $\boldsymbol{\pi}$ 和终止状态概率 $\boldsymbol{\eta}$、发射矩阵 $\boldsymbol{B}$）和观测序列 $\boldsymbol{O}$，在已知模型的情况下，计算该观测序列出现的概率。如在语音识别中，给定一个声音序列，想要计算出这个声音序列是某个词的概率。

（2）解码问题：在已知模型参数 $\boldsymbol{\lambda}=\{\boldsymbol{A},\boldsymbol{B}\}$ 和观测序列 $\boldsymbol{O}$ 的情况下，找到最有可能的隐状态序列 $\boldsymbol{X}^*$，即想要找到与观测序列最匹配的状态序列，这就是语音识别中的解码过程。

（3）训练学习问题：在已知观测序列 $\boldsymbol{O}$ 的情况下，求解最优模型参数 $\boldsymbol{\lambda}=\{\boldsymbol{A},\boldsymbol{B}\}$，使得在此模型下观测到此观测序列的概率值最大，也就是说，希望从观测数据中学习出一个最优的 HMM 模型，使得该模型能够较好地拟合在训练中从未见过的数据。训练学习是 HMM 最关键的问题。

8.3.2 HMM 的概率求解

本节介绍当给定 HMM 模型参数 $\boldsymbol{\lambda}=\{\boldsymbol{A},\boldsymbol{B}\}$ 时，如何求解观测到某个观测序列 $\boldsymbol{O}$ 的概率 $P(\boldsymbol{O},\boldsymbol{\lambda})$。由于状态序列是未知的，因此在给定 $\boldsymbol{\lambda}$ 的条件下，需要对所有可能的状态序列都进行考虑。首先根据贝叶斯公式，计算一个给定的 $\boldsymbol{\lambda}$、观测序列 $\boldsymbol{O}$ 和一个确定状态序列 $\boldsymbol{X}$ 的联合似然值为

$$P(\boldsymbol{O},\boldsymbol{X}\mid\boldsymbol{\lambda})=P(\boldsymbol{X}\mid\boldsymbol{\lambda})P(\boldsymbol{O}\mid\boldsymbol{X},\boldsymbol{\lambda}) \tag{8.23}$$

因此，总的概率 $P(\boldsymbol{O}\mid\boldsymbol{\lambda})$ 应为全部所有可能状态序列 $\boldsymbol{X}$ 下 $P(\boldsymbol{O},\boldsymbol{X}\mid\boldsymbol{\lambda})$ 的总和，即

$$P(\boldsymbol{O}\mid\boldsymbol{\lambda})=\sum_{\boldsymbol{X}}P(\boldsymbol{O},\boldsymbol{X}\mid\boldsymbol{\lambda})=\sum_{\boldsymbol{x}_1^{\mathrm{T}}}P(\boldsymbol{o}_1^{\mathrm{T}},\boldsymbol{x}_1^{\mathrm{T}}\mid\boldsymbol{\lambda}) \tag{8.24}$$

直接求 $P(\boldsymbol{O}\mid\boldsymbol{\lambda})$，考虑 N 种状态和 T 个时刻，计算的复杂度为 $O(2TN^T)$，总共需要 $N(N+1)(T-1)+N$ 次乘法和 $N(N-1)(T-1)$ 次加法，因此需要考虑一种简化算法来减少计算量。无论观测序列持续多久，所有可能的状态序列都将重新合并到 N 个状态节点中。据此提出了一种递归算法，前向算法定义前向似然度（Forward Likelihood） 这样一种局部算子来求概率，即

$$\alpha_t(j)=P(\boldsymbol{o}_1^T,x_t=j\mid\boldsymbol{\lambda})=\sum_{x_1^{t-1},x_t=j}P(\boldsymbol{o}_1^{\mathrm{T}},\boldsymbol{x}_1^{\mathrm{T}}\mid\boldsymbol{\lambda}) \tag{8.25}$$

它表示在 t 时刻状态为 j，且从 1 到 t 时刻观测值依次为 $\boldsymbol{o}_1,\boldsymbol{o}_2,\cdots,\boldsymbol{o}_t$ 的联合似然值，由于 HMM 假定当前时刻的状态 x_t 只和前一时刻状态 x_{t-1} 有关，当前的观测值为 $\boldsymbol{o}_t$，因此可得递推关系

$$\boldsymbol{\alpha}_t(j)=\sum_{i=1}^{N}\boldsymbol{\alpha}_{t-1}(i)P(\boldsymbol{x}_t=j\mid\boldsymbol{x}_{t-1}=i,\boldsymbol{\lambda})P(\boldsymbol{o}_t\mid\boldsymbol{x}_t=j,\boldsymbol{\lambda}) \tag{8.26}$$

进行初始化，在 $t=1$ 时刻有

$$\boldsymbol{\alpha}_1(i)=\pi_i\boldsymbol{b}_i(\boldsymbol{o}_1) \tag{8.27}$$

对 $t=2,3,\cdots,T$ 时刻，有

$$\alpha_t(j)=\left[\sum_{i=1}^{N}\alpha_{t-1}(i)a_{ij}\right]b_j(o_t),\quad 1\leqslant j\leqslant N \tag{8.28}$$

因此，在给定模型参数λ的条件下，观测到观测序列$\boldsymbol{O}$的概率为

$$P(\boldsymbol{O} \mid \lambda)=\sum_{i=1}^{N} \boldsymbol{\alpha}_{T}(i) \boldsymbol{\eta}_{i} \tag{8.29}$$

前向算法的计算复杂度仅为$O(TN^2)$，如当$N=5,T=100$时，前向算法大概需要3000次计算，对比直接计算的复杂度$O(2TN^T)$，需要$2\times100\times5^{100}\approx10^{72}$次计算，前向算法节省了约69个数量级。

类似地，同样定义后向似然度（Backward Likelihood），用后向算法来求概率。

$$\boldsymbol{\beta}_{t}(i)=\boldsymbol{P}(\boldsymbol{o}_{(t+1)}^{\mathrm{T}}, \boldsymbol{x}_{t}=i \mid \lambda) \tag{8.30}$$

初始化$t=T$时刻，有

$$\boldsymbol{\beta}_{t}(i)=\boldsymbol{\eta}_{i} \tag{8.31}$$

对$t=T-1,T-2,\cdots,1$时刻，则有

$$\boldsymbol{\beta}_{t}(i)=\sum_{j=1}^{N} a_{ij} \boldsymbol{b}_{j}(\boldsymbol{o}_{t+1}) \boldsymbol{\beta}_{t+1}(j), \quad 1 \leqslant i \leqslant N \tag{8.32}$$

因此，在给定模型参数λ的条件下，观测到观测序列$\boldsymbol{O}$的概率为

$$P(\boldsymbol{O} \mid \lambda)=\sum_{i=1}^{N} \boldsymbol{\pi}_{i} \boldsymbol{b}_{i}(\boldsymbol{o}_{1}) \boldsymbol{\beta}_{1}(i) \tag{8.33}$$

例 8.2 给出一个有3个状态、10种观测值类型的HMM模型$\lambda=\{\boldsymbol{A},\boldsymbol{B}\}$，为了方便计算过程，观测值均用单个数值来代替实际的特征向量。状态转移矩阵$\boldsymbol{A}$（包含初始状态概率$\boldsymbol{\pi}$和终止状态概率$\boldsymbol{\eta}$）、发射矩阵$\boldsymbol{B}$如图8.9所示。

0	0.41	0.23	0.36	0
0	0.77	0.07	0.06	0.10
0	0.14	0.71	0.04	0.11
0	0.06	0.11	0.74	0.09
0	0	0	0	0

(a)状态转移概率矩阵 $\boldsymbol{A}=\{\boldsymbol{\pi}_j, a_{ij}, \boldsymbol{\eta}_i\}$

状态\观测值	1	2	3	4	5	6	7	8	9	10
1	0.30	0.21	0.24	0.10	0.06	0.04	0.01	0.03	0.00	0.01
2	0.00	0.00	0.03	0.04	0.05	0.08	0.14	0.20	0.25	0.21
3	0.00	0.05	0.05	0.23	0.32	0.24	0.03	0.04	0.02	0.02

(b) 对应三种状态和10种观测值的发射矩阵 $\boldsymbol{B}$

图 8.9 初始状态 $\boldsymbol{A}$ 和发射矩阵 $\boldsymbol{B}$

在模型λ下利用前向算法和后向算法求观测到序列$\boldsymbol{O}_1=\{5,4,2,1,3\}$的概率，利用Python的numpy库来进行计算，参考代码如下。

```
import numpy as np

# 定义 HMM 参数
num_states = 3
num_obs = 10
A = np.array([[0.77, 0.07, 0.06],
              [0.14, 0.71, 0.04],
              [0.06, 0.11, 0.74]])
initial_prob = np.array([0.41, 0.23, 0.36])
termination_prob = np.array([0.1, 0.11, 0.09])
B = np.array([[0.3, 0.21, 0.24, 0.1, 0.06, 0.04, 0.01, 0.03, 0, 0.01],
              [0, 0, 0.03, 0.04, 0.05, 0.08, 0.14, 0.20, 0.25, 0.21],
              [0, 0.05, 0.05, 0.23, 0.32, 0.24, 0.03, 0.04, 0.02, 0.02]])

# 观测序列
obs_seq = [5, 4, 2, 1, 3]

# 前向算法计算概率
def forward_algorithm(obs_seq):
    T = len(obs_seq)
    alpha = np.zeros((T, num_states))

    # 初始化前向概率
    alpha[0] = initial_prob * B[:, obs_seq[0] - 1]

    # 递归计算前向概率
    for t in range(1, T):
        for j in range(num_states):
            alpha[t, j] = np.sum(alpha[t - 1] * A[:, j]) * B[j, obs_seq[t] - 1]

    # 计算终止概率
    prob = np.sum(alpha[-1] * termination_prob)
    return prob

# 后向算法计算概率
def backward_algorithm(obs_seq):
    T = len(obs_seq)
    beta = np.zeros((T, num_states))

    # 初始化后向概率
    beta[-1] = termination_prob

    # 递归计算后向概率
    for t in range(T - 2, -1, -1):
        for i in range(num_states):
            beta[t, i] = np.sum(A[i, :] * B[:, obs_seq[t + 1] - 1] * beta[t + 1])
```

```
    # 计算初始概率
    prob = np.sum(initial_prob * B[:, obs_seq[0] - 1] * beta[0])
    return prob

if __name__ == "__main__":
    # 计算观测序列的概率
    forward_prob = forward_algorithm(obs_seq)
    backward_prob = backward_algorithm(obs_seq)

    print("前向算法计算的概率:", forward_prob)
    print("后向算法计算的概率:", backward_prob)
```

从结果可以看出，使用前向算法和后向算法求出的概率值是一致的，均为3.4282×10^{-6}。通过递归的前向算法和后向算法有效解决了 HMM 模型的概率求解问题。

8.3.3 HMM 的解码

HMM 的解码过程是要在给定的模型$\boldsymbol{\lambda}$和观测序列$\boldsymbol{O}$的情况下找到一个最佳的隐状态序列$\boldsymbol{X}^*$，或者说找到最优路径，使得该模型下观测到这个序列的概率最大，即

$$P(\boldsymbol{O},\boldsymbol{X}\mid\boldsymbol{\lambda})=P(\boldsymbol{X}\mid\boldsymbol{\lambda})P(\boldsymbol{O}\mid\boldsymbol{X},\boldsymbol{\lambda})=\left(\prod_{t=1}^{T}\boldsymbol{a}_{\boldsymbol{x}_{t-1}\boldsymbol{x}_t}\boldsymbol{b}_{\boldsymbol{x}_t}(\boldsymbol{o}_t)\right)\boldsymbol{\eta}_{\boldsymbol{x}_T} \tag{8.34}$$

$$\boldsymbol{X}^*=\arg\max_{\boldsymbol{X}}P(\boldsymbol{O},\boldsymbol{X}\mid\boldsymbol{\lambda}) \tag{8.35}$$

Viterbi 算法是一种有效的寻找状态序列$\boldsymbol{X}^*$的递归方法，类似于上一节的前向算法和后向算法，定义了一种新的局部算子最大累积似然度$\boldsymbol{\delta}_t(j)$。它表示在给定模型下，从 1 到时刻t观测值为$\boldsymbol{o}_1,\boldsymbol{o}_2,\cdots,\boldsymbol{o}_t$，且从 1 到$t-1$时刻为止状态依次为$x_1,x_2,\cdots,x_{t-1}$，同时在当前$t$时刻取到确定的某种状态$j$的概率的最大值，即

$$\boldsymbol{\delta}_t(j)=\max_{\{\boldsymbol{x}_1^{t-1},\boldsymbol{x}_t=j\}}\boldsymbol{P}(\boldsymbol{o}_1^{\mathrm{T}},\boldsymbol{x}_1^{t-1},\boldsymbol{x}_t=j\mid\boldsymbol{\lambda}) \tag{8.36}$$

整体的最佳隐状态序列$\boldsymbol{X}^*$，可以分解为每个时刻的局部最佳来表示，用$\varphi_t(j)$表示前一时刻的最佳状态，即从前一时刻$t-1$的各种状态中，前一时刻的何种状态转到当前t时刻取到状态j的局部概率最大，如果当前一时刻状态为i时取得的概率最大，则可表示为

$$\begin{aligned}&\boldsymbol{\delta}_t(j)=\max_i[\boldsymbol{\delta}_{t-1}(i)a_{ij}]\boldsymbol{b}_j(\boldsymbol{o}_t)\\&\psi_t(i)=\arg\max_i[\boldsymbol{\delta}_{t-1}(i)a_{ij}]\end{aligned} \tag{8.37}$$

在$t=1$时刻有

$$\begin{aligned}&\boldsymbol{\delta}_1(i)=\boldsymbol{\pi}_i\boldsymbol{b}_i(\boldsymbol{o}_1)\\&\psi_1(i)=0\end{aligned} \tag{8.38}$$

在$t=2,3,\cdots,T$时刻有

$$\boldsymbol{\delta}_t(j)=\max_i[\boldsymbol{\delta}_{t-1}(i)a_{ij}]\boldsymbol{b}_j(\boldsymbol{o}_t),\psi_t(i)=\arg\max_i[\boldsymbol{\delta}_{t-1}(i)a_{ij}] \tag{8.39}$$

确定最大概率和最后时刻的最佳状态为

$$P(\boldsymbol{O},\boldsymbol{X}^*\mid\boldsymbol{\lambda})=\max_i[\boldsymbol{\delta}_T(i)\boldsymbol{\eta}_i],\boldsymbol{x}_T^*=\arg\max_i[\boldsymbol{\delta}_{t-1}(i)a_{ij}] \tag{8.40}$$

最终确定最佳隐状态序列为

$$\boldsymbol{x}_{t-1}^*=\psi_t(\boldsymbol{x}_t^*),\boldsymbol{X}^*=\{\boldsymbol{x}_1^*,\boldsymbol{x}_2^*,\cdots,\boldsymbol{x}_T^*\} \tag{8.41}$$

在例 8.2 中利用 Viterbi 算法求在该模型下观测序列 $\boldsymbol{O}_1=\{5,4,2,1,3\}$ 所对应的最佳隐状态序列及对应的最大概率，HMM 状态图及序列 $\boldsymbol{O}_1$ 各帧与它的状态拓扑图分别如图 8.10 和图 8.11 所示。

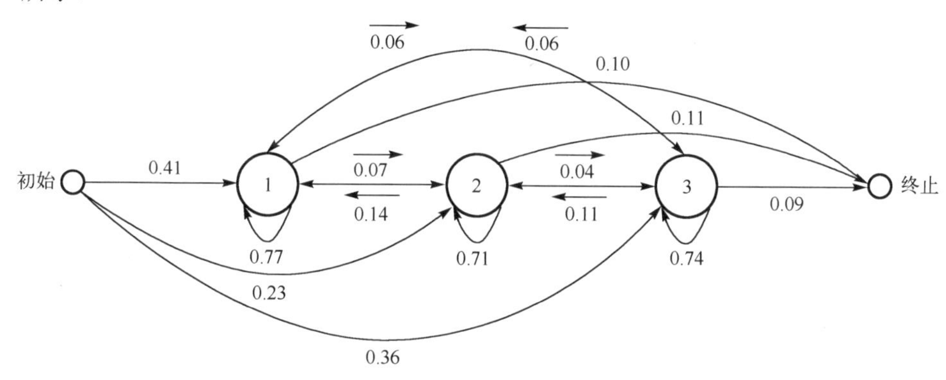

图 8.10 HMM 状态图

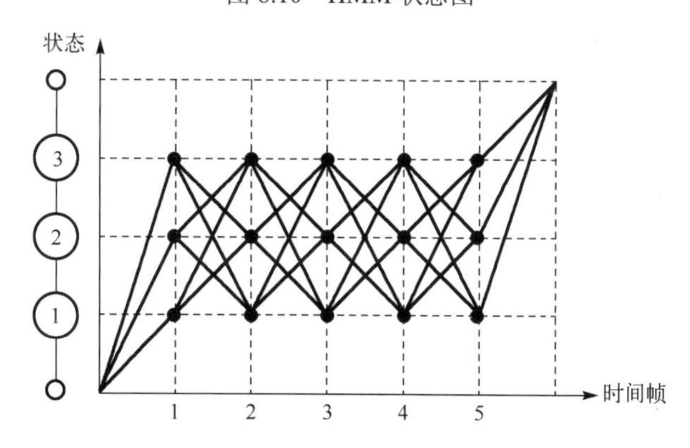

图 8.11 帧-状态拓扑图

```
import numpy as np

# 定义 HMM 参数
num_states = 3
num_obs = 10
A = np.array([[0.77, 0.07, 0.06],
              [0.14, 0.71, 0.04],
              [0.06, 0.11, 0.74]])
initial_prob = np.array([0.41, 0.23, 0.36])
termination_prob = np.array([0.1, 0.11, 0.09])
B = np.array([[0.3, 0.21, 0.24, 0.1, 0.06, 0.04, 0.01, 0.03, 0, 0.01],
```

```
                 [0, 0, 0.03, 0.04, 0.05, 0.08, 0.14, 0.20, 0.25, 0.21],
                 [0, 0.05, 0.05, 0.23, 0.32, 0.24, 0.03, 0.04, 0.02, 0.02]])

# 观测序列
obs_seq = [5, 4, 2, 1, 3]

# 利用 Viterbi 算法求解
def viterbi_algorithm(obs_seq):
    T = len(obs_seq)
    V = np.zeros((T, num_states))
    backpointer = np.zeros((T, num_states), dtype=int)

    # 初始化 Viterbi 矩阵
    V[0] = initial_prob * B[:, obs_seq[0] - 1]

    # 递归计算 Viterbi 矩阵和回溯指针
    for t in range(1, T):
        for j in range(num_states):
            temp_probs = V[t - 1] * A[:, j] * B[j, obs_seq[t] - 1]
            backpointer[t, j] = np.argmax(temp_probs)
            V[t, j] = np.max(temp_probs)

    # 回溯得到最佳隐状态序列
    best_path = [np.argmax(V[-1])]
    for t in range(T - 1, 0, -1):
        best_path.insert(0, backpointer[t, best_path[0]])

    # 计算最大概率
    max_prob = np.max(V[-1])
    return best_path, max_prob

if __name__ == "__main__":
    # 使用 Viterbi 算法求解最佳隐状态序列和对应的最大概率
    best_path, max_prob = viterbi_algorithm(obs_seq)
    print("最佳隐状态序列:", best_path)
    print("对应的最大概率:", max_prob)
```

得到最佳隐状态序列为[1,1,1,1,1]，对应的最大概率为1.308×10^{-5}。

在语音识别中，Viterbi 算法用于将声学特征序列映射到最可能的音素或单词序列。声音信号是一个时序数据，Viterbi 算法可以帮助确定最可能的发音序列，从而实现准确的语音识别。

8.3.4 HMM 的训练

HMM 的训练问题实际是模型参数更新的问题，在给定一些观测序列$\{\boldsymbol{O}_1,\boldsymbol{O}_2,\cdots,\boldsymbol{O}_K\}$的条件下，随机初始化模型（赋值遵循模型对参数的限制），从某一状态出发的所有转移概率之和为 1，得到模型$\lambda_0=\{\boldsymbol{A}_0,\boldsymbol{B}_0\}$，然后利用$\lambda_0$从观测序列$\boldsymbol{O}_1$中学习，可以得到模型中隐状态的期望值。从$\lambda_0$得到某一状态到另一状态的期望次数，用期望次数来替代实际次数，这样可以得到模型参数的重新估计值，由此，经过一次迭代得到新的模型$\boldsymbol{\lambda}_1 = \{\boldsymbol{A}_1, \boldsymbol{B}_1\}$。然后依次用$\boldsymbol{O}_2, \boldsymbol{O}_3, \cdots \boldsymbol{O}_k$重复上述迭代过程，共迭代$k$次，直到参数收敛，得到最优的模型$\boldsymbol{\lambda}_k$，使得该模型能够较好地拟合训练数据集。

采用最大似然估计更新模型的参数，即模型的某个参数c的更新方式为

$$\frac{\partial \ln P(\boldsymbol{O}_{\text{train}} \mid \hat{c})}{\partial c} = 0 \tag{8.42}$$

本节将使用 Viterbi 训练（硬状态分配）和 Baum-Welch 训练（软状态分配）来进行检验。在上一节中基于初始模型$\lambda_0 = \{\boldsymbol{A}_0, \boldsymbol{B}_0\}$使用 Viterbi 算法求出了最优路径$\boldsymbol{X}^*$，于是近似得出在该模型下观测到该序列的总可能性为

$$P(\boldsymbol{O} \mid \lambda) = \sum_{X} P(\boldsymbol{O}, \boldsymbol{X} \mid \lambda) \approx \max_{\boldsymbol{X}} P(\boldsymbol{O}, \boldsymbol{X} \mid \lambda) = P(\boldsymbol{O}, \boldsymbol{X}^* \mid \lambda) \tag{8.43}$$

即根据求出的最优路径$\boldsymbol{X}^*$，用一个硬分配的状态指示函数$\boldsymbol{q}_t(i) \in \{0,1\}$来训练估计模型的参数，其中

$$\boldsymbol{q}_t(i) = \begin{cases} 1, & i = \boldsymbol{x}_t \\ 0, & i \neq \boldsymbol{x}_t \end{cases} \tag{8.44}$$

类似地，对于估计发射概率，定义一个事件指示函数$\boldsymbol{\omega}_t(k) \in \{0,1\}$，即

$$\boldsymbol{\omega}_t(k) = \begin{cases} 1, & k = \boldsymbol{o}_t \\ 0, & k \neq \boldsymbol{o}_t \end{cases} \tag{8.45}$$

因此，对于单独一个观测序列模型参数更新，重新估计状态转移概率和发射概率，即

$$\hat{a}_{ij} = \frac{\sum_{t=2}^{T} \boldsymbol{q}_{t-1}(i)\, \boldsymbol{q}_t(j)}{\sum_{t=1}^{T} \boldsymbol{q}_t(i)}, \quad 1 \leqslant i, j \leqslant N \tag{8.46}$$

$$\hat{\boldsymbol{b}}_j(k) = \frac{\sum_{t=1}^{T} \boldsymbol{q}_t(j)\, \boldsymbol{\omega}_t(k)}{\sum_{t=1}^{T} \boldsymbol{q}_t(j)}, \quad 1 \leqslant j, k \leqslant N \tag{8.47}$$

这样初始模型λ就通过 Viterbi 算法，用一个观测序列完成了一次迭代训练，则用一组观测序列$\{\boldsymbol{O}_1, \boldsymbol{O}_2, \cdots, \boldsymbol{O}_R\}$进行$R$次迭代后，状态转移概率和发射概率更新为

$$\hat{a}_{ij} = \frac{\sum_{r=1}^{R} \sum_{t=2}^{T} \boldsymbol{q}_{t-1}^{r}(i)\, \boldsymbol{q}_t^{r}(j)}{\sum_{r=1}^{R} \sum_{t=1}^{T} \boldsymbol{q}_t^{r}(i)}, \quad 1 \leqslant i, j \leqslant N \tag{8.48}$$

$$\hat{\boldsymbol{b}}_j(k)=\frac{\sum_{r=1}^{R}\sum_{t=1}^{T}\boldsymbol{q}_t^r(j)\boldsymbol{\omega}_t^r(k)}{\sum_{r=1}^{R}\sum_{t=1}^{T}\boldsymbol{q}_t^r(j)},\quad 1\leqslant j,k\leqslant N \tag{8.49}$$

由此用 Viterbi 算法得到了全部最终的模型参数 $\boldsymbol{\lambda}=\{\boldsymbol{A},\boldsymbol{B}\}$ 。

然而隐状态的占用不是完全确定的，因此现考虑一种基于期望最大化（Expectation Maximization，EM）的方法，通过软状态分配来优化模型的参数。这种方法称为 Baum-Welch（BW）算法。

首先定义状态的占用似然度（Occupation Likelihood）：

$$\boldsymbol{\gamma}_t(i)=P(\boldsymbol{x}_t=i\,|\,\boldsymbol{O},\boldsymbol{\lambda}) \tag{8.50}$$

在 HMM 中，每个状态都有一个占用概率，反映了系统在不同状态之间的转移和持续的情况，占用似然度 $\boldsymbol{\gamma}_t(i)$ 反映了在 t 时刻处于状态为 i 的概率。在计算 $\boldsymbol{\gamma}_t(i)$ 时，需要考虑所有可能的路径，即在 t 时刻之前的所有状态序列，然后计算在这些路径下，在 t 时刻处于状态 i 的概率，再对所有路径求和。这涉及之前的前向算法和后向算法，它允许我们在给定观测序列和模型参数的情况下，计算出每个状态的占用似然度。

根据贝叶斯公式，可以得到占用似然度 $\boldsymbol{\gamma}_t(i)$，即

$$\boldsymbol{\gamma}_t(i)=\frac{P(\boldsymbol{O}\,|\,\boldsymbol{x}_t=i,\boldsymbol{\lambda})}{P(\boldsymbol{O}\,|\,\boldsymbol{\lambda})}=\frac{\boldsymbol{\alpha}_t(i)\boldsymbol{\beta}_t(i)}{P(\boldsymbol{O}\,|\,\boldsymbol{\lambda})} \tag{8.51}$$

在语音识别中，占用似然度可以用来表示一个特定的声音单元（如音素）在某个时间段内被连续观察到的概率。

定义转移似然度（Transition Likelihood）为

$$\xi_t(i,j)=\frac{P(\boldsymbol{o}_1,\cdots,\boldsymbol{o}_T,\boldsymbol{x}_{t-1}=i,\boldsymbol{x}_t=j\,|\,\boldsymbol{\lambda})}{P(\boldsymbol{O}\,|\,\boldsymbol{\lambda})} \tag{8.52}$$

转移似然度表示在所有可能的状态下，系统在 $t-1$ 时刻处于状态 i 且在 t 时刻转移到状态 j 的概率，然后对所有路径求和。转移似然度 $\xi_t(i,j)$ 在许多算法和任务中应用广泛，可以更好地理解系统状态的演变。通过推导可得到 $\xi_t(i,j)$ 的如下计算公式

$$\begin{aligned}\xi_t(i,j)&=P(\boldsymbol{x}_{t-1}=i,\boldsymbol{x}_t=j\,|\,\boldsymbol{O},\boldsymbol{\lambda})\frac{P(\boldsymbol{O},\boldsymbol{x}_{t-1}=i,\boldsymbol{x}_t=j\,|\,\boldsymbol{\lambda})}{P(\boldsymbol{O}\,|\,\boldsymbol{\lambda})}\\&=\frac{P(\boldsymbol{o}_1^{t-1},\boldsymbol{x}_{t-1}=i\,|\,\boldsymbol{\lambda})P(\boldsymbol{o}_t,\boldsymbol{x}_t=j\,|\,\boldsymbol{x}_{t-1}=i,\boldsymbol{\lambda})P(\boldsymbol{o}_{t+1}^{\mathrm{T}}\,|\,\boldsymbol{x}_t=j,\boldsymbol{\lambda})}{P(\boldsymbol{O}\,|\,\boldsymbol{\lambda})}\\&=\frac{\boldsymbol{\alpha}_{t-1}(i)a_{ij}\boldsymbol{b}_j(\boldsymbol{o}_t)\boldsymbol{\beta}_t(i)}{P(\boldsymbol{O}\,|\,\boldsymbol{\lambda})}\end{aligned} \tag{8.53}$$

求出模型的占用似然度 $\boldsymbol{\gamma}_t(i)$ 和转移似然度 $\xi_t(i,j)$ 后，可以重新估计 HMM 的参数，这就是 BW 算法，用一组观测序列 $\{\boldsymbol{O}_1,\boldsymbol{O}_2,\cdots,\boldsymbol{O}_R\}$ 进行 R 次迭代后，状态转移概率和发射概率更新为

$$\hat{a}_{ij} = \frac{\sum_{t=2}^{T} \xi_t(i,j)}{\sum_{t=1}^{T} \gamma_t(i)}, \quad 1 \leqslant i,j \leqslant N$$

$$\hat{\boldsymbol{b}}_j(k) = \frac{\sum_{t=1}^{T} \gamma_t(j) \boldsymbol{\omega}_t(k)}{\sum_{t=1}^{T} \gamma_t(j)}, \quad 1 \leqslant j,k \leqslant N \tag{8.54}$$

用训练数据不断更新模型$\boldsymbol{\lambda}$至收敛于局部最优解。

在例 8.2 中将以下 5 个观测序列作为训练数据集来训练初始模型，重新估计模型的参数得到$\boldsymbol{\lambda} = \{\boldsymbol{A}, \boldsymbol{B}\}$。

$$\boldsymbol{O}_1 = \{5,4,2,1,3\}, \boldsymbol{O}_1 = \{6,4,5,7\}$$

$$\boldsymbol{O}_3 = \{7,9,6,8,7,3,6,3\}, \boldsymbol{O}_4 = \{5,7,5,5,10,7,6\}$$

$$\boldsymbol{O}_5 = \{3,2,2,1,2,1,8,9,7,3\}$$

图 8.12 为使用 Viterbi 算法训练下迭代后的状态转移矩阵$\boldsymbol{A}^{\text{vit}}$和发射概率矩阵$\boldsymbol{B}^{\text{vit}}$。

0	0.40	0.20	0.40	0
0	0.73	0.07	0.00	0.20
0	0.18	0.73	0.00	0.09
0	0.00	0.13	0.75	0.12
0	0	0	0	0

(a)用 Viterbi 训练估计的状态转移矩阵$\boldsymbol{A}^{\text{vit}}$

状态\观测值	1	2	3	4	5	6	7	8	9	10
1	0.20	0.27	0.33	0.07	0.07	0.07	0.00	0.00	0.00	0.00
2	0.00	0.00	0.00	0.00	0.00	0.18	0.45	0.36	0.00	0.00
3	0.00	0.00	0.00	0.13	0.50	0.12	0.25	0.00	0.00	0.00

(b)用 Viterbi 训练估计的发射矩阵$\boldsymbol{B}^{\text{vit}}$

图 8.12 用 viterbi 训练估计的状态转移矩阵$\boldsymbol{A}^{\text{vit}}$和发射矩阵$\boldsymbol{B}^{\text{vit}}$

使用 Baum-Welch 训练模型进行参数更新得到$\boldsymbol{A}^{\text{BW}}$、$\boldsymbol{B}^{\text{BW}}$，并和 Viterbi 算法结果$\boldsymbol{A}^{\text{vit}}$和$\boldsymbol{B}^{\text{vit}}$对比。

```
    #迭代更新
    for iteration in range(n_iterations):
        #初始化累积矩阵
        gamma_accum = np.zeros((len(observations), len(observations[0]), n_states))
        xi_accum = np.zeros((len(observations), len(observations[0]) - 1, n_states,
n_states))
```

```
        #计算 gamma 和 xi
        for seq_idx, obs_seq in enumerate(observations):
            T = len(obs_seq)

            #前向算法
            alpha = np.zeros((T, n_states))
            c = np.zeros(T)
            for i in range(n_states):
                alpha[0, i] = start_prob[i] * emission_mat[i, obs_seq[0]]
                c[0] += alpha[0, i]
            c[0] = 1 / c[0]
            alpha[0, :] *= c[0]

            for t in range(1, T):
                for i in range(n_states):
                    alpha[t, i] = emission_mat[i, obs_seq[t]] * np.sum(alpha[t - 1, :]
* trans_mat[:, i])
                    c[t] += alpha[t, i]
                c[t] = 1 / c[t]
                alpha[t, :] *= c[t]

            #后向算法
            beta = np.ones((T, n_states))
            beta[-1, :] *= c[-1]
            for t in range(T - 2, -1, -1):
                for i in range(n_states):
                    beta[t, i] = np.sum(beta[t + 1, :] * trans_mat[i, :] *
emission_mat[:, obs_seq[t + 1]])
                    beta[t, i] *= c[t]

            #gamma 和 xi
            for t in range(T):
                for i in range(n_states):
                    gamma_accum[seq_idx, t, i] = alpha[t, i] * beta[t, i] /
np.sum(alpha[t, :] * beta[t, :])

                if t < T - 1:
                    for i in range(n_states):
                        for j in range(n_states):
                            if obs_seq[t + 1] < n_observations:
    xi_accum[seq_idx, t, i, j] = alpha[t, i] * trans_mat[i, j] * emission_mat[j,
obs_seq[t + 1]] * beta[t + 1, j]
    xi_accum[seq_idx, t, :, :] /= np.sum(xi_accum[seq_idx, t, :, :])

        #更新参数
        start_prob = np.sum(gamma_accum[:, 0, :], axis=0) / len(observations)
```

```
    for i in range(n_states):
        for j in range(n_states):
            numer = np.sum(xi_accum[:, :, i, j])
            denom = np.sum(np.sum(xi_accum[:, :, i, :], axis=1))
            trans_mat[i, j] = numer / denom
        for i in range(n_states):
        for k in range(n_observations):
            numer = np.sum(gamma_accum[:, :, i] * (np.array(observations) ==
k), axis=(0, 1))
            denom = np.sum(gamma_accum[:, :, i], axis=(0, 1))
            emission_mat[i, k] = numer / denom
#输出更新后的参数
print("Updated Initial State Probabilities:")
print(start_prob)
print("Updated Transition Probability Matrix:")
print(trans_mat)
print("Updated Emission Probability Matrix:")
print(emission_mat)
```

图 8.13 为使用 Baum-Welch 训练算法更新的状态的转移矩阵 $\boldsymbol{A}^{\mathrm{BW}}$ 和发射矩阵 $\boldsymbol{B}^{\mathrm{BW}}$ 。

0	0.41	0.20	0.39	0
0	0.80	0.09	0.11	0.10
0	0.14	0.69	0.18	0.11
0	0.05	0.10	0.84	0.09
0	0	0	0	0

(a)用 Baum-Welch 训练估计的状态转移矩阵 $\boldsymbol{A}^{\mathrm{BW}}$

状态\观测值	1	2	3	4	5	6	7	8	9	10
1	0.32	0.30	0.25	0.09	0.05	0.04	0.01	0.02	0.00	0.01
2	0.00	0.00	0.03	0.06	0.11	0.19	0.17	0.21	0.25	0.07
3	0.00	0.05	0.03	0.23	0.31	0.25	0.06	0.07	0.00	0.01

(b)用 Baum-Welch 训练估计的发射矩阵 $\boldsymbol{B}^{\mathrm{BW}}$

图 8.13 使用 Baum-Welch 训练估计的状态转移矩阵 $\boldsymbol{A}^{\mathrm{BW}}$ 和发射矩阵 $\boldsymbol{B}^{\mathrm{BW}}$

可以看出，两者的估计结果不完全相同，这是因为通过 Viterbi 算法找的是最优路径，用的是围绕这些状态的概率值，计算出的概率结果分布可能不够精确。而 Baum-Welch 算法是基于局部最优的方法，它考虑所有可能的路径并计算在某个时间点处于某个状态的概率，能够提供更精确的概率分布但会消耗更多计算资源。总的来说，用这两种算法训练的模型得到的结果是相似的，但它们的侧重点不同，Baum-Welch 得到的结果更符合实际情况。当观测序列达到一定长度或给出的数据集的状态分布更符合实际状态的分布时，两者的训练结果将更加接近。

8.3.5 HMM-GMM 模型

HMM-GMM 模型（Hidden Markov Model with Gaussian Mixture Models），本质上是一种

特殊的 HMM，在 HMM-GMM 中，每个状态都有一个与之关联的 GMM，该 GMM 用于描述在该状态下观测值（通常是连续的）的概率分布，如进行语音识别时，以提取的 MFCC 特征向量作为观测值，也就是观测值 $\boldsymbol{o}_t$ 是连续的，且观测值 $\boldsymbol{o}_t$ 服从高斯分布，即

$$\boldsymbol{b}_i(\boldsymbol{o}_t) = \boldsymbol{N}(\boldsymbol{o}_t \mid \boldsymbol{\mu}_i, \boldsymbol{\Sigma}_i)$$

$$\boldsymbol{N}(\boldsymbol{o}_t \mid \boldsymbol{\mu}_i, \boldsymbol{\Sigma}_i) = \frac{1}{\sqrt{(2\pi)^M \boldsymbol{\Sigma}_i}} \mathrm{e}^{-\frac{(\boldsymbol{o}_t - \boldsymbol{\mu}_i)^{\mathrm{T}}(\boldsymbol{o}_t - \boldsymbol{\mu}_i)}{2\boldsymbol{\Sigma}_i}} \tag{8.55}$$

其中，$\boldsymbol{\mu}_i$ 表示状态 i 所关联到的观测值 $\boldsymbol{o}_t$ 的平均值，均值向量 $\boldsymbol{\mu}_i$ 的维度与观测值 $\boldsymbol{o}_t$ 相同均为 M 维，而 $\boldsymbol{\Sigma}_i$ 表示 $\boldsymbol{\mu}_i$ 的协方差，观测的声学向量 $\boldsymbol{o}_t$ 的维度通常较高。如 MFCC 采用 39 维的特征向量，为了直观展示，这里以二维高斯分布为例，图 8.14 表示给定的 MFCC 中其中两个维度观测特征 $\boldsymbol{X}$ 和 $\boldsymbol{Y}$ 模型发射概率的联合概率密度 $P(\boldsymbol{o}_t)$。

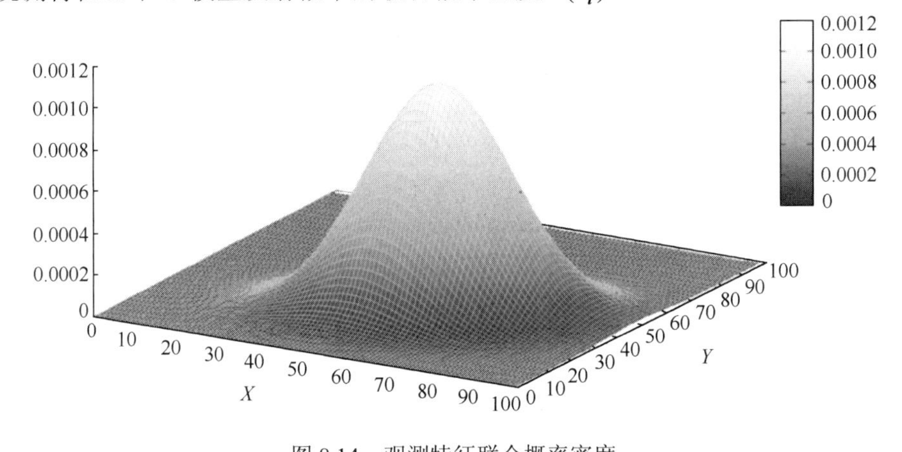

图 8.14　观测特征联合概率密度

当观测值维度上升为 M 维，观测矩阵为 $\boldsymbol{o} = \{\boldsymbol{o}_1, \boldsymbol{o}_2, \cdots, \boldsymbol{o}_T\}$，每一时刻观测向量 $\boldsymbol{o}_t^{\mathrm{T}} = \{\boldsymbol{o}_{t1}, \boldsymbol{o}_{t2}, \cdots, \boldsymbol{o}_{tM}\}$ 的均值向量和方差矩阵使用最大似然估计分别为

$$\hat{\boldsymbol{\mu}} = \frac{1}{T}\sum_{t=1}^{T} \boldsymbol{o}_t$$

$$\hat{\boldsymbol{\Sigma}}_i = \frac{1}{T}\sum_{t=1}^{T} (\boldsymbol{o}_t - \hat{\boldsymbol{\mu}})(\boldsymbol{o}_t - \hat{\boldsymbol{\mu}})^{\mathrm{T}} \tag{8.56}$$

多维度高斯分布，在状态 i 下观测到 $\boldsymbol{o}_t^{\mathrm{T}}$ 的概率密度为

$$\boldsymbol{b}_i(\boldsymbol{o}_t) = \boldsymbol{P}(\boldsymbol{o}_t \mid \boldsymbol{x}_t = i) = \sum_{m=1}^{M} c_{im} \boldsymbol{N}(\boldsymbol{o}_t \mid \boldsymbol{\mu}_{im}, \boldsymbol{\Sigma}_{im}) \tag{8.57}$$

这里，表示了观测向量的维度，c_{im} 表示对应于状态 i 和第 m 个分量的权重系数。

HMM-GMM 的参数更新方式与 HMM 的相同，用 Viterbi 算法更新每一状态所对应的均值向量和方差矩阵为

$$
\boldsymbol{\mu}_i = \frac{\sum_{t=1}^{T} \boldsymbol{q}_t(i)\boldsymbol{o}_t}{\sum_{t=1}^{T} \boldsymbol{q}_t(i)}
$$

$$
\boldsymbol{\Sigma}_i = \frac{\sum_{t=1}^{T} \boldsymbol{q}_t(i)(\boldsymbol{o}_t - \boldsymbol{\mu}_i)(\boldsymbol{o}_t - \boldsymbol{\mu}_i)^{\mathrm{T}}}{\sum_{t=1}^{T} \boldsymbol{q}_t(i)} \tag{8.58}
$$

用 Baum-Welch 算法更新，即

$$
\boldsymbol{\mu}_i = \frac{\sum_{t=1}^{T} \gamma_t(i)\boldsymbol{o}_t}{\sum_{t=1}^{T} \gamma_t(i)}
$$

$$
\boldsymbol{\Sigma}_i = \frac{\sum_{t=1}^{T} \gamma_t(i)(\boldsymbol{o}_t - \boldsymbol{\mu}_i)(\boldsymbol{o}_t - \boldsymbol{\mu}_i)^{\mathrm{T}}}{\sum_{t=1}^{T} \gamma_t(i)} \tag{8.59}
$$

8.3.6 基于 HMM 的语音识别应用案例

在语音识别中，观测序列通常代表每个帧提取的特征，如 MFCC。这些特征向量构成了观测序列，每个特征向量代表了一帧的声音特征。而状态序列代表了在给定时间点系统所处的状态。在语音识别中，状态通常表示声音信号中的音素、音节、单词或子词单元。每个状态都对应一个特定的语音单元，HMM 的状态音素可以被视为语音识别任务中的单位。状态序列指导了声音信号如何演变，从而形成了整个声音信号的表示。语音识别一般过程如图 8.15 所示。

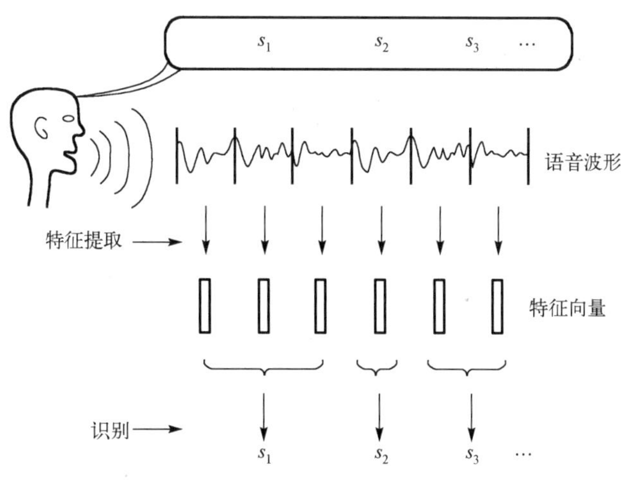

图 8.15 语音识别一般过程

HMM 语音识别模型结构如图 8.16 所示。

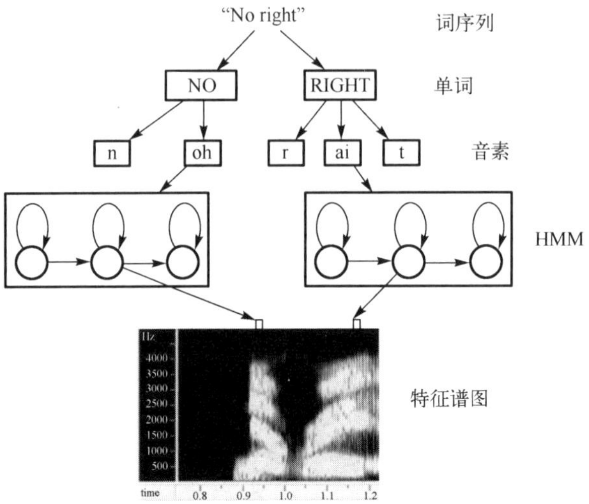

图 8.16　HMM 语音识别模型结构

HMM 语音识别第一步首先将音频特征提取转化为特征向量，即 HMM 中的观测序列 $\boldsymbol{O}=\{\boldsymbol{o}_1,\boldsymbol{o}_2,\cdots,\boldsymbol{o}_T\}$，接下来通过 Viterbi 解码算法来找出最有可能产生观测序列 $\boldsymbol{O}$ 的词序列 $\hat{\boldsymbol{W}}=\{\boldsymbol{w}_1,\boldsymbol{w}_2,\cdots,\boldsymbol{w}_L\}$，即

$$\hat{\boldsymbol{W}}=\underset{\boldsymbol{W}}{\arg\max}\{P(\boldsymbol{W}\mid\boldsymbol{O})\}=\underset{\boldsymbol{W}}{\arg\max}\{P(\boldsymbol{O}\mid\boldsymbol{W})P(\boldsymbol{W})\} \tag{8.60}$$

其中，$\boldsymbol{W}$ 表示全部可能的某一序列，$P(\boldsymbol{W}\mid\boldsymbol{O})$ 表示在给定观测特征序列 $\boldsymbol{O}$ 的情况下 $\boldsymbol{W}$ 的后验概率，$P(\boldsymbol{O}\mid\boldsymbol{W})$ 表示在给定 $\boldsymbol{W}$ 的情况下观测到序列 $\boldsymbol{O}$ 的概率。在 HMM 语音识别的上下文中，每个词 w_i 的后验概率 $P(\boldsymbol{O}\mid w_i)$ 可以被近似成在特定 HMM 的参数 λ_i 下观测到特征 $\boldsymbol{O}$ 的概率，即

$$P(\boldsymbol{O}\mid\boldsymbol{w}_i)\approx P(\boldsymbol{O}\mid\lambda_i)\approx\max_X\left[\left(\prod_{t=1}^{T}a_{x_{t-1}x_t}b_{x_t}(\boldsymbol{o}_t)\right)\eta_i\right] \tag{8.61}$$

朴素贝叶斯分类器（Naïve Bayes Classifier）是一种基于概率论的简单分类器，它在语音识别任务中的应用基于贝叶斯定理。在语音识别中，朴素贝叶斯分类器通常用于判断一段语音属于哪个类别（例如哪个单词或短语），对给定的语音特征向量（观测序列）$\boldsymbol{O}=\{\boldsymbol{o}_1,\boldsymbol{o}_2,\cdots,\boldsymbol{o}_T\}$，用 $\boldsymbol{o}$ 表示单个时刻的特征向量，词 $\boldsymbol{w}$ 的后验概率为 $P(\boldsymbol{w}\mid\boldsymbol{o})=\dfrac{P(\boldsymbol{o}\mid\boldsymbol{w})}{P(\boldsymbol{o})}$，朴素贝叶斯分类假设特征之间相互独立，因此似然概率可以分解为各个特征概率的积，即

$$P(\boldsymbol{O}\mid\boldsymbol{w})=\prod_{t=1}^{T}P(\boldsymbol{o}_t\mid\boldsymbol{w}) \tag{8.62}$$

分类器将选择后验概率最大的类别作为输出结果，即

$$\hat{\boldsymbol{w}}=\underset{\boldsymbol{w}}{\arg\max}\,P(\boldsymbol{w}\mid\boldsymbol{O}) \tag{8.63}$$

在进行语句识别时，词序列$\boldsymbol{W}=\boldsymbol{w}_1^L$可以进一步分解为更小单元的音素序列$\boldsymbol{Q}$，这些音素来自发音表，**音素**是最小的语音单位，在英语中共有40个音素。

例如，$\boldsymbol{W}$="one"，"two"→$\boldsymbol{Q}$=/W/，/AH/，/N/，/T/，/UW/，每个音素都对应了HMM的一种状态，这就是对音素建模的HMM。其中遇到静音时，/SilB/与/SilE/分别表示初始静音状态和终止静音状态，/SP/表示两个词之间位置的状态，如$\boldsymbol{W}$="one"，"two"的单音素分解可表示为：$\boldsymbol{Q}$=/W/,/AH/,/N/,/T/,/UW/→L'=/SilB/,/W/,/AH/,/N/,/SP/,/T/,/UW/,/SilE/。

现在假设每个词$\boldsymbol{w}$都分解为一个音素序列$\boldsymbol{Q}$，为了考虑多种发音的可能性，则由链式法则有

$$P(\boldsymbol{O}\mid\boldsymbol{w})=\sum_{\boldsymbol{Q}}P(\boldsymbol{O}\mid\boldsymbol{Q})P(\boldsymbol{Q}\mid\boldsymbol{w})$$
$$P(\boldsymbol{Q}\mid\boldsymbol{w})=\prod_{l=1}^{L}P(q^{(\boldsymbol{w}_l)}\mid\boldsymbol{w}_l) \tag{8.64}$$

其中，求和表示对所有有效的发音序列的总和，$\boldsymbol{Q}$是一个特定的发音序列，$q^{(\boldsymbol{w}_l)}$表示每个词$\boldsymbol{w}_l$的有效发音，在实际中，每个词只有非常少的替代发音，因此求和很容易处理。

结合之前的HMM和HMM-GMM，给定模型参数$\boldsymbol{\lambda}=\{\boldsymbol{A},\boldsymbol{B}\}$，记声学观测序列为$\{\boldsymbol{O}_1,\boldsymbol{O}_2,\cdots,\boldsymbol{O}_R\},r=1,2,\cdots,R$，根据前后向算法和BW算法更新每次迭代前后向似然度，占用似然度和转移似然度，即

$$\alpha_t^{(r)}(j)=\left[\sum_{i=1}^{N}\boldsymbol{\alpha}_{t-1}^{(r)}(i)a_{ij}\right]\boldsymbol{b}_j(\boldsymbol{o}_t^{(r)})$$
$$\boldsymbol{\beta}_t^{(r)}(i)=\sum_{j=1}^{N}a_{ij}\boldsymbol{b}_j(\boldsymbol{o}_{t+1}^{(r)})\boldsymbol{\beta}_{t+1}^{(r)}(j) \tag{8.65}$$
$$\gamma_t^{(r)}(i)=\frac{\alpha_t^{(r)}(j)\boldsymbol{\beta}_t^{(r)}(i)}{\boldsymbol{P}(\boldsymbol{O}_r\mid\boldsymbol{\lambda})}$$

重新估计GMM参数，对其使用BW算法进行更新，即

$$\hat{\boldsymbol{\mu}}_i=\frac{\sum_{r=1}^{R}\sum_{t=1}^{T}\gamma_t^{(r)}(i)\boldsymbol{o}_t^{(r)}}{\sum_{r=1}^{R}\sum_{t=1}^{T}\gamma_t^{(r)}(i)}$$
$$\hat{\boldsymbol{\Sigma}}_i=\frac{\sum_{r=1}^{R}\sum_{t=1}^{T}\gamma_t^{(r)}(i)[\boldsymbol{o}_t^{(r)}-\hat{\boldsymbol{\mu}}_i][\boldsymbol{o}_t^{(r)}-\hat{\boldsymbol{\mu}}_i]^{\mathrm{T}}}{\sum_{r=1}^{R}\sum_{t=1}^{T}\gamma_t^{(r)}(i)} \tag{8.66}$$

重新估计的HMM参数为

$$\hat{a}_{ij}=\frac{\sum_{r=1}^{R}\sum_{t=2}^{T}\xi_t^{(r)}(i,j)}{\sum_{r=1}^{R}\sum_{t=1}^{T}\gamma_t^{(r)}(i)},\quad 1\leqslant i,j\leqslant N \tag{8.67}$$

$$\xi_t^{(r)}(i,j)=\frac{\alpha_{t-1}^{(r)}(i)\hat{a}_{ij}\boldsymbol{b}_j(\boldsymbol{o}_t^{(r)})\boldsymbol{\beta}_t^{(r)}(i)}{\boldsymbol{P}(\boldsymbol{O}\mid\boldsymbol{\lambda})} \tag{8.68}$$

迭代得到最优的模型 $\boldsymbol{\lambda}$ 再用 Viterbi 算法进行识别。

考虑到前后词之间有相关性，使用**三音素**（Triphone）建模可以捕捉到前后音素之间的依赖性。三音素指的是让每个音素对应三种状态的音素，即

$$\boldsymbol{Q}'=/\text{SilB}/_1,/\text{SilB}/_2,/\text{SilB}/_3,\cdots,/\text{T}/_1,/\text{T}/_2,/\text{T}/_3,/\text{UW}/_1,/\text{UW}/_2,/\text{UW}/_3,\ldots$$

语音是连续的，音素的发音可能会受到前后音素的影响。同时如果仅使用单音素进行建模，则需要收集大量的训练数据以覆盖各种音素组合，而使用三音素可以减少所需的训练数据量，并且可以更好地利用已有的数据。HMM 的三音素建模方式如图 8.17 所示，图 8.18 是 HMM 三音素的示意图。

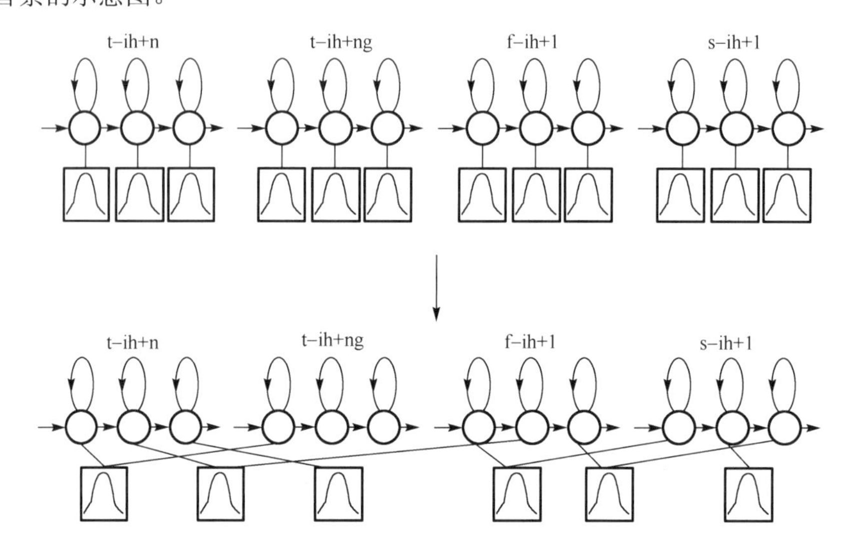

图 8.17　HMM 的三音素建模方式

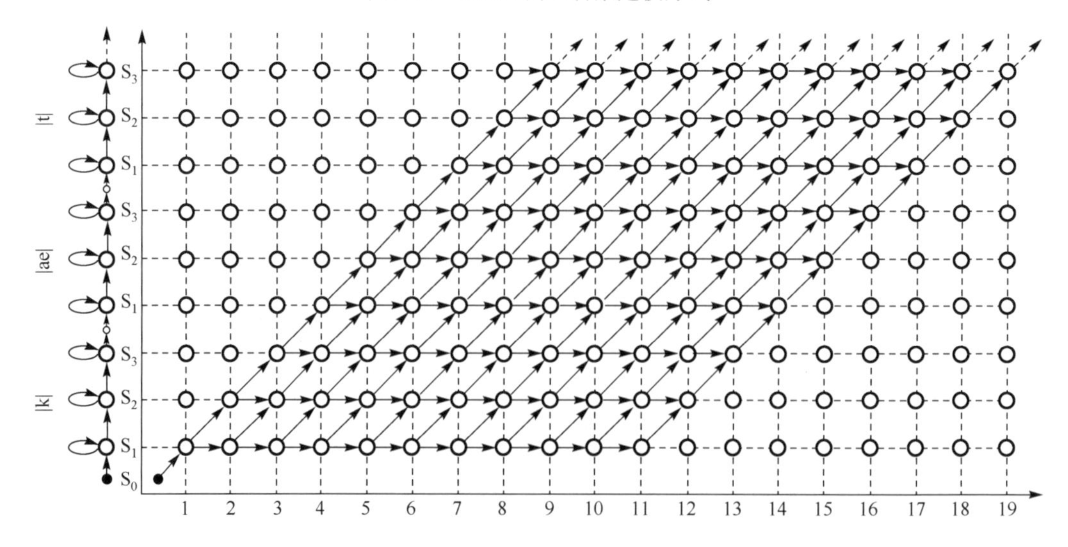

图 8.18　HMM 三音素的示意图

三音素建模中，由于一个音素包含大约 5000 种可能的状态，而 HMM 的三状态再分别对应前后不同的各种音素，需要训练的状态总量大小超过 200KB，因此需要对 HMM 状态做聚类，避免过度训练，音素的决策树是一种常用的聚类方法，能够降低模型的复杂性。音素决策树的构建过程可以用图 8.19 来表示。

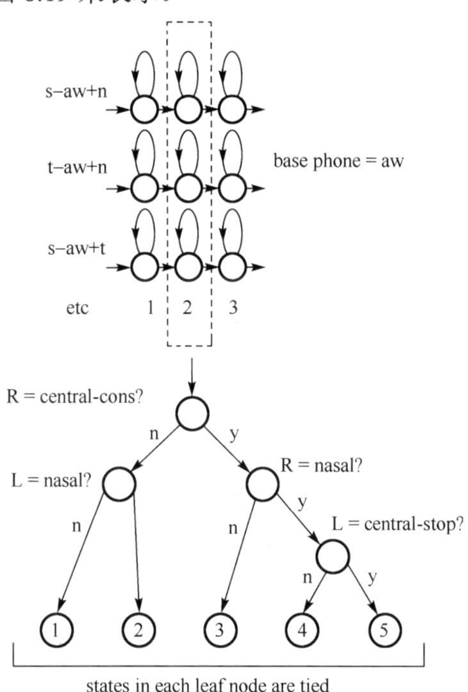

图 8.19　音素决策树的构建过程

初始化时所有的三音素都来自一个共同的根节点，之后选择一个可以最大程度减小节点内部的差异性的特征。这个特征可以是声音信号的任何属性，如前一个音素、后一个音素、音高等。根据选定的特征是否满足某个条件，将每个上层节点分割成两个子节点。例如，图 8.19 中选择的特征根据后一个音素是否为元音、鼻音等将原来的上层节点分割成两个节点，根据不同的条件，计算所有三音素的最大似然估计值，反复对每个节点执行分离操作，最终形成决策树，其中每个叶节点对应一个共享的 HMM 状态，如图 8.19 所示。

对所有的声音信号执行 Viterbi 算法，将所有语音帧分配到三音素 HMM 类别。决策树允许不同的三音素共享相同的 HMM 状态，从而减少了模型参数的数量。这有助于提高模型的泛化能力。在构建决策树过程中，会自动选择重要的特征，这有助于提高模型的准确性。

基于 HMM 的语音识别参考代码（实际可能需要根据具体要求进行更改）如下。

```
import numpy as np
import librosa

#计算前向概率
def forward_algorithm(A, B, pi, O, eta):
    T = len(O)
    N = A.shape[0]
```

```
    alpha = np.zeros((T, N))
    alpha[0] = pi * B[:, O[0]]

    for t in range(1, T):
        for j in range(N):
            alpha[t, j] = np.dot(alpha[t-1], A[:, j]) * B[j, O[t]]

    return np.sum(alpha[-1] * eta)

#计算后向概率
def backward_algorithm(A, B, pi, O, eta):
    T = len(O)
    N = A.shape[0]
    beta = np.zeros((T, N))
    beta[-1] = eta

    for t in range(T-2, -1, -1):
        for i in range(N):
            beta[t, i] = np.sum(A[i, :] * B[:, O[t+1]] * beta[t+1])

    return np.sum(pi * B[:, O[0]] * beta[0])

#利用 Baum-Welch 算法进行参数估计
def baum_welch(A, B, pi, O, eta, n_iter=100):
    N = A.shape[0]
    M = B.shape[1]
    T = len(O)

    for n in range(n_iter):
        alpha = np.zeros((T, N))
        beta = np.zeros((T, N))

        #前向算法
        alpha[0] = pi * B[:, O[0]]
        for t in range(1, T):
            for j in range(N):
                alpha[t, j] = np.dot(alpha[t-1], A[:, j]) * B[j, O[t]]

        #后向算法
        beta[-1] = eta
        for t in range(T-2, -1, -1):
            for i in range(N):
                beta[t, i] = np.sum(A[i, :] * B[:, O[t+1]] * beta[t+1])

        xi = np.zeros((T-1, N, N))
        for t in range(T-1):
```

```
            xi[t] = (alpha[t, :, None] * A * B[:, O[t+1]] * beta[t+1]) /
np.sum(alpha[-1] * eta)

        gamma = np.sum(xi, axis=2)

        #更新参数
        pi = gamma[0] / np.sum(gamma[0])
        A = np.sum(xi, axis=0) / np.sum(gamma, axis=0)[:, None]
        B = np.zeros((N, M))

        for j in range(N):
            for k in range(M):
                B[j, k] = np.sum(gamma[:, j] * (O == k)) / np.sum(gamma[:, j])

        eta = gamma[-1] / np.sum(gamma[-1])

    return A, B, pi, eta

#Viterbi算法
def viterbi(A, B, pi, O, eta):
    T = len(O)
    N = A.shape[0]
    delta = np.zeros((T, N))
    psi = np.zeros((T, N), dtype=int)

    delta[0] = pi * B[:, O[0]]

    for t in range(1, T):
        for j in range(N):
            trans_prob = delta[t-1] * A[:, j]
            psi[t, j] = np.argmax(trans_prob)
            delta[t, j] = np.max(trans_prob) * B[j, O[t]]

    #终止概率
    delta[-1] *= eta

    #回溯
    state_sequence = np.zeros(T, dtype=int)
    state_sequence[-1] = np.argmax(delta[-1])

    for t in range(T-2, -1, -1):
        state_sequence[t] = psi[t+1, state_sequence[t+1]]

    return state_sequence
```

```
#示例
if __name__ == "__main__":
    #初始化参数
    A = np.array([[0.6, 0.2, 0.2], [0.5, 0.3, 0.2], [0.4, 0.1, 0.5]])
    B = np.array([[0.2, 0.4, 0.4], [0.5, 0.4, 0.1], [0.7, 0.2, 0.1]])
    pi = np.array([0.5, 0.2, 0.3])
    eta = np.array([0.2, 0.4, 0.4])

    #加载音频并提取 MFCC 特征
    O = load_and_extract_mfcc("audio.wav")
    O = np.argmax(O, axis=1)  #简化为离散观测

    #训练 HMM
    A, B, pi, eta = baum_welch(A, B, pi, O, eta)

    #Viterbi 解码
    state_sequence = viterbi(A, B, pi, O, eta)

    #输出状态序列（需要根据实际需要将这些状态映射回对应的词或音素）
    print("State sequence:", state_sequence)
```

练　习　题

1．在语音识别系统的开发和评估中，用自己的语言来描述训练、验证和测试数据的作用，如果在训练过程中遇到了测试数据会出现什么现象？

2. 题图 8.1 用二维高斯分布描述了一个简单分类器中 4 种类别所对应的二维特征观测值，它们的均值向量和方差矩阵依次为：$\boldsymbol{m}_1=[1.00,5.00]^{\mathrm{T}}$，$\boldsymbol{m}_2=[4.00,3.00]^{\mathrm{T}}$，$\boldsymbol{m}_3=[6.00,8.00]^{\mathrm{T}}$，$\boldsymbol{m}_4=[9.00,3.00]^{\mathrm{T}}$；$\boldsymbol{\Sigma}_1=[1.00,0.00;0.00,25.00]$，$\boldsymbol{\Sigma}_2=[2.25,0.00;0.00,4.00]$，$\boldsymbol{\Sigma}_3=[4.00,0.00;0.00,4.00]$，$\boldsymbol{\Sigma}_4=[2.25,0.00;0.00,4.00]$，其特征是对数能量和第一个梅尔倒谱系数。题图 8.1 中 4 种类别的二维特征观测值的概率密度函数为 $p(o_t)$，每个类别的分布都以均值为中心（图中已用“+”号标记），图中的实线和虚线表示标准差的等高线。观测点数据如题表 8.1 所示。

（1）写出这两种类型特征的特性，分析它们的优缺点。

（2）在一个简单上下文分类器中仅考虑类别 2 和类别 4（如朴素贝叶斯分类器），绘制类别 2 和类别 4 的决策边界，并假设这两个类别有相同的先验概率。并比较这两种特征类型在区分这两个类别时的贡献度。如果类别 4 的方差减小为原来的四分之一，则描述决策边界会如何变化？

（3）题表 8.2 给出了观测序列，题表 8.3 给出了每个观测值对应的每个类的概率密度（每个时刻的最大值已经用黑体标出），题表 8.4 表示使用 HMM 模型的相同观测结果的占用似然度，并且给定 HMM 模型和题表 8.2 中的观测值时各个时间点各个状态的占用似然。每个时间点的最大似然值同样被加粗显示，它具有和题表 8.3 状态转移概率相同的输出分布。确定这两个结果之间的相似性和差异性，即朴素贝叶斯分类和 HMM 占用似然度，解释哪些参数导致了结果的分歧，以及是如何导致的。

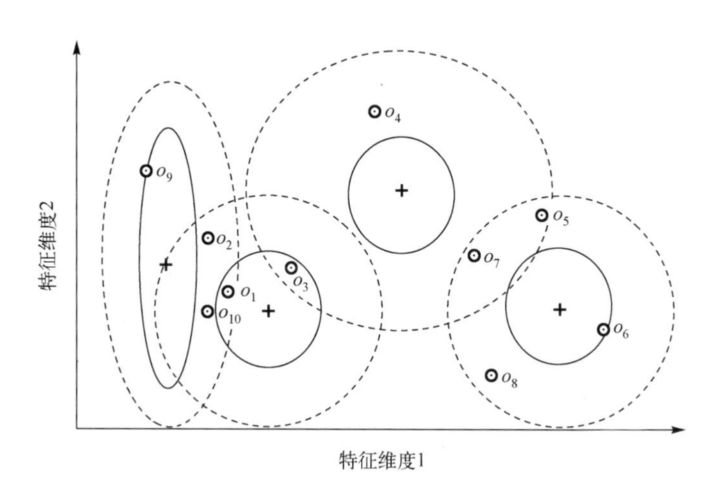

题图 8.1　4 种类别所对应的观测概率分布

题表 8.1　观测序列 $\boldsymbol{O}=\{o_1,o_2,\cdots,o_{10}\}$

时间/t	1	2	3	4	5	6	7	8	9	10
O_t	2.7	2.2	4.1	5.8	8.6	9.7	7.0	7.2	–0.2	2.1
	3.4	5.4	4.2	10.3	6.4	2.1	5.3	1.9	7.1	2.5

题表 8.2　观测值对应于每个类别的概率密度

时间 t 状态 i	1	2	3	4	5	6	7	8	9	10
1	0.0071	**0.0154**	0.0003	0	0	0	0	0	**0.0142**	0.0153
2	**0.0357**	0.0126	**0.0442**	0	0.0001	0	0.0037	0.0047	0.0001	**0.0231**
3	0.0007	0.0028	0.0042	**0.0204**	**0.0124**	0.0001	**0.0141**	0.0003	0.0003	0.0001
4	0	0	0.0002	0	0.0121	**0.0430**	0.0113	**0.0222**	0	0

题表 8.3　状态转移矩阵 A

0	0.55	0.25	0.15	0.55	0
0	**0.65**	0.10	0.15	0	**0.10**
0	0.15	**0.80**	0	0	0.05
0	0.10	0	**0.70**	0.15	0.05
0	0	0	0.20	**0.75**	0.05
0	0	0	0	0	0

题表 8.4　各个时间点状态点所对应的占用似然度 $\gamma_t(i)$

时间 t 状态 i	1	2	3	4	5	6	7	8	9	10
1	**0.67**	**0.86**	0.06	0	0	0	0	0	**0.56**	**0.93**
2	0.31	0.02	0	0	0	0	0	0	0	0.06

续表

时间 t 状态 i	1	2	3	4	5	6	7	8	9	10
3	0.02	0.12	**0.94**	1	0.49	0.01	0.34	**0.58**	0.44	0.01
4	0	0	0	0	**0.51**	0.99	**0.66**	0.42	0	0

（4）根据朴素贝叶斯分类器，在时间点$t=6$和$t=8$的观测值被分配到了类别 4，如果使用这些观测值来重新估计二维高斯分布的参数，将得到一个新的均值向量$\boldsymbol{\mu}_4^1=[8.45,1.00]^{\mathrm{T}}$和方差矩阵$\boldsymbol{\Sigma}_4^1=[1.865,0.675;0.675,1.010]$，这些参数使用了题表 8.4 中给出的占用似然度来进行一次初始 Baum-Welch 训练，①重新估计状态 4 的二维均值，并分析结果。②根据原始均值$\boldsymbol{\mu}_4=[9.00,3.00]^{\mathrm{T}}$，重新估计状态 4 的二维方差，并分析结果。

第 9 章 基于深度学习模型的声音技术应用

9.1 深度学习网络基础

深度学习网络是一种强大的机器学习技术，其在近年来在各个领域取得了令人瞩目的成就。深度学习网络的兴起源于对大规模数据和强大计算能力的利用，它模仿了人脑神经网络的结构和功能，以此来实现自动化的特征学习和模式识别。通过多层次的非线性变换，深度学习网络能够从原始数据中提取出高级的抽象特征，进而用于分类、回归、聚类、生成等多种任务。深度学习网络的发展受益于神经网络模型的演化和算法优化的进步。从最早的感知机到如今的卷积神经网络（CNN）、循环神经网络（RNN）、长短时记忆网络（LSTM）、Transformer 等，深度学习网络的结构日益丰富多样，适用于不同类型的数据和任务。

9.1.1 深度学习网络基本结构

图 9.1 为深度学习网络的一种最基本的网络构架，称为全连接神经网络。图 9.1 中每个圆都表示一个神经元，每条线表示神经元之间的连接，左边第一层为输入层，右边第一层称为输出层，输入层与输出层之间的层称为隐藏层。隐藏层层数较多的神经网络称为深度神经网络，而深度学习就是指使用深层构架（如深度神经网络）的机器学习方法。

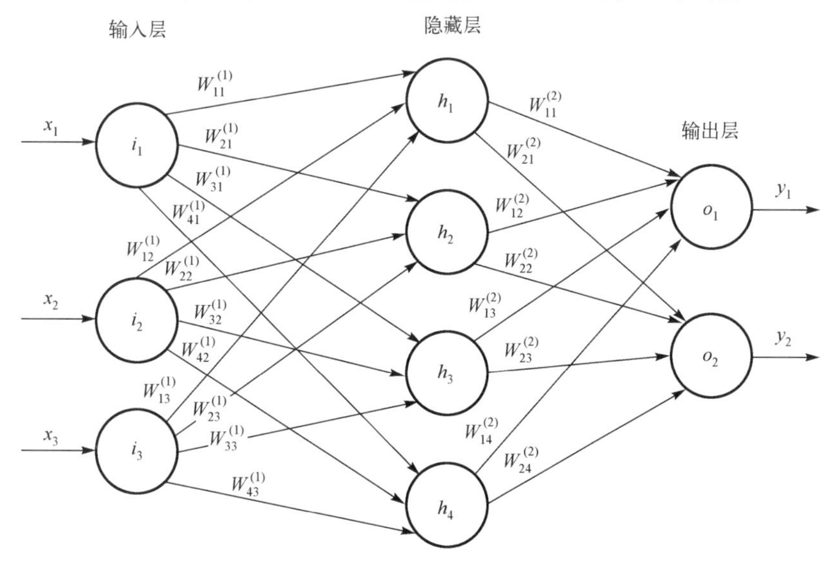

图 9.1 全连接神经网络

深层网络相比浅层网络有更强的表达能力。仅有一个隐藏层的神经网络就可以拟合任一函数，但需要大量的神经元；而深层网络拟合同样一个函数只需要较少的神经元。然而，深层网络随着层数增加也会增加训练的难度，往往需要更多的数据来训练。

神经网络实际上就是一个输入向量 $\boldsymbol{x}$ 到输出向量 $\boldsymbol{y}$ 的函数，输出向量的维度和输出神经元个数相同，首先将输入向量 $\boldsymbol{x}$ 的每个元素 x_i 的值赋给输入层对应的神经元，权重 W_{ji} 表示前一层节点 i 和后一层目标节点 j 之间的权重。例如，计算图中隐藏层节点 1 的输出值，它与输入层的三个节点 $\{x_i(i=1,2,3)\}$ 都有连接，对应的权重依次为 W_{41},W_{42},W_{43}，这里层与层之间需要选择一个激活函数（这里以 sigmoid 为例）进行映射，如图 9.2 所示。

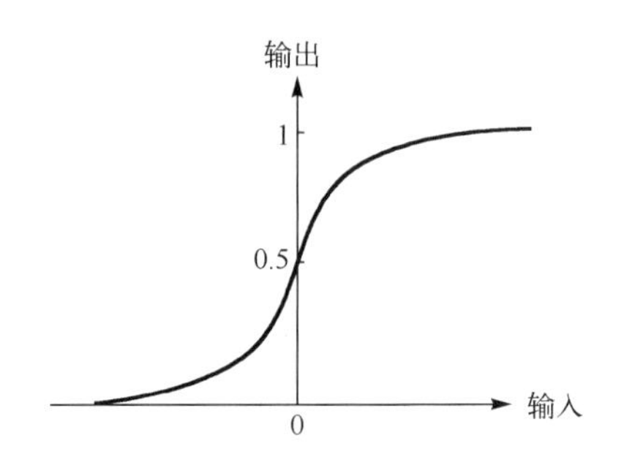

图 9.2　sigmoid 激活函数

sigmoid 是一个非线性函数，其值域为 0 到 1，即

$$\text{sigmoid}(x)=\frac{1}{1+\mathrm{e}^{-x}} \tag{9.1}$$

其目的是提高网络的表达能力，将每层的节点和权重均表示成向量形式。可以求出隐藏层节点 1 的输出值 h_1，即

$$h_1=\text{sigmoid}(W_{11}^{(1)}x_1+W_{12}^{(1)}x_2+W_{13}^{(1)}x_3+b_1^{(1)}) \tag{9.2}$$

其中，$b_1^{(1)}$ 为隐藏节点 1 的偏置项，同理可计算出隐藏层中其他节点的值，即

$$\begin{aligned}h_2&=\text{sigmoid}(W_{21}^{(1)}x_1+W_{22}^{(1)}x_2+W_{23}^{(1)}x_3+b_2^{(1)})\\h_3&=\text{sigmoid}(W_{31}^{(1)}x_1+W_{32}^{(1)}x_2+W_{33}^{(1)}x_3+b_3^{(1)})\\h_4&=\text{sigmoid}(W_{41}^{(1)}x_1+W_{42}^{(1)}x_2+W_{43}^{(1)}x_4+b_4^{(1)})\end{aligned} \tag{9.3}$$

于是得到

$$\begin{bmatrix}h_1\\h_2\\h_3\\h_4\end{bmatrix}=\text{sigmoid}\begin{bmatrix}W_{11}^{(1)}&W_{12}^{(1)}&W_{13}^{(1)}\\W_{21}^{(1)}&W_{22}^{(1)}&W_{23}^{(1)}\\W_{31}^{(1)}&W_{32}^{(1)}&W_{33}^{(1)}\\W_{41}^{(1)}&W_{42}^{(1)}&W_{43}^{(1)}\end{bmatrix}\begin{bmatrix}x_1\\x_2\\x_3\end{bmatrix}+\begin{bmatrix}b_1^{(1)}\\b_2^{(1)}\\b_3^{(1)}\\b_4^{(1)}\end{bmatrix} \tag{9.4}$$

每层的算法都是类似的。

对于一个深层网络结构，如图 9.3 所示，该网络包含一个输入层、一个输出层和三个隐藏层，其权重分别为 $\boldsymbol{W}_1,\boldsymbol{W}_2,\boldsymbol{W}_3,\boldsymbol{W}_4$，每个隐藏层的输出分别为 $\{\boldsymbol{a}_1,\boldsymbol{a}_2,\boldsymbol{a}_3\}$，神经网络的输入为 $\boldsymbol{x}$，输出为 $\boldsymbol{y}$，每层的输出可表示为

$$\begin{aligned}\boldsymbol{a}_1&=\text{sigmoid}(\boldsymbol{W}_1\boldsymbol{x})\\\boldsymbol{a}_2&=\text{sigmoid}(\boldsymbol{W}_2\boldsymbol{a}_1)\\\boldsymbol{a}_3&=\text{sigmoid}(\boldsymbol{W}_3\boldsymbol{a}_2)\\\boldsymbol{y}&=\text{sigmoid}(\boldsymbol{W}_4\boldsymbol{a}_3)\end{aligned} \tag{9.5}$$

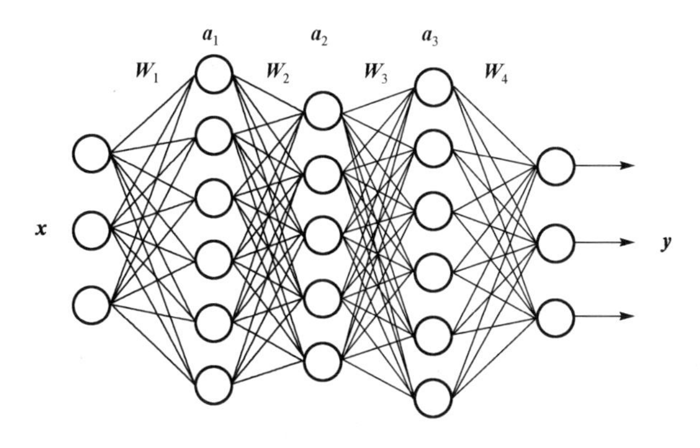

图 9.3　深层神经网络

以下演示用 PyTorch 搭建上述神经网络。

```
import torch
import torch.nn as nn
import torch.optim as optim

# 定义线性神经网络类
class SimpleNN(nn.Module):
    def__init__(self):
        super(SimpleNN, self).__init__()
        self.hidden = nn.Linear(1, 3) # 隐藏层，输入维度为 1，输出维度为 3
        self.output = nn.Linear(3, 1) # 输出层，输入维度为 3，输出维度为 1
        self.sigmoid = nn.Sigmoid()   # sigmoid 激活函数

    def forward(self, x):
        x = self.hidden(x)
        x = self.sigmoid(x)
        x = self.output(x)
        return x

# 创建神经网络实例
model = SimpleNN()

# 定义输入数据
input_data = torch.tensor([[1.0], [2.0], [3.0]])

# 前向传播
output = model(input_data)

print("神经网络输出:")
print(output)
```

9.1.2　深度学习网络的训练

神经网络的训练主要是为了得到所有的权重，所有的权重构成了神经网络模型的参数。

如图 9.1 所示，以监督学习为例介绍神经网络的训练算法，即**反向传播算法**。

假设图 9.1 中每个训练样本为 $(\boldsymbol{x},\boldsymbol{t})$，向量 $\boldsymbol{x}$ 表示训练样本的特征，$\boldsymbol{t}$ 表示样本的目标值。利用样本的特征 $\boldsymbol{x}$，计算出每个隐藏层节点的输出 h_i 及输出层每个节点的输出 y_i，t_i 表示节点 i 的目标值。输出层节点 i 的误差项为

$$e_i = y_i(1-y_i)(t_i-y_i) \tag{9.6}$$

基于 sigmoid 激活函数的特点，其导数是 $y_i(1-y_i)$，而 (t_i-y_i) 表示实际输出与期望的目标输出的误差。根据反向传播算法，隐藏层节点 i 的误差项为

$$e_i = h_i(1-h_i)\sum_{k=1}^{K} W_{ki}e_k \tag{9.7}$$

这里，$h_i(1-h_i)$ 是 sigmoid 激活函数在隐藏层节点 i 的导数。W_{ki} 是节点 i 到下一层节点 k 的权重，e_k 是下一层节点 k 的误差项。假设 η 为学习率，它表示了误差是如何从输出层反向传播到隐藏层的，实际上是根据输出层的误差来计算隐藏层的误差，则最终更新每个权重

$$W_{ji} \leftarrow W_{ji} - \eta\frac{\partial E}{\partial w_{ji}} = W_{ji} + \eta e_i x_{ji} \tag{9.8}$$

其中，$\dfrac{\partial E}{\partial W_{ji}}$ 表示损失函数对每个权重 W_{ji} 的偏导数，即梯度，损失函数取得极小值时即得到所有的最优权重参数。权重的调整方向是按照误差的梯度下降方向，而调整的幅度取决于学习率和误差大小。

用梯度下降算法来更新参数，L 为**损失函数**用来描述实际与期望之间的差距，即

$$L = \frac{1}{2}\sum_i (t_i - y_i)^2 \tag{9.9}$$

L 是总误差，它等于全部目标输出节点和实际输出节点之间的平方和，也称为均方误差损失。这里乘以 1/2 是为了简化求导的计算，因为$(t_i-y_i)^2$ 的导数是 $2(t_i-y_i)$。

其实，L 也可以使用其他损失函数，如**交叉熵损失**，它的表达式为

$$L = -\sum_i t_i \log(y_i) \tag{9.10}$$

交叉熵损失的主要优点是它可以给予模型更明确的信号，指导模型如何改进预测。特别是当实际输出与期望输出相差很大时，交叉熵损失会迅速增加，从而提供一个更强烈的梯度信号来更新权重。与均方误差损失相比，交叉熵损失在处理分类问题时更为合适。因为在分类问题中，我们更关心正确分类的概率而不是预测值与实际值之间的差异；而均方误差损失可能会在训练过程中遇到饱和问题，特别是在使用 sigmoid 或 tanh 这种激活函数时。

损失函数的选择对模型训练有着至关重要的影响。不同的损失函数会导致模型学习到的权重分布、梯度流及收敛速度都有所不同。选择适当的损失函数可以帮助模型更快地收敛，并可能获得更好的泛化性能。在实践中，根据问题的性质和数据的特点选择合适的损失函数是非常重要的。

9.1.3　卷积神经网络

卷积神经网络（Convolutional Neural Network，CNN）的结构与 9.1.1 节的全连接神经网络层结构完全不同，全连接神经网络每层的神经元都是一维排列的，而卷积神经网络每层的神经元都是三维排列的，有宽度、高度和深度。以图 9.4 为例介绍深度卷积神经网络。

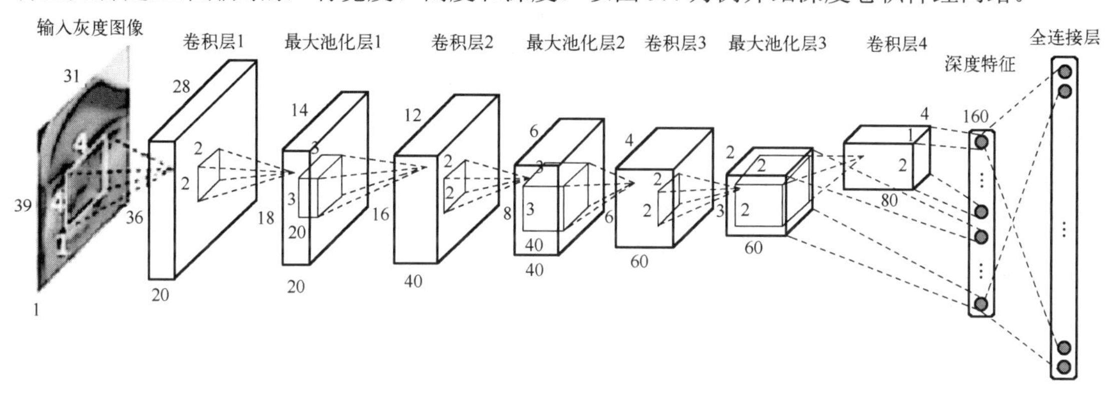

图 9.4　深度卷积神经网络

深度卷积神经网络主要用于特征提取和识别任务，主要包含三部分**卷积层**、**池化层**和**全连接层**。图 9.4 中，输入层以一个大小为 39×31 的灰度图像作为输入，在第一个卷积层采用大小为 4×4 的**卷积核**对输入图像进行卷积操作。每个卷积核都可以提取图像中的特定特征，如边缘或纹理。经过这一层的处理，图像的尺寸从 39×31 减少到 36×28，深度从 1 增加到 20，得到了 36×28×6 的特征图。再采用 2×2 的滤波器对卷积层的输出进行最大池化操作，主要用于减小特征图的尺寸并保持其重要特征。经过池化后，特征图的尺寸从 36×28 减少到 18×14。连续经过卷积池化操作，在最后一个卷积层使用大小为 4×2 的滤波器，输出一个深度为 160 的特征图进入全连接层，全连接层用于将卷积层的输出展平，转换为一个固定大小的特征向量，最后使用 softmax 函数将这些特征向量转化为各个类别的概率分数。

卷积神经网络的每个神经元的输入与前一层的局部接收域相连，并提取该局部的特征。当该局部特征被提取后，它与其他特征间的位置关系也随之确定下来；对特征映射层来讲，网络的每个计算层都由多个特征映射组成，每个特征映射都是一个平面，平面上所有神经元的权值都相等。特征映射结构采用 sigmoid 函数作为卷积网络的激活函数，使得特征映射具有位移不变性。此外，由于一个映射面上的神经元共享权值，因此减少了网络自由参数的个数。卷积神经网络中的每个卷积层都紧跟着一个用来求局部平均与二次提取的计算层，这种特有的两次特征提取结构减小了特征分辨率。卷积神经网络主要用来识别位移、缩放及其他形式扭曲不变性的二维图形。以下详细解释卷积神经网络的各层。

卷积层：卷积神经网络处理的对象是图片，而图片在计算机上又是以像素值的形式存取的。对于彩色图片来说，通常其具有红绿蓝（RGB）三个通道；对于灰色通道来讲，只有一个灰度值通道。而卷积神经网络就是对这些像素值进行处理，本质上是进行数值的计算。

如图 9.5 所示，假设有一个 5×5 的输入图像，使用 3×3 的**卷积核**（Kernel）与输入图像进行自相关运算（对应位置相乘后相加），卷积核在输入图像上以步长为 1（步长可调节）滑动，可以依次求出在特征图上的数值。

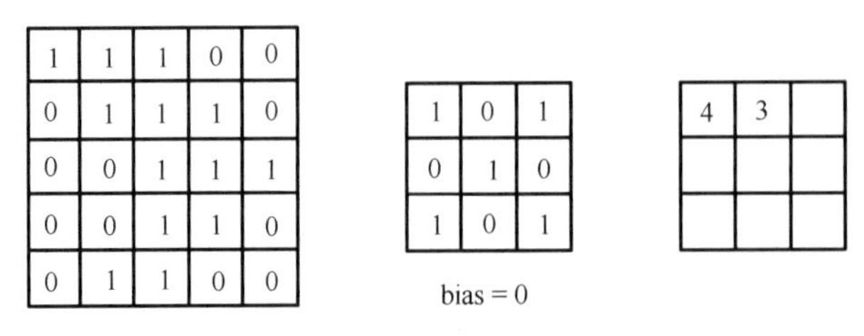

图 9.5　卷积核

图 9.5 是基于深度为 1 神经网络的情况，每个卷积层还可以有多个卷积核来和同一个输入图像进行自相关操作，卷积后特征图的深度和卷积核的个数是相同的。图 9.6 展示了包含两个卷积核的卷积层，卷积核尺寸为 3×3×3，输入图像尺寸为三个通道的 7×7×3 图片，卷积步长为 2，最终得到尺寸为 3×3×2 的输出。

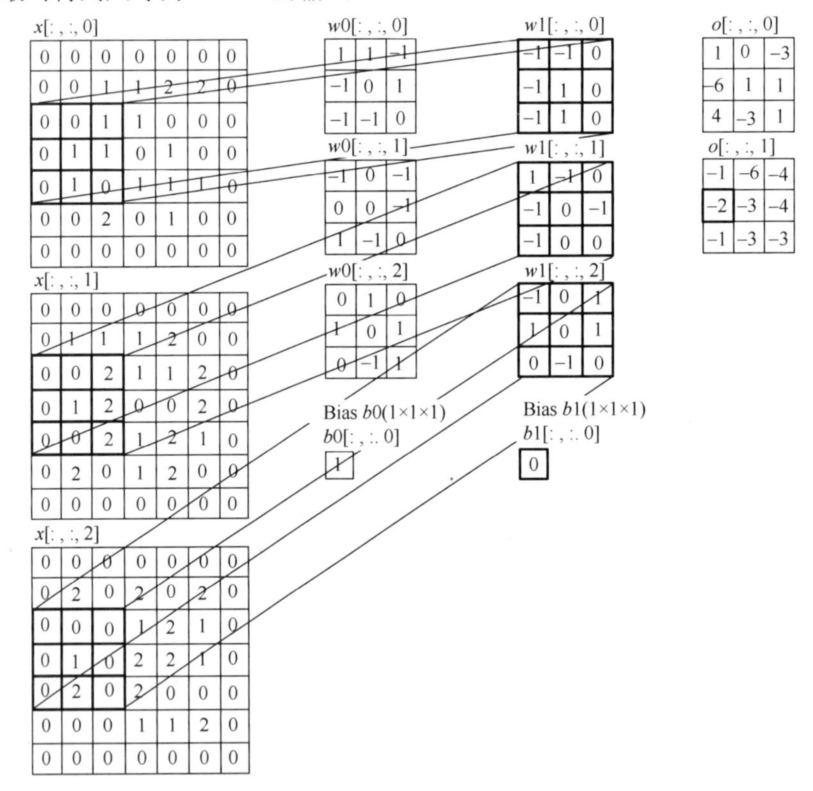

图 9.6　卷积计算流程

以图 9.6 为卷积层的计算方式，体现了局部连接和权重共享，每层的神经元只与上一层部分神经元相连，且卷积核的权重对上一层所有神经元都是一致的，对包含两个 3×3×3 的卷积层，其参数量仅有(3×3×3+1)×2=56 个，且其参数量与上一层神经元个数无关，与全连接神经网络相比，参数量大幅减少。

池化层：假设对于一个 96×96 像素的图像，已经学习得到 400 个定义在 8×8 输入上的特征，每个特征和图像卷积都会得到一个(96−8+1)×(96−8+1)=7921 维的卷积特征。由于有

400 个特征，因此每个样例都会得到一个 7921×400=3168400 维的卷积特征向量。学习一个拥有超过 300 万特征输入的分类器十分不便，并且容易出现**过拟合**（Over-Fitting）。为了解决这个问题，我们需要对不同位置的特征进行聚合统计，如计算图像一个区域上的某个特定特征的平均值（或最大值）。这些概要统计特征不仅具有低得多的维度（相比使用所有提取得到的特征），同时还会改善结果（不容易过拟合）。这种聚合的操作就叫作**池化**（Pooling）。

全连接层：为了使卷积神经网络能够起到分类器的作用，一般需要在卷积神经网络的后面添加全连接层。卷积层、池化层等操作是将原始数据映射至隐藏层特征空间，全连接层则起到将学到的“分布式特征表示”映射到样本标记空间的作用。两层之间所有神经元都有权重连接，通常全连接层在卷积神经网络尾部，与传统的神经网络神经元的连接方式是一样的。

接下来，将通过具体推导演示整个卷积神经网络前向、反向传播，模型训练时参数更新过程，首先将卷积操作视为一个滑动窗口函数，它在特征图上滑动并应用于卷积核，即

$$Z_{i,j}=\sum_{m=1}^{M}\sum_{n=1}^{N}W_{m,n}\cdot X_{i+m,j+n}+b \tag{9.11}$$

其中，(i,j) 是输出特征图的位置，(m,n) 遍历卷积核的全部元素，$\boldsymbol{W}=\{W_{m,n}\}(m=1,2,\cdots,M,$ $n=1,2,\cdots,N)$ 是卷积核矩阵，$\boldsymbol{X}$ 表示输入特征图矩阵，$\boldsymbol{b}$ 是偏置项。全连接层每个输入都连接到每个输出，式（9.11）可以写成 $\boldsymbol{Z}=\boldsymbol{W}\boldsymbol{X}+\boldsymbol{b}$。

一般分类问题使用交叉熵损失作为损失函数，即

$$L(y,\hat{y})=-\sum_{k=1}^{C}y_k\log(\hat{y}_k) \tag{9.12}$$

k表示分类的类别数量。对于特征图的梯度，则有

$$\frac{\partial L}{\partial X_{i,j}}=\sum_{m=1}^{M}\sum_{n=1}^{N}W_{m,n}\cdot\frac{\partial L}{\partial Z_{i+m,j+n}} \tag{9.13}$$

对于卷积核 $W_{m,n}$ 的梯度，则有

$$\frac{\partial L}{\partial W_{m,n}}=\sum_{i=1}^{I}\sum_{j=1}^{J}X_{i+m,j+n}\cdot\frac{\partial L}{\partial Z_{i,j}} \tag{9.14}$$

对于偏置 $\boldsymbol{b}$ 的梯度，则有

$$\frac{\partial L}{\partial \boldsymbol{b}}=\sum_{i=1}^{I}\sum_{j=1}^{J}\frac{\partial L}{\partial Z_{i,j}} \tag{9.15}$$

对于全连接层，则有

$$\begin{aligned}\frac{\partial L}{\partial \boldsymbol{X}}&=\boldsymbol{W}^{\mathrm{T}}\frac{\partial L}{\partial \boldsymbol{Z}}\\ \frac{\partial L}{\partial \boldsymbol{W}}&=\frac{\partial L}{\partial \boldsymbol{Z}}\boldsymbol{X}^{\mathrm{T}}\\ \frac{\partial L}{\partial \boldsymbol{b}}&=\sum_{i=1}^{N}\frac{\partial L}{\partial Z_i}\end{aligned} \tag{9.16}$$

应用梯度下降算法使得损失函数最小。更新所有的权重矩阵和偏置向量，这里包含的每层都以此方法来更新该层的权重和偏置；η 为学习率，它决定了在梯度下降过程中更新的步长，即

$$\begin{aligned} \boldsymbol{W} &\leftarrow \boldsymbol{W} - \eta \frac{\partial L}{\partial \boldsymbol{W}} \\ \boldsymbol{b} &\leftarrow \boldsymbol{b} - \eta \frac{\partial L}{\partial \boldsymbol{b}} \end{aligned} \tag{9.17}$$

以下演示用 PyTorch 搭建一个卷积神经网络。

```
import torch
import torch.nn as nn

# 定义卷积神经网络模型
class SimpleCNN(nn.Module):
    def__init__(self, num_classes=10):
        super(SimpleCNN, self).__init__()
        self.conv1 = nn.Conv2d(in_channels=3, out_channels=16, kernel_size=3,
stride=1, padding=1)
        self.relu = nn.ReLU()
        self.maxpool = nn.MaxPool2d(kernel_size=2, stride=2)
        self.conv2 = nn.Conv2d(in_channels=16, out_channels=32, kernel_size=3,
stride=1, padding=1)
        self.fc1 = nn.Linear(in_features=32*8*8, out_features=128)
        self.fc2 = nn.Linear(in_features=128, out_features=num_classes)

    def forward(self, x):
        x = self.conv1(x)
        x = self.relu(x)
        x = self.maxpool(x)
        x = self.conv2(x)
        x = self.relu(x)
        x = self.maxpool(x)
        x = x.view(x.size(0), -1)
        x = self.fc1(x)
        x = self.relu(x)
        x = self.fc2(x)
        return x

# 创建模型实例
model = SimpleCNN(num_classes=10)

# 打印模型结构
print(model)
```

常规的卷积神经网络相比于初代的全连接神经网络，参数量已经大幅度减少。然而，为

了进一步减少模型的参数数量和降低计算复杂度，并同时保持网络的性能，研究者们提出**深度可分离卷积**（Depthwise Separable Convolution）这种更高效的卷积操作。它的作用是将传统卷积的空间特征提取和通道特征组合分离开，避免在每个空间位置上对所有的输入和输出通道进行全连接的卷积。深度可分离卷积由两个步骤组成：首先使用深度卷积（Depthwise Convolution）在每个输入通道上应用一个独立的卷积核进行卷积；然后使用逐点卷积（Pointwise Convolution），即 1×1 卷积组合深度卷积的输出。由于深度卷积和逐点卷积是分开进行的，因此总参数量大大减少。

假设现在输入一个 $W \times H \times C$ 的特征图（W、H、C 分别表示特征图宽度、高度和通道数）及一个 $K \times K \times C \times N$ 的卷积核，卷积核的高度和宽度均为 K，其中 N 表示输出通道数。在常规卷积中，这个卷积核会被应用于整个输入特征图，输出的特征图中每个元素计算如下

$$\boldsymbol{O}(i,j,c)=\sum_{c=1}^{C}\sum_{k=1}^{H}\sum_{l=1}^{W}\boldsymbol{I}(i+k,j+l,c)\cdot\boldsymbol{K}(k,l,c,n) \tag{9.18}$$

其中，$\boldsymbol{O}$、$\boldsymbol{I}$、$\boldsymbol{K}$ 分别表示输出、输入和卷积核，i、j 是输出特征图的空间位置，c、n 分别是输入和输出通道索引。

在深度可分离卷积中，首先使用深度卷积，每个输入通道独立地和一个 $K \times K$ 的卷积核进行卷积，得到深度卷积的输出，即

$$\boldsymbol{DO}(i,j,c)=\sum_{k=1}^{H}\sum_{l=1}^{W}\boldsymbol{I}(i+k,j+l,c)\cdot\boldsymbol{DK}(k,l,c) \tag{9.19}$$

$\boldsymbol{DO}$、$\boldsymbol{DK}$ 分别表示深度卷积的输出和卷积核，得到深度卷积输出后进行逐点卷积，使用 1×1 卷积组合深度卷积的输出，即

$$\boldsymbol{O}(i,j,n)=\sum_{c=1}^{C}\boldsymbol{DO}(i,j,c)\cdot\boldsymbol{PK}(c,n) \tag{9.20}$$

其中，$\boldsymbol{PK}$ 表示 1×1 卷积的卷积核，1×1 卷积在深度卷积输出的特征图的每个位置上与所有通道的值相乘，融合通过深度卷积得到的特征图的通道使得模型在不同的通道之间学习特征的交互，最终的输出是通过将深度卷积的输出作为逐点卷积的输入来计算得到的。

接下来比较一下常规卷积和深度可分离卷积的计算复杂度，对于常规卷积每个输出位置的计算量为 $K \times K \times C \times N$，共有 $W \times H$ 个这样的位置，所以总的计算量为 $W \times H \times K \times K \times C \times N$。对于深度可分离卷积，深度卷积的计算量为 $W \times H \times K \times K \times C$，逐点卷积的计算量为 $W \times H \times C \times N$，所以深度可分离卷积的总计算量为 $W \times H \times K \times K \times C + W \times H \times C \times N$。可以看到深度可分离卷积的计算量明显小于常规卷积，因为常规卷积计算量包含输入通道数和输出通道数的乘积，如当输入特征图的宽和高依次为 64×64，卷积核大小为 3×3，输入通道数为 32，输出通道数为 64，常规卷积总参数量为 75497472，而深度可分离卷积的总参数量为 9568256，仅仅为常规卷积计算量的 12.67%。特别当通道数量更大时，深度可分离卷积还可以提高更大的效率。

9.1.4　循环神经网络

卷积神经网络的输出都只考虑一个输入的影响而不考虑其他时刻输入的影响，能对一些单个物体的识别具有较好效果，但无法处理像声音信号这类具有时间维度的信息，因此提出

了循环神经网络（**Recurrent Neural Network, RNN**）。

循环神经网络是一类以序列（Sequence）数据为输入，在序列的演进方向进行递归（Recursion）且所有节点（循环单元）按链式连接的递归神经网络（Recursive Neural Network）。该网络的一个序列当前的输出与前面的输出也有关。具体的表现形式为网络会对前面的信息进行记忆并应用于当前输出的计算中，即隐藏层之间的节点不再无连接而是有连接的，并且隐藏层的输入不仅包括输入层的输出还包括上一时刻隐藏层的输出。

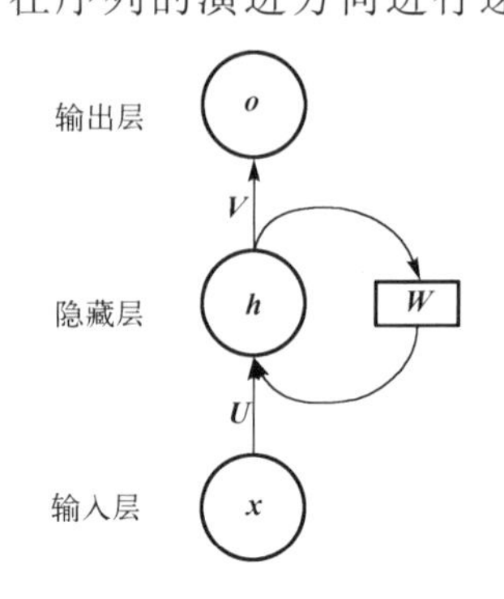

图 9.7 循环神经网络的基本单元

循环神经网络的基本单元结构如图 9.7 所示，$\boldsymbol{x}=\{\boldsymbol{x}_0,\boldsymbol{x}_1,\cdots,\boldsymbol{x}_t\}$ 表示输入层的值，$\boldsymbol{h}=\{\boldsymbol{h}_0,\boldsymbol{h}_1,\cdots,\boldsymbol{h}_t\}$ 表示隐藏层的输出值（这一层其实是多个节点），$\boldsymbol{U}$ 是输入层到隐藏层的权重矩阵，$\boldsymbol{O}$ 表示输出层的值，$\boldsymbol{V}$ 是隐藏层到输出层的权重矩阵；隐藏层的 $\boldsymbol{h}$ 表示隐藏状态，不仅仅取决于当前这次的输入 $\boldsymbol{x}$，还取决于上一次隐藏层的 $\boldsymbol{h}$；权重矩阵 $\boldsymbol{W}$ 就是隐藏层上一次的值作为这一次的输入的权重。

标准的循环神经网络结构如图 9.8 所示。图中每个箭头表示做一次变换，箭头连接带有权值。左侧是折叠结构，右侧是展开结构，左侧中 $\boldsymbol{h}$ 旁边的箭头表示此结构中的“循环”体现在隐藏层。

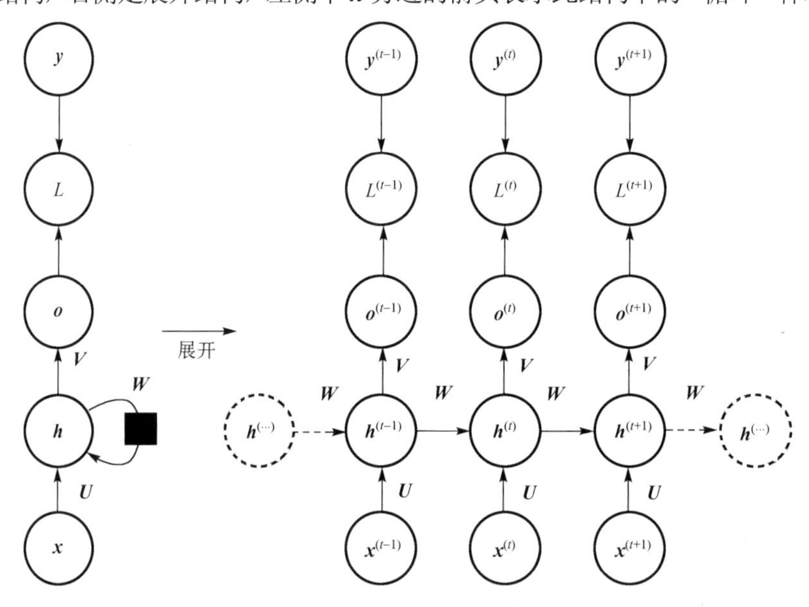

图 9.8 标准的循环神经网络的结构

在展开结构中可以观察到，标准的循环神经网络结构中，隐藏层的神经元之间也是带有权值的。也就是说，随着序列的不断推进，前面的隐藏层将会影响后面的隐藏层。图 9.8 中 L 代表损失函数，可以看出损失也是随着序列沿着时间维度的推进而不断积累的。标准的循环神经网络还有以下特点。

（1）权值共享，图 9.18 中的 $\boldsymbol{W}$、$\boldsymbol{U}$ 和 $\boldsymbol{V}$ 是一样的。

（2）每个输入值都只与它本身的那条路线建立权连接，不会和其他神经元连接。

（3）隐藏状态可以理解为现有的输入加上过去记忆总结。

（4）输入和输出序列必须是等长的。由于这个限制的存在，普通 RNN 的适用范围比较小，但也有一些问题适合用经典的循环神经网络结构建模，如计算音频中每帧的分类标签。因为要对每帧进行计算，所以输入和输出序列等长。

在图 9.8 中，假设使用 tanh() 作为激活函数，那么在前向传播时，对给定的时间点 t，计算隐藏层的输出 $\boldsymbol{h}^{(t)}$，即

$$\boldsymbol{h}^{(t)} = \tanh(\boldsymbol{U}\cdot\boldsymbol{x}^{(t)} + \boldsymbol{W}\cdot\boldsymbol{h}^{(t-1)}) \tag{9.21}$$

输出层的输出 $\boldsymbol{O}^{(t)}$ 为

$$\boldsymbol{O}^{(t)} = \tanh(\boldsymbol{V}\cdot\boldsymbol{h}^{(t)}) \tag{9.22}$$

循环神经网络采用**时间反向传播算法**（Back-propagation Through Time）进行训练，因为循环神经网络能处理时间序列数据，所以要基于时间反向传播，沿着需要优化的参数的负梯度方向不断寻找更优的点直至收敛，核心还是求各个参数的梯度。

根据图 9.8，如果用均方误差作为在时间 t 时刻的输出 $\boldsymbol{O}^{(t)}$和实际期望输出 $\boldsymbol{y}^{(t)}$之间的损失，损失函数 $\boldsymbol{L}^{(t)}$可表示为

$$L^{(t)} = \frac{1}{2}[\boldsymbol{O}^{(t)} - \boldsymbol{y}^{(t)}]^2 \tag{9.23}$$

在反向传播算法中，首先需要计算出在 $\boldsymbol{t}$ 时刻输出层的误差 $\boldsymbol{\delta}_{\boldsymbol{O}}^{(t)}$，即

$$\boldsymbol{\delta}_{\boldsymbol{O}}^{(t)} = \boldsymbol{O}^{(t)} - \boldsymbol{y}^{(t)} \tag{9.24}$$

根据输出层误差，求 t 时刻隐藏层误差 $\boldsymbol{\delta}_{\boldsymbol{h}}^{(t)}$，即

$$\boldsymbol{\delta}_{\boldsymbol{h}}^{(t)} = (\boldsymbol{V}^{\mathrm{T}}\cdot\boldsymbol{\delta}_{\boldsymbol{O}}^{(t)}) \times (1 - [\boldsymbol{h}^{(t)}]^2) \tag{9.25}$$

这里的 $\boldsymbol{V}^{\mathrm{T}}$ 表示 $\boldsymbol{V}$ 的转置，使用梯度下降法进行权重更新。首先，计算每个权重的梯度，对于权重 $\boldsymbol{U}$，有

$$\frac{\partial L^{(t)}}{\partial \boldsymbol{U}} = \boldsymbol{\delta}_{h}^{(t)}[\boldsymbol{y}^{(t)}]^{\mathrm{T}} \tag{9.26}$$

对于 RNN 的权重 $\boldsymbol{W}$，有

$$\frac{\partial L^{(t)}}{\partial \boldsymbol{W}} = \boldsymbol{\delta}_{\boldsymbol{h}}^{(t)}[\boldsymbol{h}^{(t-1)}]^{\mathrm{T}} \tag{9.27}$$

对于权重 $\boldsymbol{V}$，有

$$\frac{\partial L^{(t)}}{\partial \boldsymbol{V}} = \boldsymbol{\delta}_{\boldsymbol{O}}^{(t)}[\boldsymbol{h}^{(t)}]^{\mathrm{T}} \tag{9.28}$$

因此梯度下降法权重更新可表示为

$$\begin{aligned}
\boldsymbol{U} &\leftarrow \boldsymbol{U} - \eta\frac{\partial L^{(t)}}{\partial \boldsymbol{U}} \\
\boldsymbol{W} &\leftarrow \boldsymbol{W} - \eta\frac{\partial L^{(t)}}{\partial \boldsymbol{W}} \\
\boldsymbol{V} &\leftarrow \boldsymbol{V} - \eta\frac{\partial L^{(t)}}{\partial \boldsymbol{V}}
\end{aligned} \tag{9.29}$$

这里 η为学习率；

上述推导为循环神经网络的前向传播、误差项计算、损失函数和权重更新提供了一个基本框架。在实际应用中，还需要考虑批量更新、其他激活函数、正则化等因素。

以下通过代码来演示搭建一个循环神经网络。

```
# 一般循环神经网络循环神经网络
class ConvRNN(nn.Module):
    def__init__(self, inp_dim, oup_dim, kernel, dilation):
        super()__init__()
        pad_x = int(dilation * (kernel - 1) / 2)
        self.conv_x = nn.Conv2d(inp_dim, oup_dim, kernel, padding=pad_x,
dilation=dilation)

        pad_h = int((kernel - 1) / 2)
        self.conv_h = nn.Conv2d(oup_dim, oup_dim, kernel, padding=pad_h)
        self.relu = nn.LeakyReLU(0.2)

    def forward(self, x, h=None):
        if h is None:
            h = F.tanh(self.conv_x(x))
        else:
            h = F.tanh(self.conv_x(x) + self.conv_h(h))

        h = self.relu(h)
        return h, h
```

在当预测点与依赖的相关信息距离比较远时，就难以学到该相关信息。为了解决这类问题，我们提出了长短期记忆网络（Long Short Term Memory，LSTM）。其结构与普通的循环神经网络循环神经网络的神经元结构对比如图 9.9 所示。

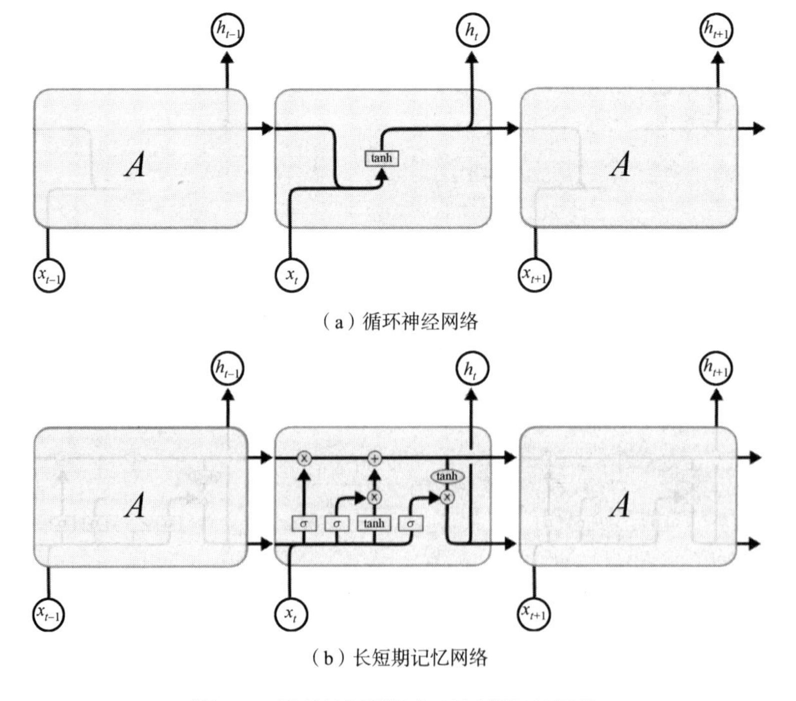

图 9.9　循环神经网络与长短期记忆网络

图 9.9（a）中的 A 表示一个循环单元，通过一个激活函数 tanh()计算后传递给下一个时间单元；图 9.9（b）为长短期记忆网络结构，相比于一般循环神经网络结构更为复杂，长短期记忆网络单元内部包含多个神经元结构，包括输入门、遗忘门、输出门及单元状态。这些结构共同作用，决定了如何更新单元状态和隐藏状态。

长短期记忆网络的关键就是如图 9.10 所示的单元结构，被称为记忆块，主要包含了三个门（遗忘门、输入门、输出门）与一个记忆单元。

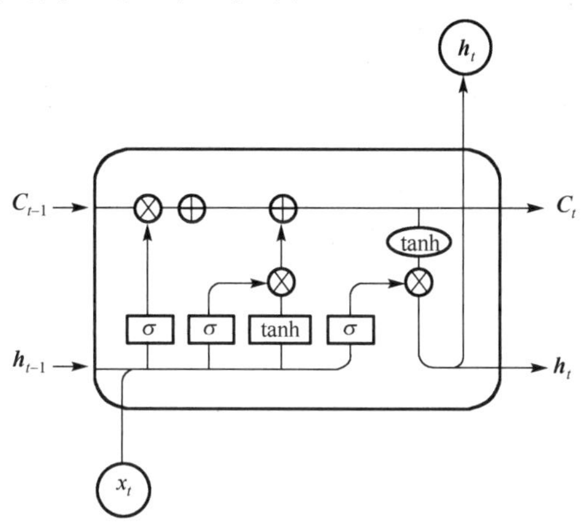

图 9.10　LSTM 单元结构

长短期记忆网络的第一步是用来决定什么信息可以通过单元状态。这个决定遗忘门通过 sigmoid（图中的 σ）来控制，它会根据上一时刻的输出 $\boldsymbol{h}_{t-1}$ 和当前输入 $\boldsymbol{x}_t$ 来产生一个每个元素数值在 0 到 1 之间的 $\boldsymbol{f}_t$，来决定是否让上一时刻学到的信息 $\boldsymbol{C}_{t-1}$ 通过或部分通过，即

$$\begin{aligned}\boldsymbol{f}_t &= \sigma(\boldsymbol{W}_f \cdot [\boldsymbol{h}_{t-1}, \boldsymbol{x}_t] + \boldsymbol{b}_f) \\ \boldsymbol{C}_t^f &= \boldsymbol{C}_{t-1} \times \boldsymbol{f}_t\end{aligned} \tag{9.30}$$

这里，$\boldsymbol{C}_t^f$ 表示遗忘部分，简单来说是对过去学到的无用信息进行选择性过滤。

第二步是要产生需要更新的新信息。这一步包含两部分：第一部分是一个输入门层通过 sigmoid() 来决定哪些值用来更新；第二部分是一个 tanh()层用来生成新的候选值 $\tilde{\boldsymbol{C}}_t$，它作为当前层产生的候选值可能会添加到记忆单元中。把这两部分产生的值结合来进行更新，即

$$\begin{aligned}\boldsymbol{i}_t &= \sigma(\boldsymbol{W}_i \cdot [\boldsymbol{h}_{t-1}, \boldsymbol{x}_t] + \boldsymbol{b}_i) \\ \tilde{\boldsymbol{C}}_t &= \tanh(\boldsymbol{W}_c [\boldsymbol{h}_{t-1}, \boldsymbol{x}_t] + \boldsymbol{b}_C)\end{aligned} \tag{9.31}$$

$$\boldsymbol{C}_t = \boldsymbol{f}_t \times \boldsymbol{C}_{t-1} + \boldsymbol{i}_t \times \tilde{\boldsymbol{C}}_t \tag{9.32}$$

最后一步是决定模型的输出，首先是通过 sigmoid() 层来得到一个初始输出，然后使用 tanh() 将 $\boldsymbol{C}_t$ 值缩放到区间 [−1,1]，再与 sigmoid() 得到的输出逐对相乘，从而得到模型的输出，而

$$\begin{aligned}\boldsymbol{o}_t &= \sigma(\boldsymbol{W}_o \cdot [\boldsymbol{h}_{t-1}, \boldsymbol{x}_t] + \boldsymbol{b}_o) \\ \boldsymbol{h}_t &= \boldsymbol{o}_t * \tan\mathrm{h}(C_t)\end{aligned} \tag{9.33}$$

用 PyTorch 搭建一个长短期记忆网络。

```
import torch
from torch import nn

# 定义一个长短期记忆网络模型
class LSTM(nn.Module):
    def __init__(self, input_size, hidden_size, num_layers, output_size):
        super(LSTM, self).__init__()
        self.hidden_size = hidden_size
        self.num_layers = num_layers
        self.lstm = nn.LSTM(input_size, hidden_size, num_layers, batch_first
= True)
        self.fc = nn.Linear(hidden_size, output_size)

    def forward(self, x):
        # 初始化隐藏状态 h0，c0 为全 0 向量
        h0 = torch.zeros(self.num_layers, x.size(0), self.hidden_size).to(x.
device)
        c0 = torch.zeros(self.num_layers, x.size(0), self.hidden_size).to(x.
device)

        # 将输入 x 和隐藏状态(h0, c0)传入长短期记忆网络
        out, _ = self.lstm(x, (h0, c0))
        # 取最后一个时间步的输出作为长短期记忆网络的输出
        out = self.fc(out[:, -1, :])
        return out

# 定义 LSTM 超参数
input_size = 10                  # 输入特征维度
hidden_size = 32                 # 隐藏单元数量
num_layers = 2                   # 长短期记忆网络层数
output_size = 2                  # 输出类别数量

# 构建一个随机输入 x 和对应标签 y
x = torch.randn(64, 5, 10)       # [batch_size, sequence_length, input_size]
y = torch.randint(0, 2, (64,)) # 二分类任务，标签为 0 或 1

# 创建长短期记忆网络模型，并将输入 x 传入模型计算预测输出
lstm = LSTM(input_size, hidden_size, num_layers, output_size)
pred = lstm(x)                   # [batch_size, output_size]

# 定义损失函数和优化器，并进行模型训练
criterion = nn.CrossEntropyLoss()
optimizer = torch.optim.Adam(lstm.parameters(), lr=1e-3)
num_epochs = 100

for epoch in range(num_epochs):
```

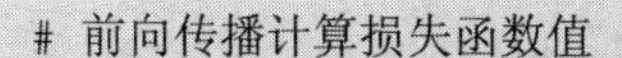

```
    # 前向传播计算损失函数值
    pred = lstm(x)      # 在每个 epoch 中重新计算预测输出
    loss = criterion(pred.squeeze(), y)

    # 反向传播更新模型参数
    optimizer.zero_grad()
    loss.backward()
    optimizer.step()

    # 输出每个 epoch 的训练损失
    print(f"Epoch [{epoch+1}/{num_epochs}], Loss: {loss.item():.4f}")
```

9.1.5　注意力机制

在处理声音信号这类序列数据时，循环神经网络需要通过隐状态的逐步传递来捕获长期依赖关系，循环神经网络是一种循环的递归结构，当序列较长时，容易导致梯度爆炸或梯度消失等问题，而且训练速度慢。而随着注意力机制的提出，在许多任务中，注意力机制已经开始逐渐取代循环神经网络。注意力机制可以通过自注意力层对序列中任意两点建立连接，无论它们距离多少个时间步，这意味着模型可以在一个步骤中直接学习输入序列各个部分的依赖关系。此外，卷积神经网络在处理图像时具有局部感受野，且卷积核的权重是固定的，这限制了感受野的灵活性，而注意力机制可以根据查询的不同动态地聚焦于信息的不同部分，使得模型根据上下文动态地选择它需要关注的输入信息的部分。

在注意力机制中，有以下三个重要组件。

（1）**查询 $\boldsymbol{Q}$**（Query）：以语音数据为例，输入的声音信号或语音特征序列中有各种具体的元素，如音高、音量、共振峰等。查询 $\boldsymbol{Q}$ 指的是在实现当前某项任务时（如语音识别、情感识别等），输入数据中查询当前任务所需的元素，也可认为是查询键的请求，相同的输入在不同的任务下会被分配不同的 $\boldsymbol{Q}$。

（2）**键 $\boldsymbol{K}$（Key）**：键与输入数据相关联，用于匹配查询 $\boldsymbol{Q}$，查询提供了当前任务所需的一些具体元素，而键为这些具体元素分配了权重，可理解为每个具体元素有多重要。一旦查询 $\boldsymbol{Q}$ 和 $\boldsymbol{K}$ 匹配后就可以求出注意力权重得分，注意力权重得分越高，表示当前的 $\boldsymbol{Q}$ 和 $\boldsymbol{K}$ 越匹配。

（3）**值 $\boldsymbol{V}$（Value）**：一旦查询和键匹配之后就可以得到所有的注意力权重得分，值 $\boldsymbol{V}$ 表示具体的每个数值，注意力权重得分会与 $\boldsymbol{V}$ 相乘得到最后的输出，这个输出可能被送往下一层网络或者用于生成最后的预测结果。

其中 $\boldsymbol{Q}$、$\boldsymbol{K}$、$\boldsymbol{V}$ 均通过输入数据 $\boldsymbol{X}$ 与 $\boldsymbol{Q}$、$\boldsymbol{K}$、$\boldsymbol{V}$ 对应的权重矩阵相乘得到，即

$$
\begin{aligned}
\boldsymbol{Q} &= \boldsymbol{X}\boldsymbol{W}^{Q} \\
\boldsymbol{K} &= \boldsymbol{X}\boldsymbol{W}^{K} \\
\boldsymbol{V} &= \boldsymbol{X}\boldsymbol{W}^{V}
\end{aligned}
\tag{9.34}
$$

注意力机制的关键是可学习的权重矩阵 $\boldsymbol{W}^{Q}$、$\boldsymbol{W}^{K}$、$\boldsymbol{W}^{V}$，以及如何通过训练来使模型在遇到不同输入数据时应该注意到哪些部分。

注意力机制的输出可以表示为

$$\text{Attention}(\boldsymbol{Q},\boldsymbol{K},\boldsymbol{V})=\text{softmax}\left(\frac{\boldsymbol{Q}\boldsymbol{K}^{\mathrm{T}}}{\sqrt{d_k}}\right)\boldsymbol{V} \tag{9.35}$$

$\boldsymbol{Q}\boldsymbol{K}^{\mathrm{T}}$ 表示注意力得分矩阵，d_k 表示键的维度，由于 $\boldsymbol{Q}\boldsymbol{K}^{\mathrm{T}}$ 点积运算可能会导致数值较大，将 d_k 放在分母是为了训练时梯度更稳定。

9.2 基于深度学习的声音去噪算法

传统声音去噪主要通过估计噪声再减去噪声成分，而深度学习声音去噪主要建模对象是声音本身，通过数据、模型和损失函数等来实现得到一个期望的目标信号。相比之下，基于深度学习的声音去噪算法明显改善了传统声音去噪算法中非平稳噪声抑制差、低信噪比损伤语音和降噪收敛时间长等缺陷。因此，采用深度学习进行语音降噪的应用越来越广泛。

9.2.1 基于深度神经网络幅度谱估计的深度学习声音去噪算法

基于深度学习的声音去噪算法可以采用深度神经网络作为从有噪声到干净语音特征的映射函数。基线系统分为两个阶段构建。在训练阶段，利用有噪声和干净语音数据对的对数功率谱特征训练基于深度神经网络的回归模型：首先对输入信号进行短时间傅里叶分析，计算每个重叠的加窗帧的离散傅里叶变换（DFT），然后计算对数功率谱；在去噪阶段，采用训练好的深度神经网络模型对噪声语音特征进行处理，以预测干净语音特征。得到了估计的干净语音的对数功率谱特征之后，重建谱的表达式为

$$\boldsymbol{X}^f(d)=e^{\frac{1}{2}\boldsymbol{X}^1(d)+j\angle\boldsymbol{Y}^f(d)} \tag{9.36}$$

其中，$\angle Y^f(d)$ 表示噪声信号的第 d 维的相位，$x^1_{(d)}$ 表示干净语音的对数功率谱，$\boldsymbol{X}^f(d)$ 表示重建的谱图。相位直接从噪声信号中提取人耳对小的相位畸变或全局频谱位移不敏感，但是在低信噪比的情况下，干净语音和噪声的相位不同而难以估计，因此，这里只需要估计干净语音的一帧，从该帧频谱的逆高数傅里叶变换（IDFT）中得到噪声相位，再采用重叠加法来合成完整波形。

这里采用的架构是一个前馈神经网络，它们具有许多非线性层表示一个高度非线性的回归函数，映射有噪声的语音特征来清理语音功能，这些特征都被归一化为零均值和单位方差。深度神经网络作为一个回归模型的训练由一个无监督的预训练部分和一个有监督微调部分，如图 9.11 所示。

训练深度神经网络时，首先要叠加多个**限制性玻尔兹曼机**（Restricted Boltzmann Machines，RBM），它是一种浅层神经网络，用于更有效的特征学习和降维。它的特点是神经元之间没有同层连接，只有隐藏层和可见层之间的连接。限制性玻尔兹曼机使用对比散度（Contrastive Divergence）算法进行训练，目的是使得数据的重建误差最小。限制性玻尔兹曼机的“限制性”来自其结构，因为它不允许同层之间的连接，这使得训练过程更加高效。利用噪声语音的归一化对数功率谱对深度生成模型进行预训练，对应图中虚线框住部分。由于输入的特征向量在深度神经网络中是实值的，所以第一个限制性玻尔兹曼机是一个伯努利–高斯分布 RBM，它有一层可见的高斯变量，连接到隐藏层，

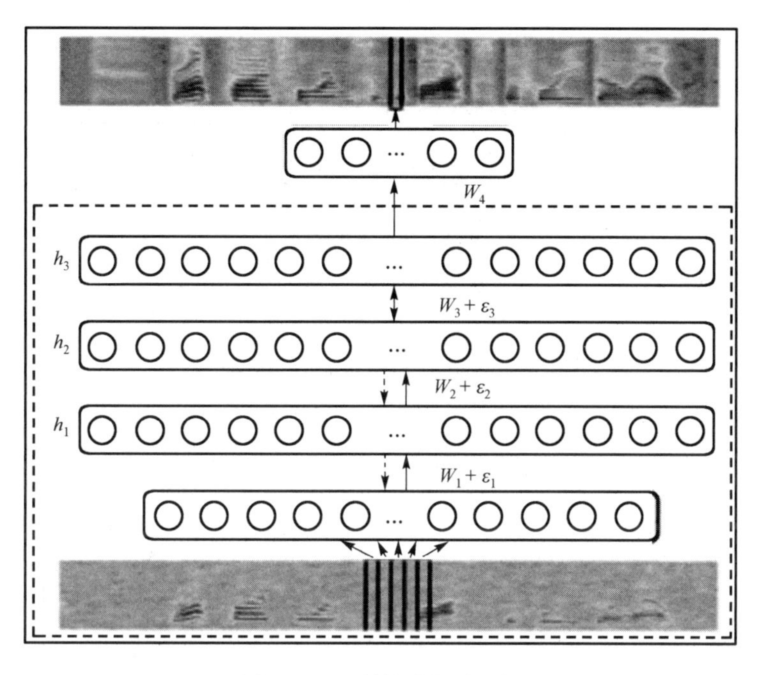

图 9.11　限制性玻尔兹曼机

可以将多个伯努利–高斯分布 RBM 堆叠在伯努利–高斯分布 RBM 之上。它们以无监督的方式逐层训练，以使训练样本的可能性最大化，然后采用估计的归一化对数幂谱特征与参考干净语音之间的基于 MMSE 的对象函数的反向传播算法对深度神经网络进行训练。与对初始化前几个隐藏层中的参数的预训练相比，图 9.11 的微调部分对网络中的所有参数进行监督训练。对数功率谱域的 MMSE 准则显示了与人类听觉系统的一致性，采用小批量随机梯度下降算法来改进以下误差函数，即

$$\boldsymbol{E}_r=\frac{1}{N}\sum_{n=1}^{N}\left\|\hat{\boldsymbol{X}}_n(\boldsymbol{Y}_{n-r}^{n+r},\boldsymbol{W},\boldsymbol{b})-\boldsymbol{X}_n\right\|_2^2 \tag{9.37}$$

其中，$\boldsymbol{E}_r$ 为均方误差，$\hat{\boldsymbol{X}}_n(\boldsymbol{Y}_{n-r}^{n+r},\boldsymbol{W},\boldsymbol{b})$ 和 $\boldsymbol{X}_n$ 分别表示第 n 个采样点估计的和参考归一化的对数谱特征，N 表示批处理大小，$\boldsymbol{Y}_{n-r}^{n+r}$ 为有噪声的对数谱特征向量，$(\boldsymbol{W},\boldsymbol{b})$表示需要学习的权重和偏置，反向传播更新第 l 层参数，λ 表示学习率，L 表示总的隐藏层层数，L+1 表示输出层，k 表示权重衰减系数，ω 为动量，则迭代过程可表示为

$$\Delta(W_{n+1}^l,b_{n+1}^l)=-\lambda\frac{\partial\boldsymbol{E}_r}{\partial(\boldsymbol{W}_n^l,\boldsymbol{b}_n^l)}-k\lambda(\boldsymbol{W}_n^l,\boldsymbol{b}_n^l)+\omega\Delta(\boldsymbol{W}_n^l,\boldsymbol{b}_n^l),\ 1\leqslant l\leqslant L+1 \tag{9.38}$$

在学习过程中，使用深度神经网络学习映射函数；对噪声语音与干净语音的关系没有任何假设，在有足够的训练样本的情况下，可以自动学习从噪声信号中分离语音的复杂关系。深度神经网络可以沿着时间轴捕获声学上下文信息（使用多个帧的噪声语音作为输入）和沿着频率轴（使用全频带频谱信息）通过将它们连接到一个长输入特征向量进行学习。

其中一个问题，称为过平滑（Over-smoothing）。与参考干净语音相比，会对估计的干净语音产生了消音效应，因此提出了估计和参考干净语音特征的全局方差均衡方法来缓解这一

问题。全局方差均衡化在这里可以看成一个简单直方图均衡化类型，这在密度匹配中起着关键作用，将估计的干净语音特征的全局方差定义为

$$\boldsymbol{GV}(d)=\frac{1}{M}\sum_{n=1}^{M}[\hat{\boldsymbol{X}}_n(d)-M\sum_{n=1}^{M}\hat{\boldsymbol{X}}_n(d)]^2 \tag{9.39}$$

其中，$\hat{\boldsymbol{X}}_n(d)$ 是输出帧向量的第 n 个分量，M 是训练集中语音帧的总数，归一化参考干净语音特征的全局方差也可以用类似的方法计算出来。同时，一个与维数无关的全局方差为

$$\boldsymbol{GV}=\frac{1}{M\times D}\sum_{n=1}^{M}\sum_{d=1}^{D}[\hat{\boldsymbol{X}}_n(d)-\frac{1}{M\times D}\sum_{n=1}^{M}\sum_{d=1}^{D}\hat{\boldsymbol{X}}_n(d)]^2 \tag{9.40}$$

图 9.12 显示了不同频率的估计和参考归一化对数功率谱的全局方差。可以看出，估计的干净语音特征的全局方差小于参考干净语音特征的全局方差，说明估计的干净语音特征的谱被平滑。此外，在较低信噪比的情况下，这个过平滑问题会变得更明显，图 9.12 给出了具有信噪比为 0dB 的加性高斯白噪声的话语的声谱图。从左往右依次为估计声谱图、干净声谱图和噪声声谱图。

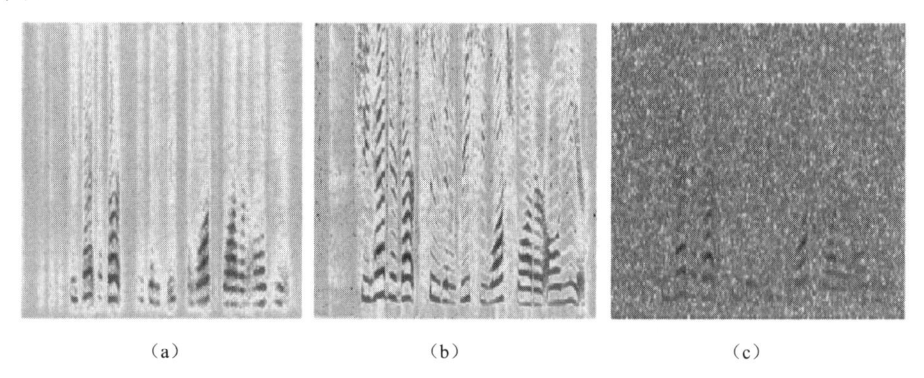

（a）　　　　（b）　　　　（c）

图 9.12　估计声谱图、干净声谱图和噪声声谱图

从图 9.12 中可以观察到严重的过平滑，共振峰峰被抑制，特别是导致语音高频波段被消音，为了解决过平滑问题，定义了一个全局均衡因子 $\boldsymbol{\alpha}(d)$ 为

$$\boldsymbol{\alpha}(d)=\sqrt{\frac{\boldsymbol{GV}_{\mathrm{ref}}(d)}{\boldsymbol{GV}_{\mathrm{est}}(d)}} \tag{9.41}$$

$\boldsymbol{GV}_{\mathrm{ref}}(d)$，$\boldsymbol{GV}_{\mathrm{est}}(d)$ 分别表示参考特征和估计特征的第 d 维全局方差。此外，还有一个与维数无关的全局均衡因子 β 可以定义为

$$\beta=\sqrt{\frac{\boldsymbol{GV}_{\mathrm{ref}}}{\boldsymbol{GV}_{\mathrm{est}}}} \tag{9.42}$$

其中，$\boldsymbol{GV}_{\mathrm{ref}}$ 和 $\boldsymbol{GV}_{\mathrm{est}}$ 分别表示参考特征和估计特征与维数无关的全局方差。

由于深度神经网络的输入特征被归一化为零均值和单位方差，所以深度神经网络输出为

$$\hat{\boldsymbol{X}}'(d)=\hat{\boldsymbol{X}}(d)v(d)+m(d) \tag{9.43}$$

$m(d)$ 和 $v(d)$ 分别是输入噪声语音特征第 d 维的均值和方差，然后可以利用均衡因子 η 来提高该重构信号的方差作为后处理

$$\hat{X}''(d) = \eta \hat{X}(d)v(d) + m(d) \tag{9.44}$$

η 可以用 α 和 β 替代。由于深度神经网络输出在归一化的对数功率谱域，均衡因子只作为线性谱域的指数因子操作，该指数因子可以有效地提高恢复语音的共振峰，同时抑制剩余噪声。

9.2.2　基于多尺度时频卷积网络的多通道声音去噪

多通道声音去噪的目的是从麦克风阵列捕获的目标声音、噪声、混响和干扰音的混合物中提取目标声音。多通道算法可以利用额外的空间信息，并已被证明在噪声抑制、去回声等任务中表现更好。图 9.13 为多尺度时频卷积网络。

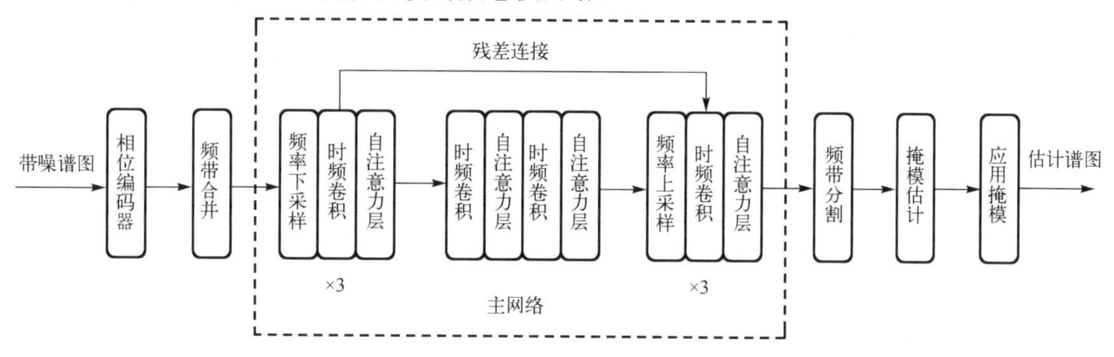

图 9.13　多尺度时频卷积网络

设带噪的声音信号为 $y_m(t)$，$m = 0,1,2\cdots$，$M-1$，由 M 个麦克风记录，则带噪声音的短时傅里叶变换可以表示为

$$\boldsymbol{Y}(t,f) = \boldsymbol{S}(t,f)\boldsymbol{H}(f) + \boldsymbol{N}(t,f) \tag{9.45}$$

其中，$\boldsymbol{Y}(t,f)$、$\boldsymbol{N}(t,f)$、$\boldsymbol{H}(f)$、$\boldsymbol{S}(t,f)$ 分别表示 M 个通道的带噪声语音、M 个通道的噪声、扬声器到麦克风的声传递函数及频域的单声道干净语音。神经网络波束形成器将估计帧级多通道滤波器的权值，神经网络波束形成器的输出可以表示为

$$\tilde{\boldsymbol{S}}(t,f) = \boldsymbol{W}^{\mathrm{T}}(f)\boldsymbol{Y}(t,f) \tag{9.46}$$

其中，$\boldsymbol{W}^{\mathrm{T}}(f)$ 表示深度学习网络估计的 M 个通道滤波器的权重，T 表示共轭转置算子。

多尺度时频卷积网络由相位编码器、频带合并和分割模块、估计和应用掩码模块以及主网络模块组成。主网络还包括一些相似的模块，每个小模块都有一个频率上采样或下采样、时频卷积和自注意力模块。

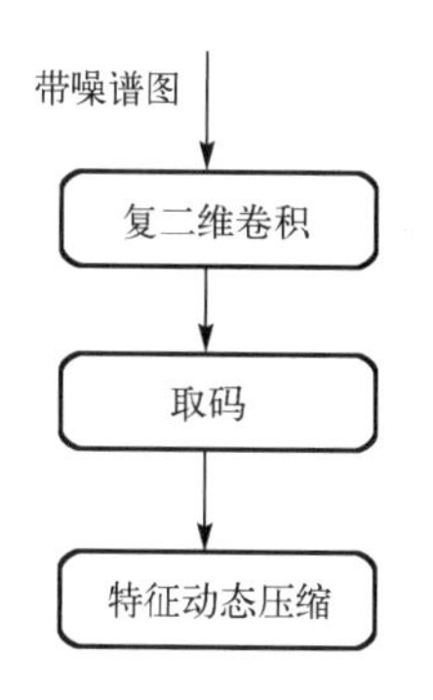

图 9.14　相位编码器

带噪频谱输入后首先通过一个相位编码器，如图 9.14 所示，将复杂的谱特征映射到真实的特征。相位编码器包含一个复杂卷积层和一个特征动态范围压缩（Feature Dynamic Range Compression，FDRC）层，复杂卷积层的核大小和步幅分别为(3, 3)和(1, 1)。特征动态范围压

缩的作用是减少语音特征的动态范围，使模型具有鲁棒性。复杂卷积层可以看成具有可学习权值的波束形成器，每个输出通道代表一个波束器的输出。

由于声音信号在频率上的分布是不均匀的，通常语音在高频情况下冗余度会更多，因此高频特征合并可以降低特征冗余性、减少计算量。这里用二维卷积代替一维卷积，二维卷积也被设计为时间维度上的扩展卷积，可以看成沿时间维度的多尺度建模，时频卷积模块（Temporal Frequency Convolutional Module，TFCM）所使用的卷积块如图 9.15 所示，包括两个卷积核大小为（3，3）的点态卷积层。在使用小的卷积核时，多尺度建模极大地改善了 TFCM 的接受域。

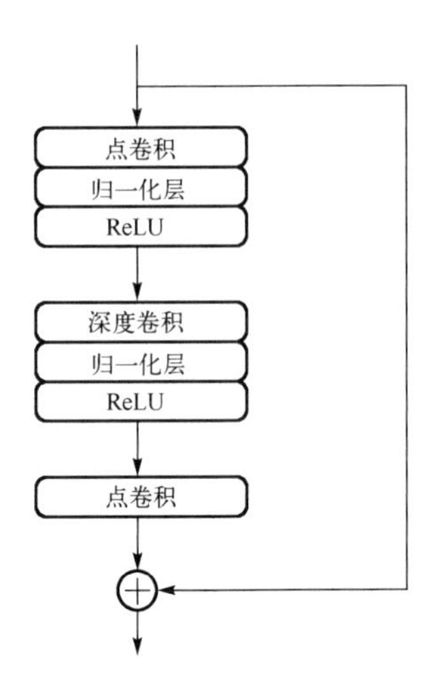

图 9.15　时频卷积模块

这里的自注意力机制可以提高网络捕捉特征间随机关系的能力，自注意力模块如图 9.16 所示。

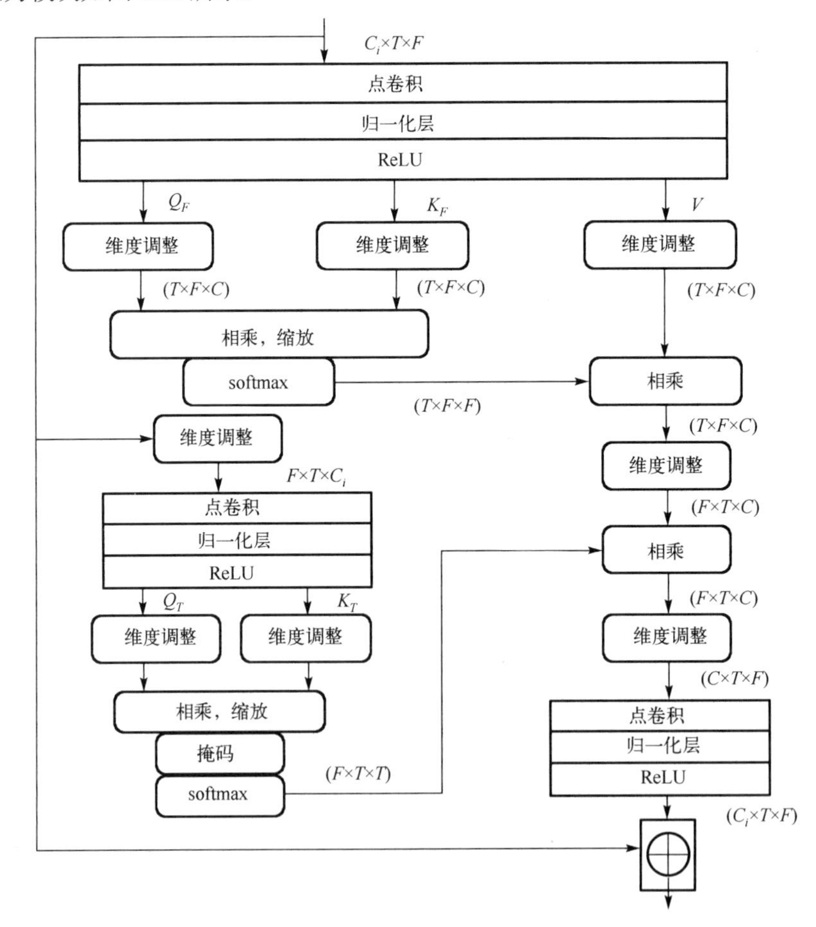

图 9.16　自注意力模块

图 9.16 中，C_i 表示输入通道数，C 表示注意通道数。分别沿频率轴和时间轴计算注意评分矩阵，得分矩阵可表示为

$$\boldsymbol{M}_F(t) = \text{softmax}(\boldsymbol{Q}_f(t)\boldsymbol{K}_t^N(f))$$
$$\boldsymbol{M}_T(f) = \text{softmax}(\text{Mask}[\boldsymbol{Q}_t(f)\boldsymbol{K}_t^{\text{T}}(f)]) \tag{9.47}$$

其中，$\boldsymbol{Q}_f(t)$、$\boldsymbol{K}_t(f)$、$\boldsymbol{M}_F(t)$ 分别代表在 t 时刻的 Key、Query 和频率注意力得分矩阵，$\boldsymbol{Q}_t(f)$、$\boldsymbol{K}_t(f)$、$\boldsymbol{M}_T(f)$ 分别代表在频率 f 处 Key、Query 和时间注意力得分矩阵，N、F 表示帧号和频带号，softmax() 将沿着最后一个维度进行计算，Mask()用来调整自注意力捕获时间的依赖关系。

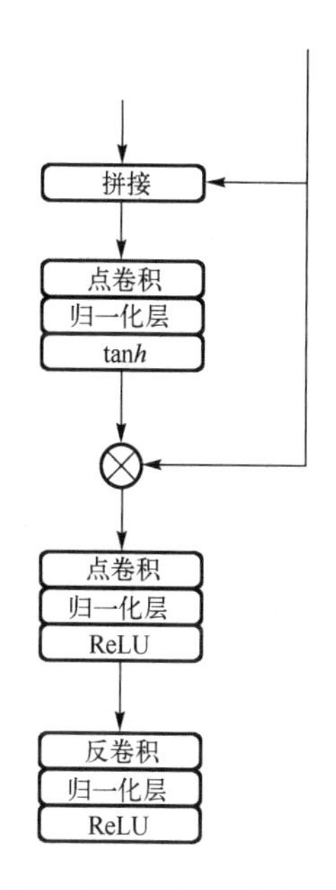

图 9.17　频率下采样模块

在主网络中频率下采样和频率上采样用来提取多尺度特征。在每个尺度上，算法都用时频卷积模块和自注意力模块进行建模，提高网络描述特征的能力。频率下采样模块是一个卷积块，它包含一个卷积核大小为(3,7)和步长为 1 的二维卷积层、一个批范数层和一个激活层，如图 9.17 所示。

通过主网络后进行掩码估计，图 9.18 展示了包括两个阶段的多通道掩码估计和应用模块，第一阶段估计了真实掩模，尺寸大小为(2V+1, 2U+1)，并将其以深滤波器的形式应用于幅度谱。第二阶段估计复杂掩码，并将其应用于幅度和相位谱。多通道增强频谱的实部 $\boldsymbol{R}(t,f)$和虚部部分 $\boldsymbol{I}(t,f)$可以分别表示为

$$\boldsymbol{A}(t,f) = \sum_{u=-U}^{U}\sum_{v=-V}^{V} |\boldsymbol{Y}(t+u, f+u)| \cdot \boldsymbol{M}(t,f,u,v)$$
$$\boldsymbol{R}(t,f) = \boldsymbol{A}(t,f)\boldsymbol{M}_A(t,f)\cos[\boldsymbol{\theta}_Y(t,f) + \boldsymbol{M}_\theta(t,f)] \tag{9.48}$$
$$\boldsymbol{I}(t,f) = \boldsymbol{A}(t,f)\boldsymbol{M}_A(t,f)\sin[\boldsymbol{\theta}_Y(t,f) + \boldsymbol{M}_\theta(t,f)]$$

其中，$\boldsymbol{M}(t,f,u,v)$、$A(t,f)$分别表示第一阶段中估计的掩码和增强的幅度谱，$\boldsymbol{\theta}_Y(t,f)$ 表示有噪声语音的相位谱，$\boldsymbol{M}_A(t,f)$、$\boldsymbol{M}_\theta(t,f)$ 分别表示第二阶段掩码的大小和相位。最后，利用沿通道维数的平均得到单估计频谱。

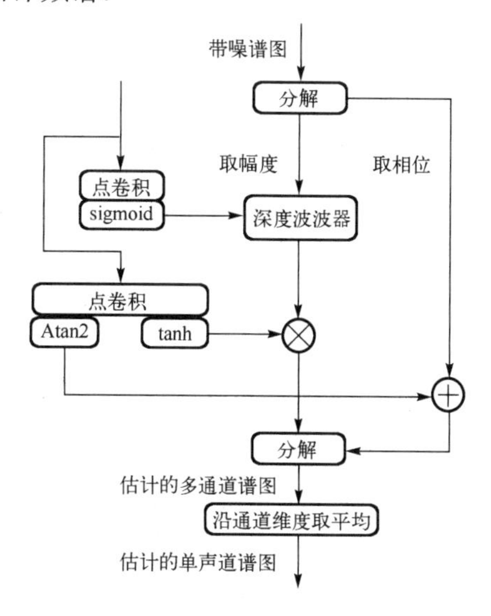

图 9.18　多通道掩码估计和应用模块

具体程序实现代码如下。

```
import torch
import torch.nn as nn
import torch.optim as optim

# 定义损失函数
criterion = nn.MSELoss()

class FrequencyUpsamplingModule(nn.Module):
    def __init__(self, in_channels, out_channels):
        super(FrequencyUpsamplingModule, self).__init__()
        self.conv = nn.Conv2d(in_channels, out_channels, kernel_size=3, padding
= 1)
        # 可以添加其他层，如批归一化层和激活函数

    def forward(self, inputs):
        output = self.conv(inputs)
        # 添加其他层的前向传播逻辑

        return output

class SelfAttentionModule(nn.Module):
    def __init__(self, channels):
        super(SelfAttentionModule, self).__init__()
        self.query_conv = nn.Conv2d(channels, channels // 8, kernel_size=1)
        self.key_conv = nn.Conv2d(channels, channels // 8, kernel_size=1)
        self.value_conv = nn.Conv2d(channels, channels, kernel_size=1)
        # 可以添加其他层，如批归一化层和激活函数

    def forward(self, inputs):
        batch_size, channels, height, width = inputs.size()

        query = self.query_conv(inputs).view(batch_size, -1, height * width).
permute(0, 2, 1)
        key = self.key_conv(inputs).view(batch_size, -1, height * width)
        value = self.value_conv(inputs).view(batch_size, -1, height * width)

        attention_map = torch.softmax(torch.bmm(query, key), dim=2)
        output = torch.bmm(value, attention_map.permute(0, 2, 1)).view(batch_
size, channels, height, width)

        return output

# 创建多尺度时频卷积网络的主模型
class MultiScaleTFCN(nn.Module):
    def __init__(self, in_channels, out_channels):
```

```
        super(MultiScaleTFCN, self).__init__()
        self.frequency_upsampling = FrequencyUpsamplingModule(in_channels, 
out_channels)
        self.self_attention = SelfAttentionModule(out_channels)

    def forward(self, inputs):
        upsampled = self.frequency_upsampling(inputs)
        attention_output = self.self_attention(upsampled)

        return attention_output

# 初始化多尺度时频卷积网络模型，并定义优化器
model = MultiScaleTFCN(in_channels=4, out_channels=4)
optimizer = optim.Adam(model.parameters(), lr=0.001)

# 生成随机输入数据和目标数据
batch_size = 16
input_length = 100
input_data = torch.randn(batch_size, 4, input_length, input_length)
target_data = torch.randn(batch_size, 4, input_length, input_length)

# 前向传播、计算损失和反向传播
optimizer.zero_grad()
output = model(input_data)
loss = criterion(output, target_data)
loss.backward()
optimizer.step()

print(loss.item())
```

9.3　基于深度学习的语音识别应用案例

在语音识别中，深度学习模型是一种端到端模型，端到端模型是一种直接从输入音频到输出文本的建模方法。这种方法和传统的语音识别方法不同，传统方法通常分几个阶段处理，如声学模型、发音模型和语言模型等，而端到端模型将所有这些步骤集成在一个统一的神经网络模型中。

语音识别的主要目标就是将输入的音频信号 $\boldsymbol{x}=\{x_1,x_2,\cdots,x_T\}$ 转化为一个特定长度 T 的词序列或标签 $\boldsymbol{y}=\{y_1,y_2,\cdots,y_n,\cdots y_N\},n\in\boldsymbol{V}$ ，$\boldsymbol{V}$ 表示词典，标签可以是字符级标签或单词级标签。在深度学习领域中，通常语音识别处理过程为预处理、特征提取、分类和语言模型。预处理旨在通过降低信噪比、减少噪声和对信号进行滤波来改善音频信号；分类模型旨在找到输入信号中包含的口语文本，它从预处理步骤中提取特征并生成输出文本；语言模型（Language Model, LM）是一个重要的模块，因为它用于捕获语言的语法规则或语义信息。语言模型对于识别分类模型的输出标记及对输出文本进行更正起关键作用。

在深度学习时代，神经网络在语音识别任务上表现出了显著的进步。各种方法已经被应用，如卷积神经网络、循环神经网络、Transformer 网络已经取得了较好的性能。

9.3.1 基于循环神经网络-连续时序分类的语音识别

在语音识别中，未来上下文的信息与过去上下文的信息同等重要，因此通常选择双向循环神经网络（Bi-RNN）而不是使用单向循环神经网络。利用双向循环神经网络处理两个方向（即向前和向后）的输入向量，并保留每个方向的隐藏状态向量，如图 9.19 所示。

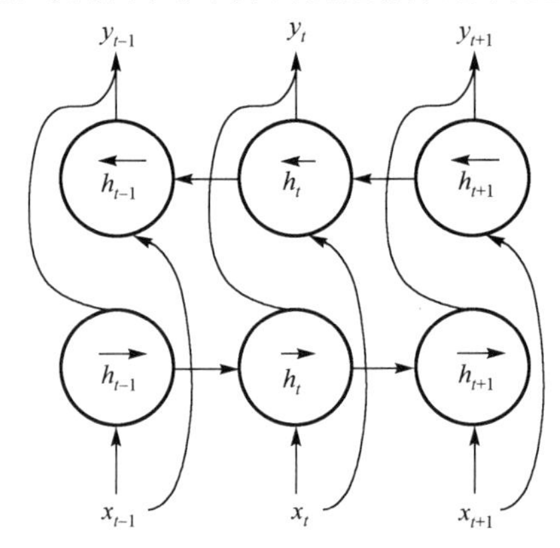

图 9.19　双向循环神经网络结构

从图 9.19 中可以看到，双向循环神经网络包含两个循环神经网络：一个正向循环神经网络从左到右处理序列，另一个逆向循环神经网络从右到左处理序列。每个循环神经网络都会为序列中的每个时间点生成一个隐藏状态，这两个隐藏状态通常会被联合起来作为当前时间点的最终隐藏状态。当尝试识别一个音频片段中的某个词时，这个词的音频上下文（即其前面和后面的音）都可能为其识别提供重要的线索。双向循环神经网络能够为模型提供前后的上下文，使其能够更准确地识别当前音频段。

连续时序分类（Connectionist Temporal Classification, CTC）**算法**用来解决时序序列数据的分类问题。传统的声学模型，对于每帧的数据需要知道对应的标签才能有效训练，在训练前需要进行语音对齐，需要多次迭代才能准确，而连续时序分类作为损失函数的声学模型训练，是一种完全端到端的训练，只需要一个输入序列和一个输出序列即可训练，且直接输出序列预测的概率，无须外部后处理。因此，连续时序分类的主要优势是它不需要事先对数据进行分割或对齐，可以直接用于对特征进行建模，并在语音识别任务中取得很好的性能。

连续时序分类衡量输入的序列数据在经过神经网络之后，和真实输出的差距。它使用空白标签表示静音段，或者表示单词或音素之间的过渡。给定网络的输入为 $\boldsymbol{x}$，单词或字符的输出概率序列 $\boldsymbol{y}$，则对齐路径 $\boldsymbol{\alpha}$ 的概率可以表示为

$$P(\boldsymbol{\alpha} \mid \boldsymbol{x}) = \prod_{t=1}^{T} P(\boldsymbol{\alpha}_t \mid \boldsymbol{x}) \tag{9.49}$$

其中，$\boldsymbol{\alpha}_t$ 表示 t 时刻的对齐单元。对于给定的序列，有多种可能的对齐方式，以不同的对齐方式将标签与空白分开。最终所有路径总概率的计算为

$$P(y \mid \boldsymbol{x}) = \sum P(\boldsymbol{\alpha} \mid \boldsymbol{x}) \tag{9.50}$$

它的目标是最大化正确对齐的总概率，以获得正确的输出词序列。

解码过程用于使用连续时序分类从经过训练的模型生成预测。它有多种解码算法，最常见的是最佳路径解码算法，其中每个时间步都使用最大概率。由于模型假设在分帧情况下给定网络输出，因此在每个时间步分别获得具有最高概率的输出，即

$$\hat{\boldsymbol{y}} = \arg\max P(\boldsymbol{y} \mid \boldsymbol{x}) \tag{9.51}$$

使用连续时序分类和循环神经网络结合是一种语音识别的常用方法，具体如图 9.20 所示，循环神经网络在给定前一个输出的情况下、预测下一个输出。这种方法决定了每个 t 时刻的输入、第 k 个元素输出 $\boldsymbol{y}_k$ 的时间步长 μ 的概率分布 $P(\boldsymbol{y}_k \mid t,\mu)$，编码网络将 t 时刻的声学特征 $\boldsymbol{x}_t$ 的转换表示为 $he_t = f_{\text{enc}}(\boldsymbol{x}_t)$；此外，预测网络使用之前的标签 $\boldsymbol{y}_{\mu-1}$ 产生了 $hp_t = f_p(\boldsymbol{y}_{\mu-1})$。联合网络是一个全连接层，结合了两种表示并生成后验概率 $P(\boldsymbol{y} \mid t,u) = f_{\text{joint}}(he_t, hp_t)$，通过这种方式，网络可以根据预测标签是否为空白标签，使用来自编码器和预测网络的信息来生成下一个符号或词。当最后一个时间步发出空白标签时过程停止。

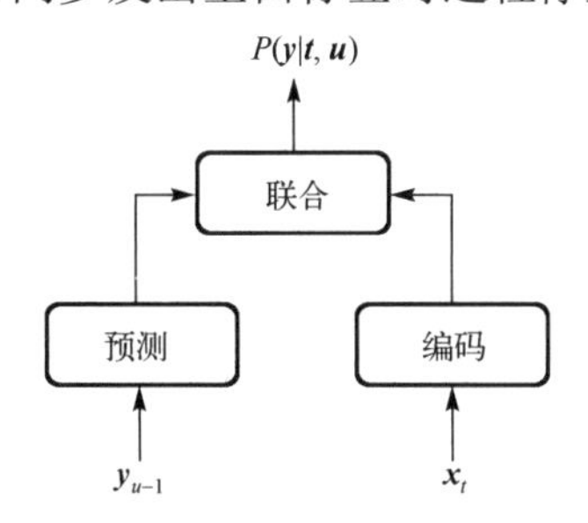

图 9.20　循环神经网络-连续时序分类语音识别

使用循环神经网络与连续时序分类结合的方式，在 TIMIT 数据集上进行测试。程序代码中，提取特征为 39 维的 MFCC 特征，选择不同的层数和隐藏状态数，以音素错误率作为指标，实现的参考代码如下。

```
import torch
import torch.nn as nn
import torch.optim as optim
from torch.utils.data import DataLoader
from torch.nn import CTCLoss

# TIMITDataLoader，返回 MFCC 特征和标签
from data_loader import TIMITDataLoader

class RNNModel(nn.Module):
    def__init__(self, input_size, hidden_size, num_layers, num_classes):
        super(RNNModel, self)__init__()
        self.hidden_size = hidden_size
        self.num_layers = num_layers
        self.rnn = nn.LSTM(input_size, hidden_size, num_layers, batch_first =
True)
        self.fc = nn.Linear(hidden_size, num_classes)
```

```
    def forward(self, x):
        h0 = torch.zeros(self.num_layers, x.size(0), self. hidden_size). requires
_grad_()
        c0 = torch.zeros(self.num_layers, x.size(0), self. hidden_size). requires
_grad_()
        out, (hn, cn) = self.rnn(x, (h0.detach(), c0.detach()))
        out = self.fc(out)
        return out

# 超参数
learning_rate = 0.001
batch_size = 64
input_size = 39         # MFCC 特征
hidden_size = 128       # RNN 隐藏单元数量
num_layers = 2          # RNN 层数量
num_classes = 40        # TIMIT 中的音素数量
num_epochs = 10

# 载入数据
#train_loader=DataLoader(TIMITDataLoader(train=True),batch_size=batch_siz
e, shuffle=True)
#test_loader=DataLoader(TIMITDataLoader(train=False),batch_size=batch_siz
e, shuffle=False)

# 模型，损失函数，优化器
model = RNNModel(input_size, hidden_size, num_layers, num_classes)
optimizer = optim.Adam(model.parameters(), lr=learning_rate)
criterion = CTCLoss()

# 训练循环
for epoch in range(num_epochs):
    for i, (mfcc_features, labels, input_lengths, label_lengths) in enumerate
(train_loader):
        outputs = model(mfcc_features)
        loss = criterion(outputs, labels, input_lengths, label_lengths)

        optimizer.zero_grad()
        loss.backward()
        optimizer.step()

        if (i+1) % 100 == 0:
            print(f'Epoch [{epoch+1}/{num_epochs}], Step [{i+1}/ {len(train_
loader)}], Loss: {loss.item()}')

# 评估循环（音素错误率）
```

9.3.2　基于卷积神经网络的语音识别

卷积神经网络最初是为计算机视觉图像任务而设计的。近年来，卷积神经网络由于其良好的生成和判别能力，也被广泛应用于语音处理领域。

卷积神经网络架构由多个卷积层和池化层及用于分类的全连接层组成，卷积层则由与输入进行卷积的卷积核组成。卷积核将输入信号分成更小的部分，即感受野。此外，卷积运算是通过将内核与输入中进入感受野的相应部分相乘来执行的。卷积方法可以分别分为一维卷积和二维卷积。

二维卷积主要从声学信号的角度构建二维特征图，如声谱图、MFCC 等。它们在二维特征图中组织声学特征，其中一个轴代表频域，另一个轴代表时域。相比之下，一维卷积直接接收声学特征作为输入。实现语音识别时，每个输入特征图 $\boldsymbol{x}=\{x_1,x_2,\cdots,x_T\}$ 经过卷积操作得到输出特征图 $\boldsymbol{o}=\{o_1,o_2,\cdots,o_T\}$ 的过程可以表示为

$$\boldsymbol{o}_j=\sigma\left(\sum_{i=1}^{T}\boldsymbol{X}_i w_{ij}\right), j\in[1,j] \tag{9.52}$$

卷积神经网络采用全部权重共享，即权重共享。这种技术在用于图像识别的卷积神经网络中很常见，因为相同的特征可能出现在图像中的任何位置。然而，在语音识别中，信号在不同的频率上会有所不同，并且在不同的滤波器中具有不同的特征模式。为了解决这个问题，卷积神经网络使用了部分权重共享，设置只有附加到相同池化滤波器的卷积滤波器共享相同的权重。

图 9.21 为利用卷积神经网络处理 MFCC 特征图。以 MFCC 或声谱图作为输入，输入为 MFCC 及其对应的一阶和二阶特征；随着卷积和池化操作，上层特征图的大小（分辨率）变得更小，馈送到输出层之前再组合所有频段的特征。

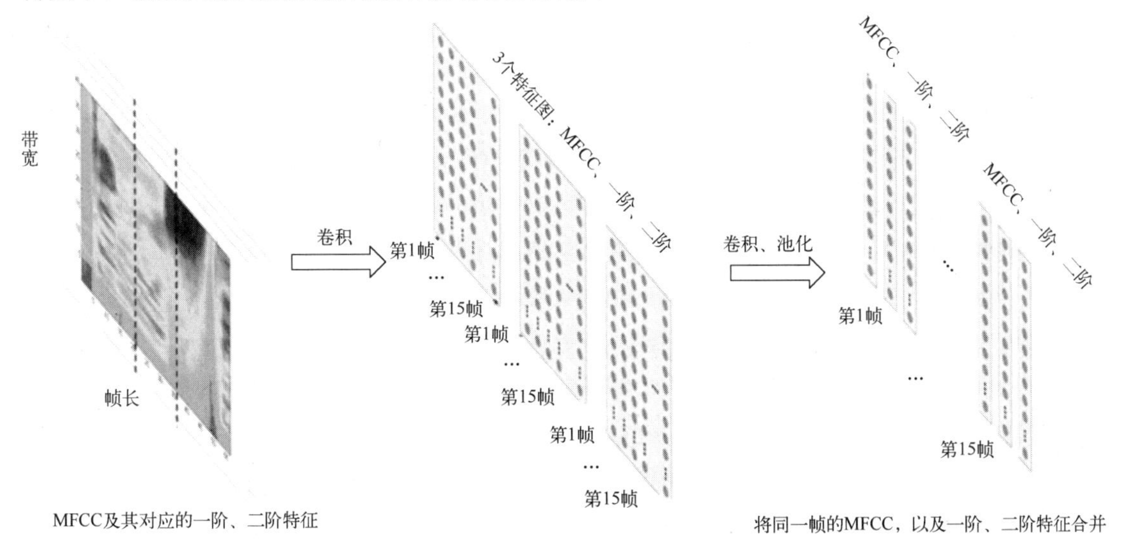

图 9.21　利用卷积神经网络处理 MFCC 特征图

以下简单演示利用卷积神经网络实现语音识别，将 MFCC 作为输入并在 TIMIT 数据集上进行验证。

```
import torch
import torch.nn as nn
import torch.optim as optim
from torch.utils.data import DataLoader
from torch.nn import CTCLoss

 from data_loader import TIMITDataLoader

class CNNModel(nn.Module):
    def__init__(self, num_classes):
        super(CNNModel, self).__init__()
        self.conv1 = nn.Conv2d(1, 32, kernel_size=(3, 3), stride=(1, 1), padding
= (1, 1))
        self.conv2 = nn.Conv2d(32, 64, kernel_size=(3, 3), stride=(1, 1), padding
= (1, 1))
        self.fc1 = nn.Linear(64 * 13 * 13, 128)
        self.fc2 = nn.Linear(128, num_classes)

    def forward(self, x):
        x = self.conv1(x)
        x = nn.ReLU()(x)
        x = self.conv2(x)
        x = nn.ReLU()(x)
        x = x.view(x.size(0), -1)
        x = self.fc1(x)
        x = nn.ReLU()(x)
        x = self.fc2(x)
        return x

# 超参数
learning_rate = 0.001
batch_size = 64
num_classes = 40  # Number of phonemes in TIMIT
num_epochs = 10

# 载入数据
# train_loader = DataLoader(TIMITDataLoader(train=True), batch_size = batch_
size, shuffle = True)
# test_loader = DataLoader(TIMITDataLoader(train=False), batch_size = batch_
size, shuffle=False)

# 模型，损失函数，优化器
model = CNNModel(num_classes)
optimizer = optim.Adam(model.parameters(), lr=learning_rate)
criterion = CTCLoss()
```

```
    # 训练循环
    for epoch in range(num_epochs):
        for i, (mfcc_features, labels, input_lengths, label_lengths) in 
enumerate(train_loader):
            outputs = model(mfcc_features.unsqueeze(1))  # Add channel dimension
            loss = criterion(outputs, labels, input_lengths, label_lengths)

            optimizer.zero_grad()
            loss.backward()
            optimizer.step()

            if (i+1) % 100 == 0:
                print(f'Epoch [{epoch+1}/{num_epochs}], Step [{i+1}/{len(train_
loader)}], Loss: {loss.item()}')

    # 评估循环（意志错误率）
    # 与训练循环类似，但不包括反向传播
```

9.3.3　基于 Transformer 的语音识别

随着 Transformer 网络的出现，语音识别有了显著的改进，也是目前效果最好的模型之一。专为语音识别而设计的 Transformer 模型通常基于类似于序列到序列（seq2seq）模型的编码器——解码器架构，它们基于自注意力机制，而不是循环神经网络采用的递归机制。自注意力机制可以关注序列的不同位置并提取有意义的表示。自注意力机制有三个输入：Queries、Keys 和 Values，分别记为 $\boldsymbol{Q,K,V}$ 。其中 $\boldsymbol{Q} \in R^{t_q \times d_q}, \boldsymbol{K} \in R^{t_v \times d_v}, \boldsymbol{V} \in R^{t_k \times d_k}$ ，这里 t_q,t_v,t_k 表示相应的维度， d_q,d_v,d_k 为缩放因子。自注意力机制的输出可表示为

$$\text{Attention}(\boldsymbol{Q,K,V}) = \text{softmax}\left(\frac{\boldsymbol{QK}^{\text{T}}}{\sqrt{d_k}}\right)\boldsymbol{V} \tag{9.53}$$

Transformer 采用的是多头注意力机制（Multi-head Attention，MHA），每个注意力头关注不同的部分并学习不同的表示。多头注意力计算如下

$$\begin{aligned} \text{MAH}(\boldsymbol{Q,K,V}) &= \text{concat}(h_1, h_2, \ldots, h_H)\boldsymbol{W} \\ h_i &= \text{Attention}(\boldsymbol{QW}_i^{\boldsymbol{Q}}, \boldsymbol{KW}_i^{\boldsymbol{K}}, \boldsymbol{VW}_i^{\boldsymbol{V}}) \end{aligned} \tag{9.54}$$

h_i 表示第 i 个注意力头，concat() 表示将每个头的输出进行拼接，$\boldsymbol{W}_i^{\boldsymbol{Q}}, \boldsymbol{W}_i^{\boldsymbol{K}}, \boldsymbol{W}_i^{\boldsymbol{V}}$ 是待学习的权重矩阵。在经过多头注意力机制后，输出通过线性层，线性层包含两个全连接层和一个 ReLU 激活函数，再通过前馈神经网络的输出可以表示为

$$\text{FFN}(\boldsymbol{x}) = \text{ReLU}(\boldsymbol{xW}_1 + \boldsymbol{b_1})\boldsymbol{W}_2 + \boldsymbol{b_2} \tag{9.55}$$

FFN 表示前馈神经网络，Transformer 将语音特征序列转换为相应的字符序列。字符序列的特征序列由具有时间和频率维度的二维频谱图构造，并利用卷积神经网络中频谱图的结构局部性，通过跨时间来减轻长度不匹配。Transformer 结构图如图 9.22 所示。

在图 9.22 中，输入的原始语音特征经过卷积神经网络提取特征捕获局部模式，ReLU 是一个

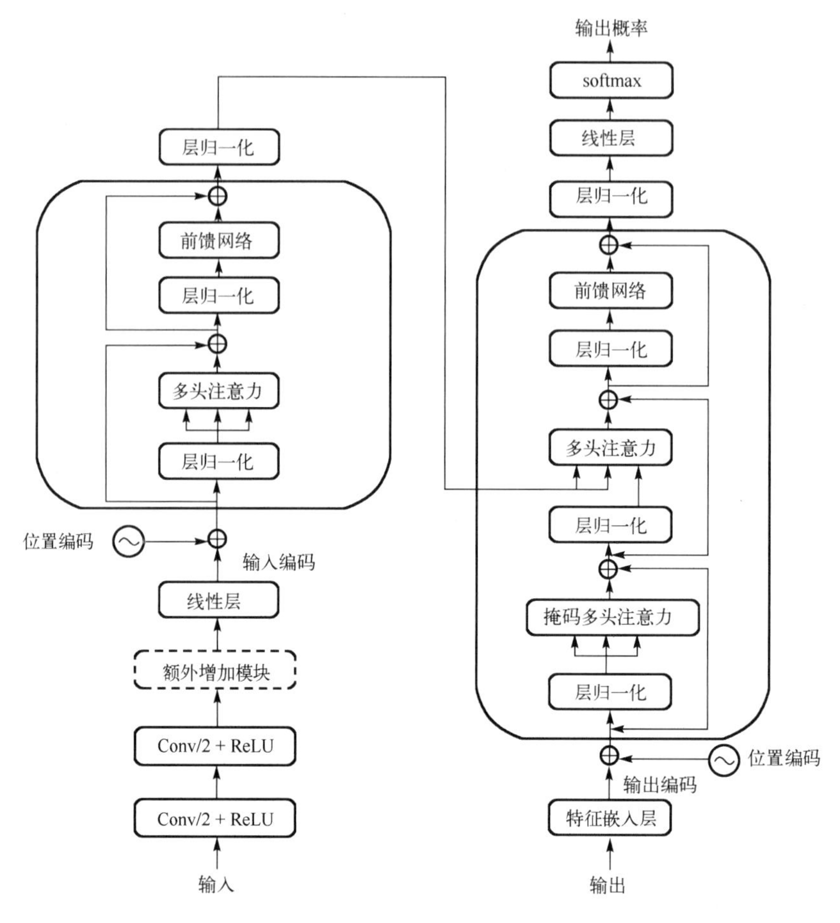

图 9.22　Transformer 结构图

非线性激活函数，增加了模型的表达能力。图 9.22 中额外增加模块表示根据实际的需求有 M 个可选择的模块，它可以是正则化、高级的激活函数或者残差连接等，从而提升模型的识别性能。图 9.22 中，Linear 为线性层，主要进行数据的线性变换，线性变换通常与非线性激活函数（如 ReLU）交替出现，这样的组合增强了模型的表示能力，同时还可以帮助模型学习数据的不同特征和模式，同时保持了计算的简洁性。将线性变换后的数据进行编码，为后续的处理做准备。这里用到的位置编码用于给予模型时序信息，因为在到这之前的模块是不关心位置的。通过加入位置编码，模型可以知道数据的顺序，此时，输入编码（Input Encoding）和位置编码（Positional Encoding）会被相加后再送入编码器，这样做的目的是让模型能够同时获得输入数据的内容信息和位置信息。在进行位置编码时，假设输入 x 中包含序列中 n 个词 d 的维度嵌入表示，位置编码使用同形状的矩阵 $\boldsymbol{P}$，输出 $\boldsymbol{x}+\boldsymbol{P}$，其中矩阵第 i 行，第 $2j$ 列和第 $2j+1$ 列的元素依次为

$$
\begin{aligned}
P_{i,2j} &= \sin\left(\frac{i}{10000^{\frac{2j}{d}}}\right) \\
P_{i,2j+1} &= \cos\left(\frac{i}{10000^{\frac{2j}{d}}}\right)
\end{aligned}
\tag{9.56}
$$

编码器（Encoder）的主要任务是进行特征提取，为解码器（Decoder）提供一个上下文信息，使其能够生成合适的输出。简单来说，编码器会将输入数据转换为一个固定大小的向量，这个向量捕获了输入数据的主要特征和上下文信息。图 9.22 中表示的编码器又可以分为三个部分：多头注意力机制（Multi-head Attention）、前馈网络（Feed Forward Networks）和层规范化(Layer Norm)。多头注意力机制使得模型为输入数据中的每个部分分配不同的权重，同时它可以并行处理数据并使模型能够捕捉输入中的不同模式和关系。前馈网络主要处理注意力输出后的数据维度，层规范化有助于使神经网络训练更加稳定。当编码器处理完输入数据后，它会产生一个编码向量送入解码器。这个编码向量包含了输入数据的所有必要信息，使得解码器能够生成合适的输出。

图 9.22 中右半部分表示解码器。这里的特征嵌入（Character Embedding）主要是对输入解码器的数据嵌入表示，每个字符或词会转化为固定大小的向量；输出编码是解码器的输入，它将输入数据和其在序列的位置结合起来，需要经过位置编码和字符嵌入的结合得到。

可以看出，在解码器的组件中有很多与编码器组件一致，解码器中的多头注意力机制与编码器中的相同。但是，解码器使用编码器的输出作为 $\boldsymbol{K},\boldsymbol{V}$，而使用掩码注意力机制（Masked Multi-Head Attention）的输出作为 $\boldsymbol{Q}$。在解码器中加入掩码注意力机制，这是因为在训练阶段，解码器一次性接收整个目标序列作为输入。但由于我们希望模型按照自回归的方式学习，即预测下一个位置的输出时仅基于先前的位置，因此使用掩码来阻止解码器查看未来的位置。这确保了在推理或生成阶段，当模型一次只能看到一个位置并生成输出时，其行为是一致的。掩码注意力机制用掩码来确保当前位置的输出仅基于之前和当前的位置，即

$$\text{Attention}(\boldsymbol{Q},\boldsymbol{K},\boldsymbol{V})=\text{softmax}\left(\frac{\boldsymbol{Q}\boldsymbol{K}^{\mathrm{T}}+\boldsymbol{M}}{\sqrt{d_k}}\right)\boldsymbol{V} \tag{9.57}$$

掩码矩阵 $\boldsymbol{M}$ 通常是一个上三角形状的矩阵，其中上三角部分（包括对角线）包含有效注意力权重，而下三角部分则被设置为非常大的负数（应用在 softmax 前），这样在应用 softmax 函数后，下三角部分的权重接近于 0，从而可以忽略。

Transformer 模型的代码如下。

```
    import torch
    import torch.nn as nn
    import os

    class SelfAttention(nn.Module):
        def __init__(self, embed_size, heads):
            super(SelfAttention, self).__init__()
            self.embed_size = embed_size              #词嵌入大小
            self.heads = heads                        #注意力头数
            self.head_dim = embed_size // heads       #每个头的维度

            #确保嵌入的大小能被注意力的数量整除
            assert (self.head_dim * heads == embed_size), "Embed size needs to be
div by heads"
```

```
        #定义三个全连接层，用于计算 values , keys 和 queries
        self.values = nn.Linear(self.head_dim, self.head_dim, bias = False)
        self.keys = nn.Linear(self.head_dim, self.head_dim, bias = False)
        self.queries = nn.Linear(self.head_dim, self.head_dim, bias = False)
        self.fc_out = nn.Linear(heads * self.head_dim, embed_size)

    def forward(self, values, keys, query, mask):
        N =query.shape[0]              #批次大小
        #获取 values , keys 和 queries 的长度
        value_len , key_len , query_len = values.shape[1], keys.shape[1],
query.shape[1]

        #将嵌入划分为多个头
        values = values.reshape(N, value_len, self.heads, self.head_dim)
        keys = keys.reshape(N, key_len, self.heads, self.head_dim)
        queries = query.reshape(N, query_len, self.heads, self.head_dim)

        #通过全连接层计算 values , keys 和 queries
        values = self.values(values)
        keys = self.keys(keys)
        queries = self.queries(queries)

        #计算注意力能量值
        energy = torch.einsum("nqhd,nkhd->nhqk", queries, keys)

        # queries 形状: (N, query_len, heads, heads_dim)

        # keys 形状: (N, key_len, heads, heads_dim)

        # energy 形状: (N, heads, query_len, key_len)

        if mask is not None:            #如果提供了掩码则使用掩码
           energy = energy.masked_fill(mask == 0, float("-1e20"))

        #用 softmax 计算注意力权重
        attention = torch.softmax(energy/ (self.embed_size ** (1/2)), dim=3)

        #用注意力权重得到输出
        out = torch.einsum("nhql, nlhd->nqhd", [attention, values]).reshape(N,
query_len, self.heads*self.head_dim)
        # attention 形状: (N, heads, query_len, key_len)
        # values 形状: (N, value_len, heads, heads_dim)
        # (N, query_len, heads, head_dim)

        #应用最后一个全连接层并返回结果
        out = self.fc_out(out)
```

```
        return out

class TransformerBlock(nn.Module):
    def __init__(self, embed_size, heads, dropout, forward_expansion):
        super(TransformerBlock, self).__init__()
        self.attention = SelfAttention(embed_size, heads) #自注意力层
        self.norm1 = nn.LayerNorm(embed_size)              #经过两个归一化层
        self.norm2 = nn.LayerNorm(embed_size)

        #前馈全连接网络
        self.feed_forward = nn.Sequential(
            nn.Linear(embed_size, forward_expansion*embed_size),
            nn.ReLU(),
            nn.Linear(forward_expansion*embed_size, embed_size)
        )
        self.dropout = nn.Dropout(dropout)                 #dropout 层

    def forward(self, value, key, query, mask):
        attention = self.attention(value, key, query, mask)

        x = self.dropout(self.norm1(attention + query))
        forward = self.feed_forward(x)
        out = self.dropout(self.norm2(forward + x))
        return out                                         #最终输出

  #定义编码器类
class Encoder(nn.Module):
    def __init__(
            self,
            src_vocab_size,             #源词汇表大小
            embed_size,                 #嵌入的维度
            num_layers,                 #Transformer 块的层数
            heads,                      #多头注意力的头数
            device,                     #设备
            forward_expansion,          #前馈网络扩张系数
            dropout,                    #丢弃率
            max_length,                 #序列的最大长度
        ):
        super(Encoder, self).__init__()
        self.embed_size = embed_size
        self.device = device
        self.word_embedding = nn.Embedding(src_vocab_size, embed_size)
        self.position_embedding = nn.Embedding(max_length, embed_size)

        #Transformer 层的堆叠
        self.layers = nn.ModuleList(
```

```
            [
                TransformerBlock(
                    embed_size,
                    heads,
                    dropout=dropout,
                    forward_expansion=forward_expansion,
                    )
                for __in range(num_layers)]
        )
        self.dropout = nn.Dropout(dropout)

    #前向传播
    def forward(self, x, mask):
        N, seq_length = x.shape
        positions = torch.arange(0, seq_length).expand(N, seq_length).to(self.
device)
        out = self.dropout(self.word_embedding(x) + self. position_embedding
(positions))
        for layer in self.layers:
            out = layer(out, out, out, mask)

        return out

#定义解码器块类
class DecoderBlock(nn.Module):
    def__init__(self, embed_size, heads, forward_expansion, dropout, device):
        super(DecoderBlock, self).__init__()
        self.attention = SelfAttention(embed_size, heads)     #自注意力
        self.norm = nn.LayerNorm(embed_size)                  #层正则化
        self.transformer_block = TransformerBlock(
            embed_size, heads, dropout, forward_expansion
        )

        self.dropout = nn.Dropout(dropout)
    #前向传播
    def forward(self, x, value, key, src_mask, trg_mask):
        attention = self.attention(x, x, x, trg_mask)
        query = self.dropout(self.norm(attention + x))
        out = self.transformer_block(value, key, query, src_mask)
        return out
#定义解码器类
class Decoder(nn.Module):
    def __init__(
            self,
            trg_vocab_size,                                   #目标词汇表大小
            embed_size,                                       #嵌入的维度
```

```
            num_layers,                 #Transformer 块的层数
            heads,                      #多头注意力的头数
            forward_expansion,          #前馈网络扩张系数
            dropout,                    #丢弃率
            device,                     #设备
            max_length,                 #序列最大长度
        ):
            super(Decoder, self).__init__ ()
            self.device = device
            self.word_embedding = nn.Embedding(trg_vocab_size, embed_size)
            self.position_embedding = nn.Embedding(max_length, embed_size)

            #解码器层的堆叠
            self.layers = nn.ModuleList(
                [DecoderBlock(embed_size, heads, forward_expansion, dropout, device)
                for _ in range(num_layers)]
                )
            self.fc_out = nn.Linear(embed_size, trg_vocab_size)
            self.dropout = nn.Dropout(dropout)
        #前向传播
        def forward(self, x ,enc_out , src_mask, trg_mask):
            N, seq_length = x.shape
            positions = torch.arange(0, seq_length).expand(N, seq_length). to(self.
device)
            x = self.dropout((self.word_embedding(x) + self. position_embedding
(positions)))

            for layer in self.layers:
                x = layer(x, enc_out, enc_out, src_mask, trg_mask)

            out = self.fc_out(x)
            return out

    class Transformer(nn.Module):
        def__init__(
            self,
            src_vocab_size,             #源词汇表大小
            trg_vocab_size,             #目标词汇表大小
            src_pad_idx,                #源词汇表填充索引
            trg_pad_idx,                #目标词汇表填充索引
            embed_size = 256,           #嵌入层大小
            num_layers = 6,             #Transformer 堆叠的层数
            forward_expansion = 4,      #前馈网络扩展倍数
            heads = 8,                  #注意力头数量
            dropout = 0,
            device="cuda",
```

```
        max_length=100
    ):
        super(Transformer, self).__init__()
        self.encoder = Encoder(
            src_vocab_size,
            embed_size,
            num_layers,
            heads,
            device,
            forward_expansion,
            dropout,
            max_length
            )
        self.decoder = Decoder(
            trg_vocab_size,
            embed_size,
            num_layers,
            heads,
            forward_expansion,
            dropout,
            device,
            max_length
            )

        self.src_pad_idx = src_pad_idx
        self.trg_pad_idx = trg_pad_idx
        self.device = device


    def make_src_mask(self, src):          #创建源掩码
        src_mask = (src != self.src_pad_idx).unsqueeze(1).unsqueeze(2)
        # (N, 1, 1, src_len)
        return src_mask.to(self.device)

    def make_trg_mask(self, trg):          #创建目标掩码，确保解码时只能看到之前的词
        N, trg_len = trg.shape
        trg_mask = torch.tril(torch.ones((trg_len, trg_len))).expand(
            N, 1, trg_len, trg_len
        )
        return trg_mask.to(self.device)

    def forward(self, src, trg):                                  #前向传播前创建掩码
        src_mask = self.make_src_mask(src)
        trg_mask = self.make_trg_mask(trg)

        enc_src = self.encoder(src, src_mask)                     #通过编码器进行编码
```

```
        out = self.decoder(trg, enc_src, src_mask, trg_mask) #通过解码器解码
        return out
#测试 Transformer
if__name__ == '__main__':
    device = torch.device("cuda" if torch.cuda.is_available() else "cpu")
    print(device)
    x = torch.tensor([[1,5,6,4,3,9,5,2,0],[1,8,7,3,4,5,6,7,2]]).to(device)
    trg = torch.tensor([[1,7,4,3,5,9,2,0],[1,5,6,2,4,7,6,2]]).to(device)

    src_pad_idx = 0
    trg_pad_idx = 0
    src_vocab_size = 10
    trg_vocab_size = 10
    model = Transformer(src_vocab_size, trg_vocab_size, src_pad_idx, trg_pad_
idx, device=device).to(device)
    out = model(x, trg[:, : -1])
    print(out.shape)
```

在语音 Transformer 中使用二维注意力来关注频率和时间维度。从卷积神经网络中提取 ***Q***、***V***、***K***，并将其馈送到两个自注意力模块。语音 Transformer 在 WSJ 数据集上进行评估，并取得了有竞争力的识别结果，与传统循环神经网络或卷积神经网络相比，训练时间缩短了 80%。

以下为利用 Transformer 实现语音识别的代码。

```
import torch
import torch.nn as nn
import torch.optim as optim
from torch.utils.data import DataLoader
from torch.nn import CTCLoss

# WSJDataLoader，返回声谱图和标签
from data_loader import WSJDataLoader

class TransformerModel(nn.Module):
    def __init__(self, d_model, nhead, num_layers, num_classes):
        super(TransformerModel, self). __init__()
        self.encoder_layer = nn.TransformerEncoderLayer(d_model, nhead)
        self.encoder = nn.TransformerEncoder(self.encoder_layer, num_layers)
        self.fc = nn.Linear(d_model, num_classes)

    def forward(self, x):
        x = self.encoder(x)
        x = self.fc(x)
        return x

# 超参数
learning_rate = 0.001
batch_size = 64
```

```
    d_model = 256           #输入特征维度
    nhead = 4               #注意力头的数量
    num_layers = 2          #Transformer 层数
    num_classes = 40        #数据集的类别数
    num_epochs = 10

    # 数据
    # train_loader = DataLoader(WSJDataLoader(train=True), batch_size=batch_size,
shuffle=True)
    # test_loader = DataLoader(WSJDataLoader(train=False), batch_size=batch_size,
shuffle=False)

    # 模型、损失、优化
    model = TransformerModel(d_model, nhead, num_layers, num_classes)
    optimizer = optim.Adam(model.parameters(), lr=learning_rate)
    criterion = CTCLoss()

    # 训练
    for epoch in range(num_epochs):
        for i, (spectrogram, labels, input_lengths, label_lengths) in enumerate
(train_loader):
            outputs = model(spectrogram)
            loss = criterion(outputs, labels, input_lengths, label_lengths)

            optimizer.zero_grad()
            loss.backward()
            optimizer.step()

            if (i+1) % 100 == 0:
                print(f'Epoch [{epoch+1}/{num_epochs}], Step [{i+1}/{len(train_
loader)}], Loss: {loss.item()}')

    # Evaluation Loop for PER (Phoneme Error Rate)
```

9.4 基于 ResNet 的语音情感识别应用案例

语音情感识别（Speech Emotion Recognition, SER）是自然语言处理和人机交互领域的一个重要研究方向。本节介绍如何使用深度学习工具进行语音情感识别。

传统的卷积神经网络面临一个关键问题：随着网络层数过度增加，训练集上的性能通常会下降，而不是改善。这一现象称为网络退化。网络退化并不是由过拟合导致的，而是随着网络层加深训练误差会增加，导致无论是在训练集还是测试集上，识别率均大幅下降。

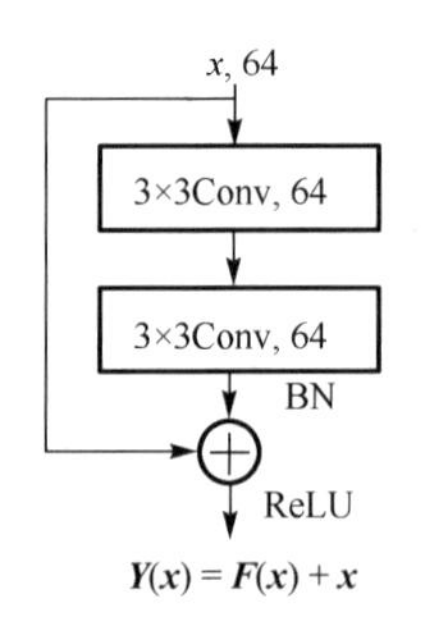

图 9.23 ResNet 的残差结构

为了解决网络退化问题，ResNet 通过引入残差块来改进这一缺陷，如图 9.23 所示，每个残差块的内部输入不仅通过一系列卷积层进行传播，还通过一个跳跃连接与输出直接相加，这样的网络实际上是在学习输入与输出之间的残差。

图 9.23 中 $\boldsymbol{x}$ 表示网络输入，残差块中经过卷积操作后的输出为 $\boldsymbol{F}(\boldsymbol{x})$，最终输出 $\boldsymbol{Y}(\boldsymbol{x})=\boldsymbol{F}(\boldsymbol{x})+\boldsymbol{x}$。若此时 $\boldsymbol{x}$ 已经为当前网络层的最优性能设置，则可以将 $\boldsymbol{F}(\boldsymbol{x})$ 调整为 0；若 $\boldsymbol{x}+1$ 为当前网络层的最优性能设置，则可以将 $\boldsymbol{F}(\boldsymbol{x})$ 调整为 1。因此，残差结构可以通过调整 $\boldsymbol{F}(\boldsymbol{x})$ 来保证该网络层始终保持最优性能。

ResNet18 是 ResNet 系列中的一种较浅层次的网络结构，包含 18 个卷积层，其具体结构如图 9.24 所示。

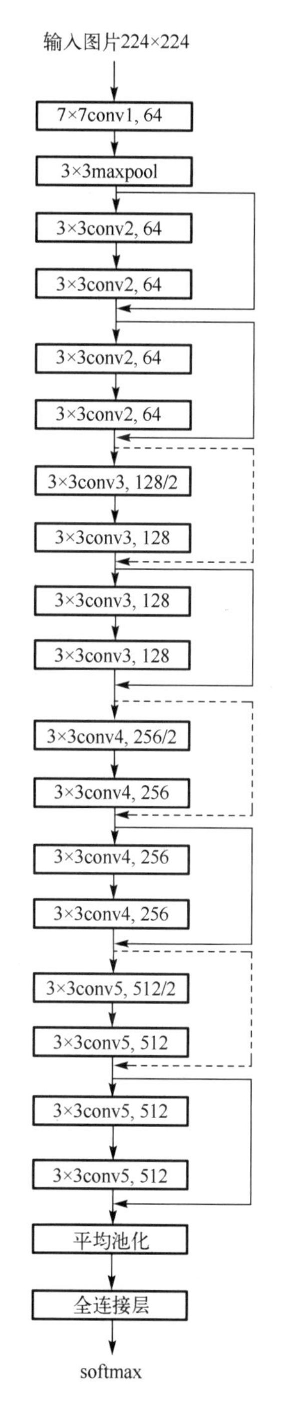

图 9.24　ResNet18 网络结构图

卷积层（7×7 卷积核，通道数 64，步长为 2）的卷积核相对较大，有较大的感受野，目的主要是提取语谱图的低级特征，如边缘，步长设为 2 的目的是减小特征图的尺寸，利用最大池化层（3×3，步长为 2）进一步减少特征图的尺寸，以减少计算量，也提供了一定程度的平移不变性，在减小尺寸的同时保留了重要的纹理细节信息，四组残差块，每组包含不同数量和不同输出通道数的残差块：第一组，2 个残差块，每个都有 64 个输出通道；第二组，2 个残差块，每个都有 128 个输出通道；第三组，2 个残差块，每个都有 256 个输出通道；第四组，2 个残差块，每个都有 512 个输出通道。全局平均池化用于将每个特征图压缩为一个单一的数字。这样做减少了模型参数，也降低了过拟合的风险。全连接层用于分类任务，输出维度与分类情感标签的数量相同。

预处理语谱图和 MFCC 特征提取在之前章节已经介绍，这里不再重复。首先将音频数据集转化为谱图，以 eNTERFACE 和 IEMOCAP 数据集为例，数据集已随机抽取 80%为训练集，20%为测试集，用 librosa 库来提取。运行以下程序代码，得到如图 9.25 所示的语谱图。

```
import librosa
import librosa.display
import matplotlib.pyplot as plt
import numpy as np
import os

# 定义原始数据集文件夹路径和新的语谱图保存路径
data_dir = "/Users//PycharmProjects/pythonProject/spectrogram/eNTERFACE 的副本/eNTERFACE wav"
save_dir = "/Users//PycharmProjects/pythonProject/spectrogram/folder1"
```

```
    # 遍历原始数据集文件夹中的所有 wav 文件，并将它们转换成语谱图并保存
    for filename in os.listdir(data_dir):
        if filename.endswith(".wav"):
            # 读取当前 wav 文件并将其转换成语谱图
            filepath = os.path.join(data_dir, filename)
            y, sr = librosa.load(filepath)
            spectrogram = librosa.feature.melspectrogram(y=y, sr=sr)
            # 生成保存语谱图的文件名，并将其保存到新文件夹中
            save_filename = filename[:-4] + ".png"
            save_filepath = os.path.join(save_dir, save_filename)
            librosa.display.specshow(librosa.power_to_db(spectrogram,
ref=np.max),
            y_axis='mel', x_axis='time')
            plt.savefig(save_filepath)
```

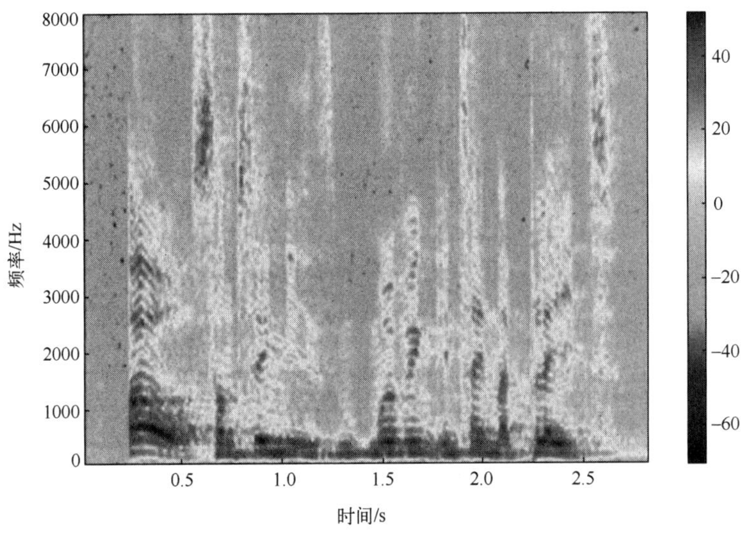

图 9.25　语谱图（扫码见彩图）

接着，搭建 ResNet18 模型将语谱图作为模型输入，这里使用 Adam 优化器和交叉熵损失函数进行训练，通常能更快地收敛。相关程序代码如下。

```
    import torch
    import torch.nn as nn
    import torch.optim as optim
    from torch.utils.data import DataLoader, TensorDataset
    from sklearn.metrics import confusion_matrix
    import os
    import numpy as np

    # 定义残差块
    class ResidualBlock(nn.Module):
        def__init__(self, in_channels, out_channels, kernel_size=3):
            super(ResidualBlock, self).__init__()
```

```
        self.conv1 = nn.Conv2d(in_channels, out_channels, kernel_size = kernel_
size, padding=1)
        self.bn1 = nn.BatchNorm2d(out_channels)
        self.relu = nn.ReLU()
        self.conv2 = nn.Conv2d(out_channels, out_channels, kernel_ size = kernel_
size, padding=1)
        self.bn2 = nn.BatchNorm2d(out_channels)

    def forward(self, x):
        residual = x
        out = self.conv1(x)
        out = self.bn1(out)
        out = self.relu(out)
        out = self.conv2(out)
        out = self.bn2(out)
        out += residual
        out = self.relu(out)
        return out

# 定义整个模型
class ResNetModel(nn.Module):
    def __init__(self, num_classes):
        super(ResNetModel, self).__init__()
        self.layer1 = ResidualBlock(1, 64)
        self.layer2 = ResidualBlock(64, 128)
        self.layer3 = ResidualBlock(128, 256)
        self.fc = nn.Linear(256 * 64 * 64, num_classes)
        #64×64 是语谱图的尺寸，根据实际情况调整
        self.softmax = nn.Softmax(dim=1)

    def forward(self, x):
        x = self.layer1(x)
        x = self.layer2(x)
        x = self.layer3(x)
        x = x.view(x.size(0), -1)
        x = self.fc(x)
        x = self.softmax(x)
        return x

# 超参数设置
learning_rate = 0.001
num_epochs = 100
num_classes = 4
# 初始化模型、损失函数和优化器
model = ResNetModel(num_classes)
criterion = nn.CrossEntropyLoss()
```

```
    optimizer = optim.Adam(model.parameters(), lr=learning_rate)

    # 加载数据(这里仅为示例，需要根据实际路径和数据格式进行调整)
    # 预处理过的语谱图数据 x_data 和标签 y_data
    x_data = np.load(os.path.join("IEMOCAP", "x_data.npy"))
    y_data = np.load(os.path.join("IEMOCAP", "y_data.npy"))

    # 将数据转换为 Pytorch 张量并创建数据加载器
    train_dataset = TensorDataset(torch.from_numpy(x_data).float(), torch.from_
numpy(y_data).long())
    train_loader = DataLoader(train_dataset, batch_size=32, shuffle=True)

    # 模型训练
    for epoch in range(num_epochs):
        for i, (inputs, labels) in enumerate(train_loader):
            # 传递数据
            outputs = model(inputs)
            loss = criterion(outputs, labels)
            # 反向传播和优化
            optimizer.zero_grad()
            loss.backward()
            optimizer.step()
            print(f"Epoch [{epoch+1}/{num_epochs}], Step [{i+1}/{len(train_loader)}],
Loss: {loss.item():.4f}")

    # 模型测试(这里仅为示例，需要根据实际路径和数据格式进行调整)
    # test_dataset = TensorDataset(torch.from_numpy(x_test_data).float(), torch.
from_numpy(y_test_data).long())
    # test_loader = DataLoader(test_dataset, batch_size=32, shuffle=False)

    # 存储预测和真实标签
    all_preds = []
    all_labels = []

    # 禁用梯度计算
    with torch.no_grad():
        for inputs, labels in test_loader:
            outputs = model(inputs)
            _, predicted = torch.max(outputs.data, 1)
            all_preds.extend(predicted.cpu().numpy())
            all_labels.extend(labels.cpu().numpy())
    # 打印混淆矩阵
    print("Confusion Matrix:")
    print(confusion_matrix(all_labels, all_preds))
```

最终获得在两个数据集 IEMOCAP 和 eNTERFACE 下的识别率，并用混淆矩阵表示，如图 9.26 所示。

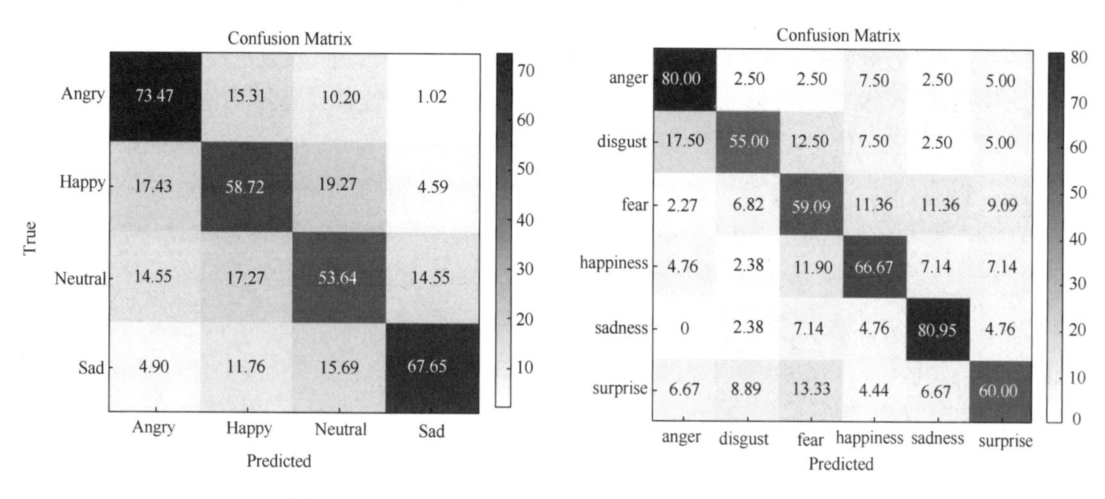

图 9.26　IEMOCAP 和 eNTERFACE 数据下混淆矩阵

在 IEMOCAP（4 类）和 eNTERFACE（6 类）下测试集的平均识别率依次为 63.68%和 66.95%。观察结果可以看出，在不使用其他优化算法的情况下，ResNet18 网络用语谱图进行识别时对生气和悲伤这两种情绪的识别率较高，且两者纹理差异较大，不容易混淆；生气的音频通常包含更多高频和高能量成分，变化的动态性更强，在语谱图中展现出更多不规则的波峰和复杂形状，而悲伤通常在语谱图上展现出低频处密集的水平纹理，少有剧烈的波动，更倾向于低频和低能量，卷积神经网络比较容易捕捉到它们之间的差异，因此它们的识别相对容易。同时，识别准确率还与数据集特性，如数据集大小、音频质量、性别差异、时间长短、均衡性、情感模糊性、语种等相关，如在 IEMOCAP 数据集中有大量的中性数据，而中性情感没有明显的特征展现在语谱图上，如疑问句也是中性情感，容易与出现高频纹理的其他情感混淆，对模型泛化性要求较高。

虽然卷积神经网络在语音情感识别任务中表现出色，但卷积神经网络仍存在一些限制，因为它主要是服务于图像数据的优化，主要捕捉纹理细节，局部形状来进行分类，但无法捕获时间维度的信息，也不能考虑帧之间的相关性，而这些时间信息对于声音信号的情感识别起重要作用，同时也不能感知局部纹理在不同位置所带来的差异，即空间信息，因此当前通常还结合能处理时间序列的 RNN、LSTM、Transformer 等，或者能捕获空间信息的胶囊网络等模型来强化分类的准确性。

9.5　声音与呼吸信号联合识别应用案例

声音与呼吸信号的联合识别是一个多模态识别问题。使用深度学习进行多模态识别有多种方法，其中最常见的一种方法是融合不同模态的特征。特征融合有几种常见的策略，如早期融合在输入层就将两种模态特征进行融合，这通常是通过叠加或拼接不同数据源的特征来实现的。中期融合在某个中间层进行特征融合，晚期融合分别处理两个模态最后在决策层进行融合，在融合了声音和呼吸信号特征后，通过全连接层进行特征转换和分类。利用不同类别的信号相互支持，对互补信息进行融合处理，能够有效提高最终的识别效果。

首先对声音数据和呼吸数据进行预处理，声学特征提取在前面章节已经完整介绍，这里直接提取数据集音频文件的 MFCC 特征并进行标准化操作，使其具有零均值和单位方差。

呼吸信号和声音信号具体的特征融合代码实现如下。

```
import librosa
import numpy as np

# 加载数据的示例函数
def load_data(file_path):
    data, sr = librosa.load(file_path, sr=None)
    return data, sr

# 为声音提取 MFCC 特征的函数
def extract_mfcc(audio_data, sr):
    mfccs = librosa.feature.mfcc(y=audio_data, sr=sr, n_mfcc=13)
    return mfccs

# 为呼吸信号提取简单的统计特征的函数
def extract_respiratory_features(respiratory_data):
    mean = np.mean(respiratory_data)
    std = np.std(respiratory_data)
    return [mean, std]

# 主要的预处理和特征融合函数
def preprocess_and_fuse_features(voice_file, respiratory_file):
    # 加载数据
    voice_data, voice_sr = load_data(voice_file)
    respiratory_data, respiratory_sr = load_data(respiratory_file)

    # 提取特征
    voice_features = extract_mfcc(voice_data, voice_sr)
    respiratory_features = extract_respiratory_features(respiratory_data)

    # 特征融合
    # 对于 MFCC，可能需要取平均值或其他统计方法，以便与呼吸特征匹配
    voice_features_mean = np.mean(voice_features, axis=1)
    combined_features = np.concatenate([voice_features_mean, respiratory_
features])

    return combined_features

# 以用户自己的文件路径为参数调用函数
voice_file_path = 'path_to_voice_file.wav'
respiratory_file_path = 'path_to_respiratory_file.wav'
features = preprocess_and_fuse_features(voice_file_path, respiratory_file_path)
print(features)
```

根据这样的操作，可以获取声音信号和呼吸信号的特征并进行融合，然后通过特定的模型进行病症识别等检测操作。图 9.27 为血氧信号深度网络检测算法，通过卷积、BN 层、ReLU 函数、残差模块、最大池化等层，对呼吸中的血氧信号进行检测并输出。而当对血氧和呼吸的鼾声进行双模态检测时，根据图 9.28 进行整合，先把输入参数分别通过两个深度学习模型网络，其中声音信号的模型可以选择上述章节中的各种模型，然后融合特征进行病症预警等。

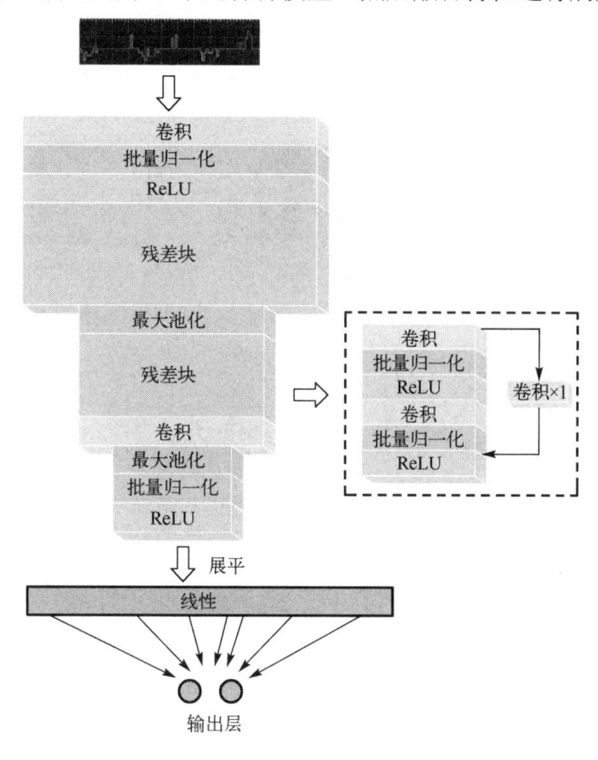

图 9.27　血氧信号深度网络模型检测算法

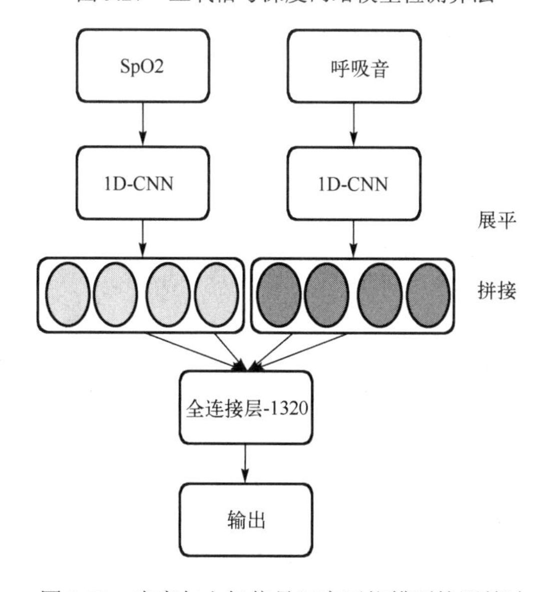

图 9.28　声音与血氧信号深度网络模型检测算法

9.6　声音与人脸联合识别应用案例

基于语音和视频的多模态情感识别方法，如图 9.29 所示，语音、视频数据经预处理之后并行进入两个网络分支：一端是语音特征提取网络，它能够从语谱图中提取出时域和频域上的语音情感特征；另一端为视频特征提取网络，它负责从视频帧中提取出包含时间域和空间域的面部情绪特征。随后将两个特征提取网络输出的特征进行拼接，得到融合后的情感特征，由此进行多模态情感识别。

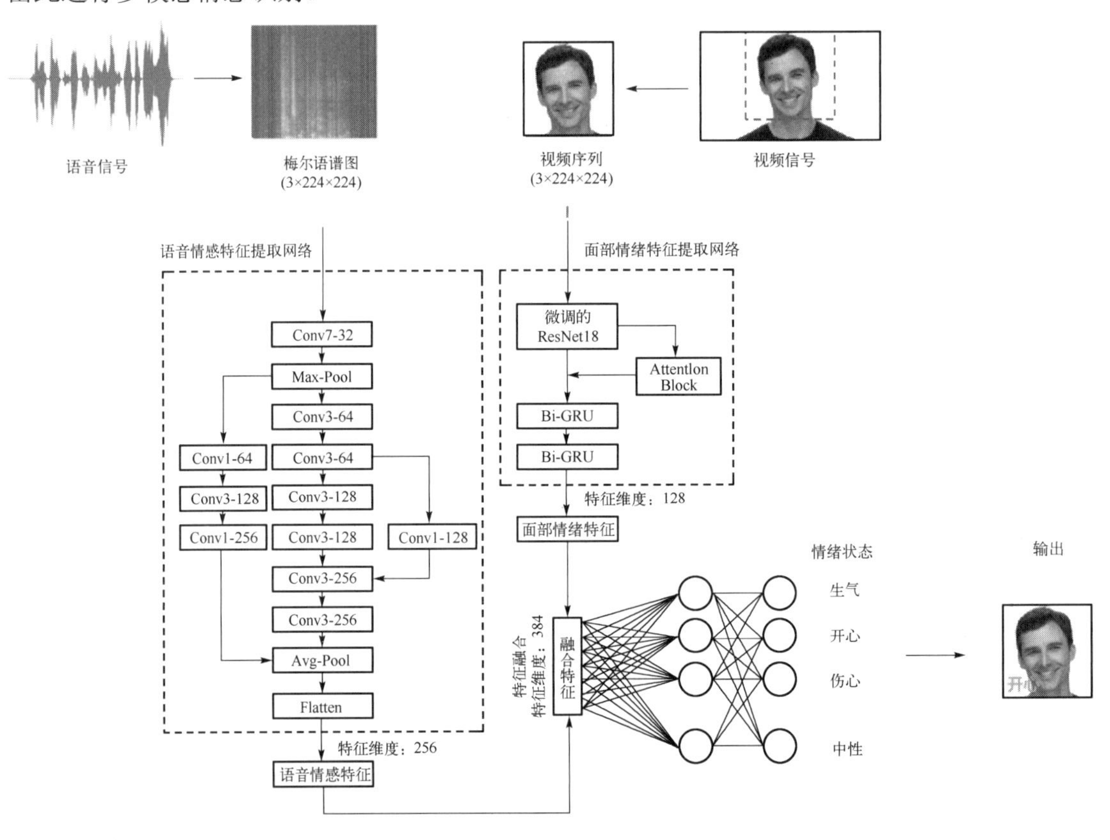

图 9.29　声音与人脸联合识别框图

这种基于声音和人脸的多模态情感识别方法，即先对语音和视频两种不同模态的数据分别进行情感特征提取，然后将得到的特征做拼接处理，最后利用融合特征进行情感识别。

具体步骤如下。

（1）采集语音、视频模态的情感数据集，并分别对数据集进行预处理操作。

（2）将预处理后的语谱图数据送入语音情感特征提取网络，从时域和频域上提取出语音情感特征向量。

（3）与步骤（2）并行进行，将预处理后的视频序列送入视频情感特征提取网络，从时间和空间维度上提取出面部情绪特征向量。

（4）针对步骤（2）、（3）输出的特征向量，通过拼接得到融合的情感特征向量。

（5）全连接神经网络利用融合后的特征，对情感进行分类，预测出输入数据的情感标签。

根据输入的不同，算法构建了输入为语谱图的语音情感识别模型以及输入为视频序列的视频情感识别模型，两种模型的流程图分别如图 9.30 和图 9.31 所示。

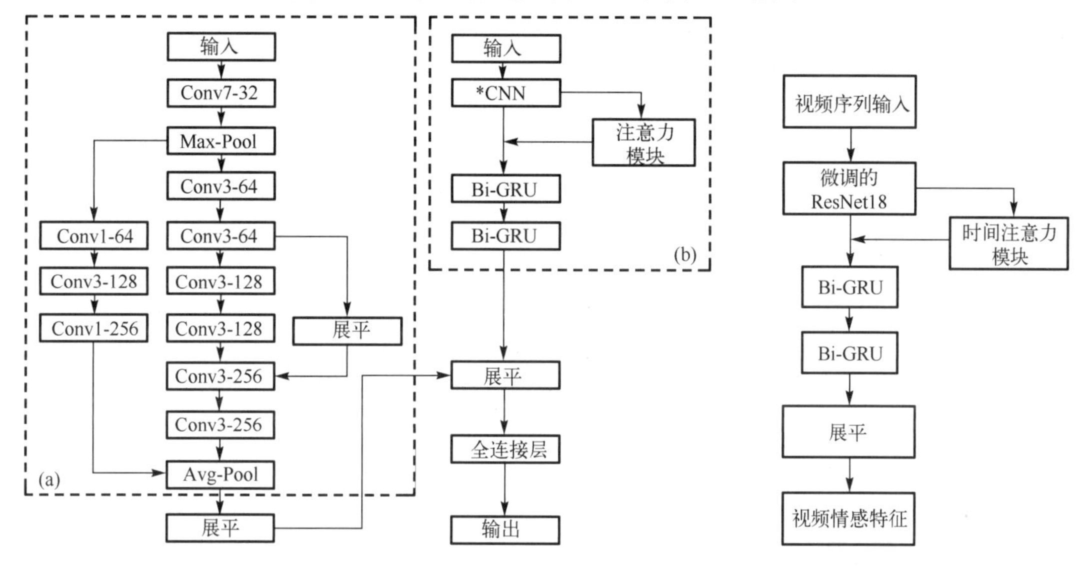

图 9.30 声音检测模型（模型 1）

图 9.31 人脸检测模型（模型 2）

步骤（1）：对采集的语音数据进行端点检测、预加重、分帧加窗操作，随后进行短时傅里叶变换得到语谱图，将其作为语音端的输入。对采集的视频数据进行分帧、裁切、采样得到一组视频帧序列，用作视频端的输入。在采样阶段，提出了基于 LBP 的视频帧提取算法，从情感视频中采样出情感识别所需的关键帧，减少了网络的输入数据量，使计算复杂度得到改善。该方法的核心思想是在视频分帧后，计算每张视频帧的 LBP 特征；以第一幅视频帧的 LBP 特征为基准，通过计算之后每幅视频帧 LBP 特征与它的相关性，随后按照相关性从小到大进行排序，选取前 40 幅图像，送入模型 2 进行特征提取。LBP 特征相关性的计算公式为

$$d_{1,n}=\frac{\sum_{i=0}^{255}h_{1i}\times h_{ni}}{\sqrt{\sum_{i=0}^{255}h_{1i}^2\times\sum_{i=0}^{255}h_{ni}^2}} \tag{9.58}$$

其中，$h_{1i},i=0,\cdots,255$ 是第一帧的 LBP 特征，h_{ni} 是当前帧的 LBP 特征，$d_{1,n}$ 表示第一帧与当前帧 LBP 特征之间的相关性。以初始帧的 LBP 特征作为参考是因为在初始帧时，数据库里人员的面部肌肉处于静止状态。计算其他帧与初始帧 LBP 特征之间的相关性便可以得出演员在每一帧图像上面部肌肉的相对活动状况。面部肌肉活动大的这些帧，即与初始帧的 LBP 特征相关性最小的这些帧，往往就是表征视频情感的“关键帧”，凭借此方法便可以从视频中抽样出少量且高效的视频帧，从而减少模型的计算量。

步骤（2）：利用初始的残差结构为基础，叠加了一层更大尺度的残差连接，形成了图 9.30 中描述的双嵌套残差结构。这种新的结构能够结合不同尺度的语音特征，有效地进行情感识别分类。算法设计了双嵌套残差结构的通道维度：每经过两层的 3×3 卷积计算，输出通道维度调整为输入通道维度的两倍。增加通道维度有利于增加特征提取的随机性，使网络获得更

多的有用信息。同时，将卷积层的步长设置为 2，每个通道的参数量会因此减少到原来的 50%，这平衡了由于通道维度增加所带来的参数增多。小尺度残差结构由一层 1×1 卷积构成。而大尺度的残差结构由三层卷积层组成：1×1 卷积、3×3 卷积、1×1 卷积。每经过一层卷积运算，将输出通道维度调整为输入的 2 倍。因此模型 1 可以提取到丰富的语音情感信息，能够取得较高的识别准确率；同时由于网络层数较少，使得模型的计算复杂度较低。

步骤（3）与步骤（2）同时进行，用来从视频中提取出面部情绪特征，模型结构如图 9.31 所示。从视频中提取的情感特征不仅需要包含每帧图像中人脸面部情绪的空间信息；还要从不同视频帧里，提取面部表情的变化情况这一时序信息。提取空间信息，利用了微调的 ResNet18 网络结构，该结构保留了原始 ResNet18 网络结构全连接层前的全部内容，并加载了在 FER+数据库上的预训练权重，以缩短模型的训练时间，加快模型收敛。输出的特征利用所提出的时间注意力机制，让网络主动关注有效特征，提升模型识别性能。视频经过预处理后得到一组视频序列，定义为 $F_1, F_2, \ldots, F_N$，经视频情感特征提取模块的结果为 $f_1, f_2, \ldots, f_N$，则通过时间注意力机制后，每个特征得到的权重可以表示为

$$\boldsymbol{\alpha}_i = \sigma(\boldsymbol{f}_i^T \boldsymbol{q}) \tag{9.59}$$

其中，$\boldsymbol{q}$ 表示全连接层的参数，σ 表示激活函数 tan$h$，$\boldsymbol{a}_i$ 为特征 $\boldsymbol{f}_i$ 通过时间注意力机制后获得的权重，具体如图 9.32 所示。因此，加权后的特征可以表示为 $\boldsymbol{\alpha}_1 \boldsymbol{f}_1, \boldsymbol{\alpha}_2 \boldsymbol{f}_2, \cdots \boldsymbol{\alpha}_N \boldsymbol{f}_N$，更有效的特征 $\boldsymbol{f}_i$ 被分配的权重 $\boldsymbol{a}_i$ 就越大。随后，为进一步提取时序信息，利用了 GRU 神经网络，具体而言，应用了双向的 GRU 结构，隐藏层的数目设置为 2，每层的特征维度设置为 128，以此从前向和后向两个角度获取丰富的时序情感特征。

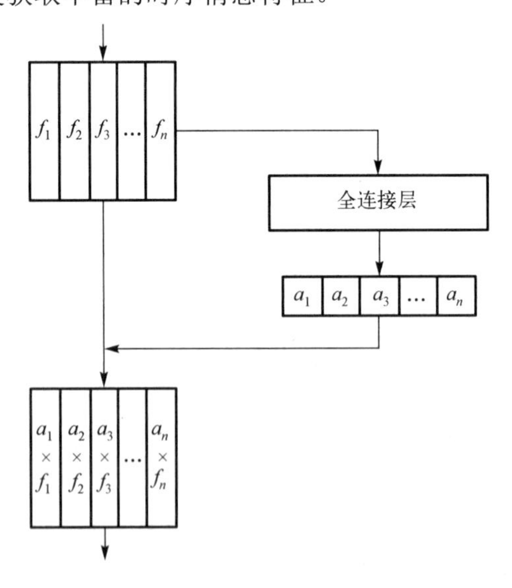

图 9.32 时间注意力机制模块

步骤（4）：对步骤（2）与（3）中获取到的语音情感特征和面部情绪特征做拼接处理。语谱图经过模型 1 提取到的特征向量维度是 256，视频经模型 2 提取到的特征向量维度是 128，拼接后得到一个维度为 384 的特征向量，它既包含了语音情感特征，又包含了面部情绪特征。

步骤（5）：采用了全连接神经网络，对融合后的特征进行情感分类。

将该算法在 RAVDESS 数据库中进行测试，最终获得如表 9.1 所示的结果。

表 9.1　所提方法在 RAVDESS 和 SAVEE 数据库上的运行结果

Dataset	model	accuracy	precision	recall	F1-score	specificity
RAVDESS	SER	0.83	0.84	0.83	0.84	0.98
	FER	0.92	0.93	0.92	0.93	0.99
	MER	0.94	0.94	0.94	0.94	0.99
SAVEE	SER	0.73	0.75	0.73	0.74	0.96
	FER	0.94	0.96	0.94	0.96	0.99
	MER	0.99	0.99	0.99	0.99	1.00

该算法分别在三个模型上获得了 0.83、0.92、0.94 的准确率。从 RAVDESS 数据集获得的标准化混淆矩阵分别如图 9.33 所示，通过直观检查可以清楚地确定，错误分类的实例数量相对较低。

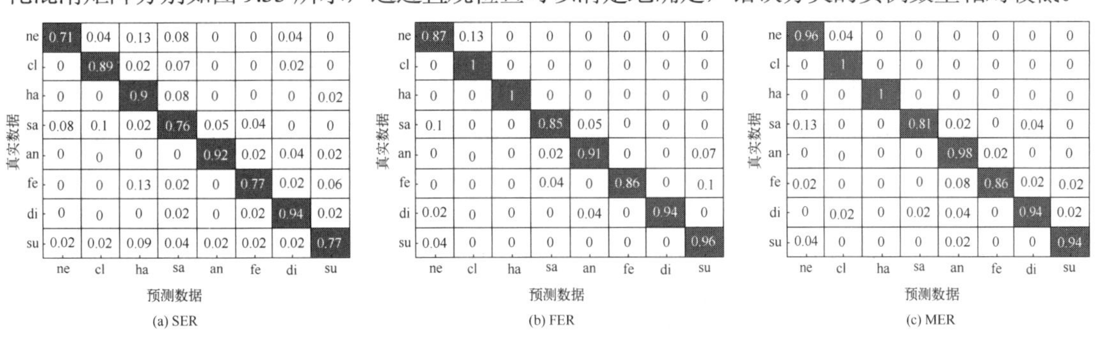

图 9.33　在 RAVDESS 数据库上的混淆矩阵

练　习　题

1．解释什么是激活函数，常见的激活函数有什么特点和应用场景。

2．描述过拟合和欠拟合在神经网络训练中的表现，提出至少两种应对过拟合的策略。

3．解释梯度消失和梯度爆炸的原因及解决方案。用数学推导解释 ResNet 为什么能解决梯度消失问题。

4．给定一个输入特征图大小为 8×8，使用一个大小为 3×3，步长为 1，无填充的卷积核对它进行卷积，计算输出特征图的大小，若将填充值改为 1，则输出特征图大小如何变化？

5．给定一个简单循环神经网络单元，其隐状态维度为 2，初始隐状态 h_0=[0,0]，输入序列 $x=[x_1,x_2,x_3]$，x_1,x_2,x_3 均为标量，权重矩阵 $\boldsymbol{W}_h$（隐状态自连接的权重）和 $\boldsymbol{W}_x$（输入到隐状态的权重）均为单位矩阵，偏置为 0，计算第三个时间步的隐状态 h_3。

6．比较传统声学模型（如 HMM）与深度学习模型在语音识别中的表现和原理。

7．设计一个深度学习模型，以减少语音记录中的背景噪声，可以尝试使用自编码器或卷积神经网络来学习噪声与清晰语音之间的映射关系。

8．构建一个简单的语音识别系统，将语音输入转换为文本，要求使用端到端的深度学习模型来实现语音识别。

参考文献 «‹

[1] WILLIAMS C E , STEVENS K N . Emotions and Speech: Some Acoustical Correlates[J]. Journal of the Acoustical Society of America, 1972, 52(4): 1238-1250.

[2] TOLKMITT F J , SCHERER K R . Effect of experimentally induced stress on vocal parameters[J]. J Exp Psychol Hum Percept Perform, 1986, 12(3): 302-313.

[3] NWE T L, FOO S W, DE SILVA L C. Speech emotion recognition using hidden Markov models[J]. Speech Communication, 2003, 41(4): 603-623.

[4] Li HF, RUAN HB, MA L. Review on speech emotion recognition[J]. Ruan Jian Xue Bao/Journal of Software, 2014, 25(1): 37-50 (in Chinese). http: //www. jos. org. cn/1000-9825/4497. htm.

[5] 梁泽, 马义德, 张恩溯, 等. 一种基于脉冲耦合神经网络的语音情感识别新方法[J]. 计算机应用, 2008(3): 710-713, 718.

[6] 邓广慧, 荆东星, 叶吉祥. 基于免疫 RBF 神经网络的语音情感识别[J]. 计算机工程与科学, 2009, 31(9): 153-155, 158.

[7] 张石清. 基于语音和人脸的情感识别研究[D]. 成都: 电子科技大学, 2012.

[8] 余华, 颜丙聪. 基于 CTC-RNN 的语音情感识别方法[J]. 电子器件, 2020, 43(4): 934-937.

[9] SSAOUI HADHAMI, BOUZID AICHA. Speech Signal Enhancement Using Empirical Mode Decomposition and Adaptive Method Based on the Signal for Noise Ratio Objective Evaluation[J]. International Review on Computers and Software. 2014. 9 (8): 1461.

[10] ZHOU Y, ZHAO H, SHANG L , et al. Immune K-SVD Algorithm for Dictionary Learning in Speech Denoising[J]. Neurocomputing, 2014. 137: 223-233.

[11] 周伟栋, 杨震, 于云. 改进的正交匹配追踪语音增强算法[J]. 信号处理, 2016, 32(3): 287-295.

[12] 林琴, 张道信, 吴小培. 一种基于改进谱减法的语音去噪新方法[J]. 计算机技术与发展, 2007(7): 63-66.

[13] 邓玉娟. 基于小波变换的语音阈值去噪算法研究[D]. 重庆: 重庆大学, 2009.

[14] 李晶皎, 安冬, 王骄. 基于 EEMD 和 ICA 的语音去噪方法[J]. 东北大学学报(自然科学版), 2011, 32(11): 1554-1557.

[15] 陆振宇, 何珏杉, 赵为汉. 关于多通道语音去噪的识别优化研究[J]. 计算机仿真, 2016, 33(6): 315-320.

[16] NASIR SALEEM, MUHAMMAD IRFAN KHATTAK. Applied Speech Processing, Algorithms and Case Studies Primers in Biomedical Imaging Devices and Systems[M]. Academic Press, Elsevier Inc. 2021.

[17] Ou Shifeng, Song Peng, Gao Ying. Soft Decision Based Gaussian-Laplacian Combination Model for Noisy Speech Enhancement[J]. Chinese Journal of Electronics, 2018, 27(4): 827-834.

[18] 张勇, 刘轶, 刘宏. 结合人耳听觉感知的两级语音增强算法[J]. 信号处理, 2014, 30(4): 363-373.

[19] 周伟栋, 杨震, 于云. 改进的正交匹配追踪语音增强算法[J]. 信号处理, 2016, 32(3): 287-295.

[20] 孟欣, 马建芬, 张雪英. 改进的参数自适应的维纳滤波语音增强算法[J]. 计算机工程与设计, 2017, 38(3): 714-718.

[21] DIMITRIOS GIANNOULIS, EMMANOUIL BENETOS, DAN STOWELL, et al. Detection and classification of acoustic scenes and events: An IEEE AASP challenge[C]. Proceedings of the IEEE Workshop on Applications of Signal Processing to Audio and Acoustics (WASPAA 2013), October 20-23, 2013. IEEE, 2013.

[22] Zhuang X, Zhou X, HASEGAWA-JOHNSON M A, et al. Real-world acoustic event detection[J]. Pattern Recognition Letters, 2010, 31(12): 1543-1551.

[23] 路青起, 白燕燕. 基于双门限两级判决的语音端点检测方法[J]. 电子科技, 2012, 25(1): 13.

[24] 胡光锐, 韦晓东. 基于倒谱特征的带噪语音端点检测[J]. 电子学报, 2000, 28(10): 95-97.

[25] WU G D, ZHU Z W, LI A T. Fuzzy neural networks for speech endpoint detection[C]. International Conference on Fuzzy Theory & Its Applications. IEEE, 2012.

[26] DAVIS, S. MERMELSTEIN, P. Comparison of Parametric Representations for Monosyllabic Word Recognition in Continuously Spoken Sentences. In IEEE Transactions on Acoustics, Speech, and Signal Processing, 1980, 28(4): 357-366.

[27] HUANG, X. ACERO, A. and HON H. Spoken Language Processing: A guide to theory, algorithm, and system development. Prentice Hall, 2001.

[28] RABINER L R. A Tutorial on Hidden Markov Models and Selected Applications in Speech Recognition[J]. proc. IEEE, 1989: 77.

[29] XIANJUN XIA, ROBERTO TOGNERI, FERDOUS SOHEL, & DAVID HUANG. Random forest classification based acoustic event detection[C]. IEEE International Conference on Multimedia and Expo (ICME) 2017. IEEE.

[30] CLAVEL C, EHRETTE T. Fear-type emotion recognition and abnormal events detection for an audio-based surveillance system[C]. RISK ANALYSIS 2008. IEEE, 2008.

[31] S. Lecomte. R. Lengelle, C. Richard, F. Capman, and B. Ravera. Abnormal events detection using unsupervised one-class-svm-application to audio surveillance and evaluation. In IEEE AVSS 2011: 124-129.

[32] Kumar A, Raj B. [ACM Press the 2016 ACM - Amsterdam, The Netherlands (2016. 10. 15-2016. 10. 19)] Proceedings of the 2016 ACM on Multimedia Conference - MM″ 6 - Audio Event Detection using Weakly Labeled Data[J]. 2016: 1038-1047.

[33] Saggese A, Strisciuglio N, Vento M, et al. Time-frequency analysis for audio event detection in real scenarios[C]. IEEE International Conference on Advanced Video & Signal Based Surveillance. IEEE, 2016.

[34] 陈志全, 杨骏, 乔树山. 基于 EEMD 的异常声音特征提取[J]. 计算机与数字工程, 2016, 44(10): 1875-1879, 1894.

[35] Juan C. Mejuto, J. Simal-Gándara, O. A. Moldes, et al. A Critical Review on the Applications of Artificial Neural Networks in Winemaking Technology[J]. C R C Critical Reviews in Food Technology, 2017, 57(13): 2896-2908.

[36] Aonan Zhang, Quan Wang, et al. Fully supervised speraker diarzation[J]. arXiv: 1810. 04719, 2018.

[37] Wu Y, Schuster M , Chen Z , et al. Google's Neural Machine Translation System: Bridging the Gap between Human and Machine Translation[J]. arXiv: 1609. 08144, 2016.

[38] Zhang H, Mcloughlin I, Song Y. Robust sound event recognition using convolutional neural networks[C]. IEEE International Conference on Acoustics. IEEE, 2015.

[39] LeCun Y, Boser B, Denker J S, et al. Backpropagation applied to handwritten zip code recognition[J]. Neural

computation, 1989, 1(4): 541-551.

[40] Lipton Z C, Berkowitz J, Elkan C. A critical review of recurrent neural networks for sequence learning[J]. arXiv preprint arXiv: 1506. 00019, 2015.

[41] JOZEFOWICZ R, ZAREMBA W, SUTSKEVER I. An empirical exploration of recurrent network architectures[C]. Proceedings of the 32nd International Conference on Machine Learning (ICML-15). 2015: 2342-2350.

[42] KARPATHY A, JOHNSON J, FEI-FEI L. Visualizing and understanding recurrent networks[J]. arXiv preprint arXiv: 1506. 02078, 2015.

[43] Parascandolo G, Huttunen H, Virtanen T. Recurrent Neural Networks for Polyphonic Sound Event Detection in Real Life Recordings[J]. 2016.

[44] Murphy R R. Computer vision and machine learning in science fiction[J]. Science Robotics, 2019, 4(30): eaax7421.

[45] Huang J , Tao J , Liu B , et al. Multimodal Transformer Fusion for Continuous Emotion Recognition [C] //ICASSP 2020 - 2020 IEEE International Conference on Acoustics, Speech and Signal Processing (ICASSP). IEEE, 2020.

[46] 刘菁菁, 吴晓峰. 基于长短时记忆网络的多模态情感识别和空间标注[J]. 复旦学报: 自然科学版, 2020, 59(5): 10.

[47] Siriwardhana S, Kaluarachchi T, Billinghurst M, et al. Multimodal emotion recognition with transformer-based self supervised feature fusion[J]. IEEE Access, 2020, 8: 176274-176285.

[48] Liu J , Chen S , Wang L , et al. Multimodal Emotion Recognition with Capsule Graph Convolutional Based Representation Fusion[C]//ICASSP 2021 - 2021 IEEE International Conference on Acoustics, Speech and Signal Processing (ICASSP). IEEE, 2021.

[49] 王传昱, 李为相, 陈震环. 基于语音和视频图像的多模态情感识别研究[J]. 计算机工程与应用, 2021, 57(23): 8.

[50] Z. Fu, F. Liu, H. Wang, J. Qi, X. Fu, A. Zhou, Z. Li, A cross-modal fusion network based on self-attention and residual structure for multimodal emotion recognition, arXiv: 2111. 02172, 2021.

[51] Chumachenko, K. , Iosifidis, A. , Gabbouj, M . Self-attention fusion for audiovisual emotion recognition with incomplete data[J]. arXiv preprint arXiv: 2201. 11095, 2022.

[52] 孙亚新. 语音情感识别中的特征提取与识别算法研究[D]. 广州: 华南理工大学, 2015.

[53] 王英利, 蓝常山, 曹洪林, 等. 基于频谱的嗓音音质特征的研究[A]. 中国语言学会语音学分会、中国中文信息学会语音信息专业委员会、中国声学学会语言听觉和音乐专业委员会. 第十一届中国语音学学术会议(PCC2014)论文集[C]. 中国语言学会语音学分会、中国中文信息学会语音信息专业委员会、中国声学学会语言听觉和音乐专业委员会: 中国语言学会语音学分会, 2014: 1.

[54] 梁春燕, 杨琳, 周若华, 等. 韵律特征在概率线性判别分析说话人确认中的应用[J]. 声学学报, 2015, 40(1): 28-33.

[55] 陶华伟. 基于谱图特征的语音情感识别若干问题的研究[D]. 南京: 东南大学, 2017.

[56] Rabiner LR, Schafer RW. Digital Processing of Speech Signal[M]. London: Prentice Hall, 1978.

[57] HERNANDO J, NADEU C. Linear prediction of the one-sided autocorrelation sequence for noisy speech recognition[C]. IEEE Trans. On Speech and Audio Processing, 1997, 5(1): 80-84.

[58] Bou-Ghazale SE, Hansen JHL. A comparative study of traditional and newly proposed features for recognition of speech under stress. IEEE Trans. on Speech and Audio Processing, 2000, 8(4): 429-442.

[59] 李虹, 徐小力, 吴国新, 等. 基于MFCC的语音情感特征提取研究[J]. 电子测量与仪器学报, 2017, 31(3): 448-453.

[60] 梁军, 柴玉梅, 原慧斌, 等. 基于深度学习的微博情感分析[J]. 中文信息学报, 2014. 28(5): 155-161.

[61] 徐振国, 张冠文, 孟祥增, 等. 基于深度学习的学习者情感识别与应用[J]. 电化教育研究, 2019. 40(2): 87-94.

[62] 高庆吉, 赵志华, 徐达, 等. 语音情感识别研究综述[J]. 智能系统学报, 2020, 15(1): 1-13.

[63] 刘振焘, 徐建平, 吴敏, 等. 语音情感特征提取及其降维方法综述[J]. 计算机学报, 2018, 41(12): 2833-2851.

[64] LISCOMBE J, VENDITTI J, HIRSCHBERG J B. Classifying subject ratings of emotional speech using acoustic features[J]. 2003.

[65] Yacoub S M, Simske S J, Lin X, et al. Recognition of emotions in interactive voice response systems[C]//Interspeech. 2003.

[66] Schmitt M, Ringeval F, Schuller B. At the border of acoustics and linguistics: Bag-of-audio-words for the recognition of emotions in speech[J]. 2016.

[67] 孙韩玉, 黄丽霞, 张雪英, 等. 基于双通道卷积门控循环网络的语音情感识别[J]. Journal of Computer Engineering & Applications, 2023, 59(2): 170-177.

[68] Dutta K, Sarma K K. Multiple feature extraction for RNN-based Assamese speech recognition for speech to text conversion application[C]//2012 International conference on communications, devices and intelligent systems (CODIS). IEEE, 2012: 600-603.

[69] Mao Q , Dong M , Huang Z , et al. Learning Salient Features for Speech Emotion Recognition Using Convolutional Neural Networks[J]. IEEE Transactions on Multimedia, 2014, 16(8): 2203-2213.

[70] Chen J , Lv Y , Xu R , et al. Automatic social signal analysis: Facial expression recognition using difference convolution neural network[J]. Journal of Parallel and Distributed Computing, 2019, 131: 97-102.

[71] Wang J, Xue M, Culhane R, et al. Speech emotion recognition with dual-sequence LSTM architecture[C]//ICASSP 2020-2020 IEEE International Conference on Acoustics, Speech and Signal Processing (ICASSP). IEEE, 2020: 6474-6478.

[72] 俞佳佳, 金赟, 马勇, 等. 基于 Sinc-Transformer 模型的原始语音情感识别[J]. 信号处理, 2021, 37(10): 1880-1888.

[73] Zhang S, Tao X, Chuang Y, et al. Learning deep multimodal affective features for spontaneous speech emotion recognition[J]. Speech Communication, 2021 (127): 73-81.

[74] Virag N. Single channel speech enhancement based on masking properties of the human auditory system[J]IEEE Trans, Speech Audio Processing, 1999, 7(2): 126-137.

[75] Loizou P. Speech enhancement based on perceptually motivated Bayesian estimators of the magnitude spectrum[J]. lEEE Trans, Speech Audio Processing, 2005, 13(5): 857-869.

[76] Johnston J. D. Transform coding of audio signals using perceptual noise criteria[J. lEEE Journal on SelectedAreas in Communications, 1988, 6(2): 314-323.

[77] Cowie R, Douglas-cowie E, Savvidou S, Mcmahon E, etal: An instrument for recording perceived emotion in

real time. In: Proc. of the 2000 ISCAWorkshop on Speech and Emotion: A Conceptual Frame Work for Research. Belfast: ISCA, 2000. 19-24.

[78] Burkhardt F, Paeschke A, Rolfes M, etal. Adatabase of German emotional speech [J]. Interspeech, 2005(5): 1517-1520.

[79] Schuller B, Arsic D, Rigoll G, etal. Audio visual behavior modeling by combined feature space[C]. IEEE International Con-ferenceon Acoustics, Speechand Singnal Processing (ICASSP), 2007: 733-736.

[80] MarrtinO, Kotsia I, MACQ B, etal. The Enterface 05 audio-visual emotion database[C]. 22nd International Conference on Data Engineering Workshops, 2006.

[81] Hansenjh L, Bou-ghazalese, Sarikayar, etal. Getting started with SUSAS: A speech under simulated and actual stress database[C]. Eurospeech, 1997, 97(4): 1743-46.

[82] Grimm M, Kroschel K, Narayanan S. The vera am mittag german audio-visual emotion speech database[C]. 2008 IEEE International Conference on Multimedia and Expo, 2008 : 865-868.

[83] 韩纪庆, 张磊, 郑铁然. 声音信号处理[M]. 3 版. 北京: 清华大学出版社, 2019.

[84] 赵力. 声音信号处理[M]. 3 版. 北京: 机械工业出版社, 2016.

[85] 王炳锡. 语音编码[M]. 西安: 西安电子科技大学出版社, 2002.

[86] 鲍长春. 数字语音编码原理[M]. 西安: 西安电子科技大学出版社, 2007.

[87] 宋知用. MATLAB 声音信号分析与合成[M]. 北京: 北京航空航天大学出版社, 2017.

[88] 应娜. 基于正弦语音模型的低比特率宽带语音编码算法的研究[D]. 长春: 吉林大学, 2006.

[89] 简志华, 杨震. 语声转换技术发展及展望[J]. 南京邮电大学学报（自然科学版）, 2007, 27（6）: 88-94.

[90] Berrak S, Junichi Y, Simon K, Haizhou Li. An overview of voice conversion and its challenges: From statistical modeling to deep learning[J]. IEEE/ACM Transactions on Audio Speech and Language Processing, 2021, 29(1): 132-157.

[91] Elina Helander, Hanna Silén, Tuomas Virtanen, Moncef Gabbouj. Voice conversion using dynamic kernel partial least squares regression[J]. IEEE Transactions on Audio, Speech, and Language Processing, 2012, 20(3): 806-817.

[92] Zhizheng Wu, Tuomas Virtanen, Eng Siong Chng, and Haizhou Li. Exemplar-based sparse representation with residual compensation for voice conversion[J]. IEEE/ACM Transactions on Audio Speech Language Processing, 2014, 22(10): 1506–1521.

[93] Tetsuya Hashimoto, Daisuke Saito, Nobuaki Minematsu. Many-to-many and completely parallel-data-free voice conversion based on eigenspace DNN[J]. IEEE/ACM Transactions on Audio, Speech, and Language Processing. 2019, 27(2): 332-341.

[94] Takuhiro K, Hirokazu K, Kou T, Nobukatsu H. Cyclegan-vc2: Improved cyclegan-based non-parallel voice conversion[C]// IEEE International Conference on Acoustics, Speech and Signal Processing (ICASSP), Brighton: IEEE, 2019: 6820-6824.

[95] Hirokazu Kameoka, Takuhiro Kaneko, Kou Tanaka, Nobukatsu Hojo. Stargan-vc: non-parallel many-to-many voice conversion using star generative adversarial networks[C]//IEEE Spoken Language Technology Workshop (SLT), Athens: IEEE, 2018: 266-273.

[96] Chou J C , Yeh C C, Lee H Y. One-shot voice conversion by separating speaker and content representations with instance normalization[C]//Conference of the International Speech Communication Association

(INTERSPEECH), Graz: IEEE, 2019: 664-668.

[97] Kaizhi Qian, Yang Zhang, Shiyu Chang, Xuesong Yang, Mark Hasegawa-Johnso. Autovc: Zero-shot voice style transfer with only autoencoder loss[C]//36th International Conference on Machine Learning (ICML), Long Beach: IEEE, 2019: 5210-5219.

[98] Yen-Hao Chen, Da-Yi Wu, Tsung-Han Wu, Hung-yi Lee. Again-vc: A one-shot voice conversion using activation guidance and adaptive instance normalization[C]//IEEE International Conference on Acoustics, Speech and Signal Processing (ICASSP), Toronto: IEEE, 2021: 5954-5958.

[99] Xun Huang, Serge Belongie. Arbitrary style transfer in real-time with adaptive instance normalization [C]//2017 IEEE International Conference on Computer Vision (ICCV), Venice: IEEE, 2017: 1510-1519.

反侵权盗版声明